"十三五"高等职业教育规划教材

通信工程制图与概预算编制

刘功民　卢善勇　主编

中国铁道出版社有限公司
CHINA RAILWAY PUBLISHING HOUSE CO., LTD.

内 容 简 介

本书共分 4 个项目。项目一介绍了中望 CAD 制图的基础知识和基本操作,项目二按专业类别讲述通信工程勘察和施工图设计,项目三依据"451"定额阐述信息通信工程建设项目各项费用的计算和各概预算表格的填写,项目四按专业类别阐述信息通信工程建设项目概预算编制。

本书主要作为高等职业学院和应用型本科通信专业教材,还可作为成人教育以及现场工程技术人员的培训教材或参考资料。

图书在版编目(CIP)数据

通信工程制图与概预算编制/刘功民,卢善勇主编. —北京:
中国铁道出版社,2019.1(2024.1重印)
"十三五"高等职业教育规划教材
ISBN 978－7－113－25526－8

Ⅰ.①通… Ⅱ.①刘… ②卢… Ⅲ.①通信工程-工程制图-
高等装职业教育-教材 ②通信工程-概算编制-高等职业教育-
教材 ③通信工程-预算编制-高等职业教育-教材 Ⅳ.①TN91

中国版本图书馆 CIP 数据核字(2019)第 027116 号

书　　名:**通信工程制图与概预算编制**

作　　者:刘功民　卢善勇

策　　划:王春霞　　　　　　　　　　　编辑部电话:(010)63551006

责任编辑:王春霞
封面设计:付　巍
封面制作:刘　颖
责任校对:张玉华
责任印制:樊启鹏

出版发行:中国铁道出版社有限公司(100054,北京市西城区右安门西街8号)
网　　址:http://www.tdpress.com/51eds/
印　　刷:北京盛通印刷股份有限公司
版　　次:2019 年 1 月第 1 版　　2024 年 1 月第 4 次印刷
开　　本:850 mm×1 168 mm　1/16　印张:20.5　字数:476 千
书　　号:ISBN 978－7－113－25526－8
定　　价:55.00 元

前　言

为适应营改增以及信息通信技术的发展,2016 年 12 月,工业和信息化部在工信部通信〔2016〕451 号文中,对 2008 年版通信建设工程定额进行了修订,形成了《信息通信建设工程预算定额》《信息通信建设工程费用定额》《信息通信建设工程概预算编制规程》(俗称"451"定额),并于 2017 年 5 月 1 日起施行。在此背景下,面向"451"定额,对原有教材《通信工程勘察与设计》《通信工程概预算编制》进行修订、整合,形成本教材即《通信工程制图与概预算编制》。

本教材以信息通信工程建设项目实施的全过程为主线,即从工程勘察、设计、制图到概预算,进行教材内容的组织设计。同时,教材组织结构和内容编排以项目和任务的形式展开,充分体现"教学做一体"。并且,教材中的项目均来源于实际工程项目,使之既适用于在校学生,也可作为信息通信工程项目建设从业人员的参考书。最后,为方便广大读者学习,教材中的任务工单及作业指导书、精心开发的教学课件、大量的操作视频,均提供二维码免费下载,也可通过 http://www.tdpress.com/51eds/ 免费下载。

本书内容主要集中在通信工程建设项目流程中的前三个环节,即工程勘察、设计、制图和概预算编制,共分为四个项目。项目一制图基础,通过所设置的 5 个任务,由浅入深、层层叠加讲解中望 CAD 制图软件的基本操作和通信工程制图规范;项目二通信工程制图,通过设置的 4 个任务,按专业类别讲述通信工程勘察和施工图设计;项目三概预算编制基础,将信息通信工程建设项目概预算整套十种表格进行分解,通过所设置的 4 个任务,由浅入深、层层叠加地阐述各项费用的计算和相应表格的填写;项目四通信工程概预算编制,通过设置的 4 个任务,按专业类别阐述通信工程概预算编制。

本书由柳州铁道职业技术学院刘功民和广西职业技术学院卢善勇担任主编并统稿,编写过程中得到了南宁职业技术学院黄继文、广西茜英通信工程有限公司工程师蒋卓武和陆举旺的指导和帮助,在此表示最诚挚的谢意!

由于编者水平有限,书中疏漏和不足之处在所难免,恳请广大读者批评指正。

编　者
2018 年 10 月

目 录

项目一

制图基础

任务 1-1 CAD 基本操作

任务指南

一、任务工单

项目 名称	1-1：CAD 基本操作	目标 要求	1. 理解建设项目的基本概念，掌握项目建设程序流程； 2. 熟悉 CAD 的基本使用与操作； 3. 掌握 CAD 软件平台的个性化定制
项目 内容 （工作 任务）			1. 在中望 CAD 软件中完成以下基本设置： （1）将文件自动保存时间间隔调整为 10 min； （2）将显示精度中圆弧和圆的平滑度调整为 2000； （3）将绘图区窗口的底色设置成白色。 2. 以（20,20）为起点，应用直线命令和点坐标方式，逆时针方向绘制边长为 100 的正六边形。 3. 应用复制和对象捕捉，将前述操作绘制出的正六边形堆叠成图 1-1 所示的蜂窝形状。 4. 将前述两项操作所绘制的图形文件保存到桌面，文件命名为：＊＊班＊＊号（学号）＊＊＊（姓名）任务 1-1。
要求	1. 个人独立完成；2. 当场考核评分		

图 1-1 蜂窝图

二、作业指导书

项目名称	1-1：CAD 基本操作		建议课时	4
仪器设备	计算机、中望 CAD 制图平台			
相关知识	中望 CAD 图形的输出方式和方法			
注意事项	工作中和后续任务执行中注意设置合适的文件自动保存时间和路径			
操作步骤	参见教材相关章节			
参考资料	教材相关章节，中望 CAD 教程，中望 CAD 软件自带帮助文档			

三、考核标准与评分表

项目名称			1-1：CAD 基本操作		实施日期		
执行方式		个人独立完成	执行成员	班级		组别	
考核标准	类别	序号	考核分项	考核标准		分值	考核记录（分值）
	职业技能	1	文件命名与保存	**查看作品**：文件命名格式是否规范；保存路径是否正确		10	
		2	基本设置	**现场操作演示**：各项设置完成的准确性及速度		20	
		3	效果图制作	**查看作品**：效果图中各项设置是否准确		50	
	职业素养	4	职业素养	练习过程中协助互助；无违反劳动纪律和不服从指挥的情况		20	
				总　　分			

相关知识

一、建设项目的基本概念及构成

　　建设项目是指按一个总体设计进行建设，经济上实行统一核算，行政上有独立的组织形式，实行统一管理的建设单位。凡属于一个总体设计中分期分批进行建设的主体工程和附属配套工程、综合利用工程、环境保护工程、供水供电工程等，都应作为一个建设项目。凡不属于一个总体设计，工艺流程上没有直接关系的几个独立工程，应分别作为不同的建设项目。

　　建设项目按照合理确定工程造价和建设管理工作的需要，可划分为单项工程、单位工程、分部工程和分项工程。建设项目构成如图 1-2 所示。

　　1. 单项工程

　　单项工程是建设项目的组成部分，是指具有单独的设计文件，建成后能够独立发挥生产能力或效益的工程。工业建设项目的单项工程一般是指能够生产出符合设计规定的主要产品的车间和生产线;非工业建设项目的单项工程一般是指能够发挥设计规定的主要效益的各个独立工程,如教学楼、图书馆等。信息通信工程建设项目中,单项工程通常按照地域划分,通信建设单项工程划分见表1-1。

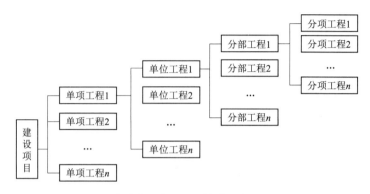

图 1-2　建设项目构成示意图

表 1-1　通信建设单项工程项目划分表

专业类别		单项工程名称
电源设备安装工程		××电源设备安装工程(包括专用高压供电线路工程)
有线通信设备安装工程	传输设备安装工程	××数字复用设备及光、电设备安装工程
	交换设备安装工程	××通信交换设备安装工程
	数据通信设备安装工程	××数据通信设备安装工程
	视频监控设备安装工程	××视频监控设备安装工程
无线通信设备安装工程	微波通信设备安装工程	××微波通信设备安装工程(包括天线、馈线)
	卫星通信设备安装工程	××地球站通信设备安装工程(包括天线、馈线)
	移动通信设备安装工程	1. ××移动控制中心设备安装工程 2. 站设备安装工程(包括天线、馈线) 3. 分布系统设备安装工程
	铁塔安装工程	××铁塔安装工程
通信线路工程 (备注:进局及中继光电缆工程可按每个城市作为一个单项工程)		1. ××光、电缆线路工程 2. ××水底光、电缆工程(包括水线房建筑及设备安装) 3. ××用户线路工程(包括主干及配线光、电缆、交接及配线设备、集线器、杆路等) 4. ××综合布线系统工程 5. ××光纤到户工程
通信管道建设工程		××路(××段)、××小区通信管道工程

2. 单位工程

单位工程是单项工程的组成部分,是指具有独立的设计文件,可以独立组织施工,但建成后不能独立发挥生产能力或使用效益的工程。单位工程一般按照专业类别进行划分,如一个生产车间的土建工程、电气照明工程、给排水工程、机械设备安装工程、电气设备安装工程等都是生产车间这个单项工程的组成部分,即单位工程。又如,住宅工程中的土建、给排水、电气照明等分别是一个单位工程。

3. 分部工程

分部工程是单位工程的组成部分。分部工程一般按工种来划分,例如土石方工程、脚手架工程、钢筋混凝土工程、土结构工程、金属结构工程、装饰工程等。也可按单位工程的构成部分来划分,例如基础工程、墙体工程、梁柱工程、楼地面工程、门窗工程、屋面工程等。一般建设工程概预算定额的分部工程划分综合了上述两种方法。

4. 分项工程

分项工程是分部工程的组成部分。一般按照分部工程划分的方法划分分部工程,再将分部工程划分为若干个分项工程。例如,基础工程还可以划分为基槽开挖、基础垫层、基础砌筑、基础防潮层、基槽回填土、土方运输等分项工程项目。分项工程划分的粗细程度视具体编制概预算的不同要求而确定。

分项工程是建设工程的基本构造要素。通常,我们把这一基本构造要素称为"假定建设产品"。假定建设产品虽然没有独立存在的意义,但这一概念在预算编制原理、计划统计、建筑施工、工程概预算、工程成本核算等方面都是必不可少的重要概念。

通信建设工程概预算按单项工程进行编制,分项工程是建设工程的基本构成要素,每个定额子目就是一个分项工程。

例题1-1:"2011年某电信运营商南宁分公司FTTH(Fiber To The Home,光纤入户)改造建设项目",可按区域分为"兴宁分公司FTTH光缆线路单项工程""青秀分公司FTTH光缆线路单项工程""西乡塘分公司FTTH光缆线路单项工程"等单项工程,也可按具体的小区划分为"南宁市望州南路香樟林小区FTTH光缆线路单项工程""南宁市沈阳路紫竹院小区FTTH光缆线路单项工程"等单项工程。

例题1-2:"2014年某电信运营商柳州分公司LTE基站建设项目",通常首先按照地理位置将每个基站划分成一个单项工程,然后每个基站再根据专业类别划分成多个单位工程。如"柳铁职院LTE基站建设单项工程"中又可以进一步划分成"无线基站设备安装单位工程""通信电源设备安装单位工程""传输设备安装单位工程"等。

二、建设项目分类

为了加强建设项目管理,正确反映建设项目的内容及规模,建设项目可按不同标准、原则或方法进行分类,如图1-3所示。

(一)按投资用途分类

按照投资的用途不同,建设项目可以分为生产性建设和非生产性建设两大类。

1. 生产性建设

生产性建设是指用于物质生产或为满足物质生产需要的建设,包括工业建设、建筑业建设、农林水利气象建设、运输邮电建设、商业和物资供应建设和地质资源勘探建设。

上述运输邮电建设、商业和物资供应建设两项,也可以称为流通建设。因为流通过程是生产过程的继续,所以"流通过程"列入生产建设中。

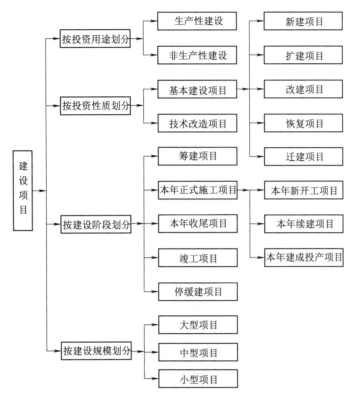

图 1-3　通信建设项目分类示意图

2. 非生产性建设

非生产性建设一般是指用于满足人民物质生活和文化生活需要的建设,包括住宅建设、文教卫生建设、科学实验研究建设、公用事业建设和其他建设。

(二)按投资性质分类

按照投资的性质不同,建设项目可以划分为基本建设和技术改造两大类。

1. 基本建设

基本建设是指利用国家预算内基建拨款投资、国内外基本建设贷款、自筹资金以及其他专项资金进行的,以扩大生产能力为主要目的的新建、扩建等工程的经济活动。具体包括以下几个方面。

(1)新建项目

是指从无到有,"平地起家",新开始建设的项目;或原有基础很小,重新进行总体设计,经扩大建设规模后,其新增加的固定资产价值超过原有固定资产价值3倍以上的建设项目,也属于新建项目。

(2)扩建项目

是指原有企业和事业单位为扩大原有产品的生产能力和效益,或为增加新产品的生产能力和效益,而扩建的主要生产车间或工程。

(3)改建项目

是指原有企业和事业单位,为提高生产效率,改进产品质量,或为改进产品方向,对原有设备、工艺流程进行技术改造的项目。有些企业和事业单位为了提高综合生产能力,增加一些附属和辅助车间或非生产性工程,以及工业企业为改变产品方案而改装设备的项目,也属于改建项目。

(4)恢复项目

是指企业和事业单位的固定资产因自然灾害、战争或人为的灾害等原因已全部或部分报废,而后又投资恢复建设的项目。不论是按照原来规模建设,还是在恢复的同时进行扩建的,都算恢复项目。

(5)迁建项目

是指原有企业和事业单位由于各种原因迁到另外的地方建设的项目。搬迁到另外的地方建设,不论其建设规模是否维持原来规模,都是迁建项目。

2. 技术改造

技术改造是指利用自有资金、国内外贷款、专项基金和其他资金,通过采用新技术、新工艺、新设备、新材料对现有固定资产进行更新、技术改造及其相关的经济活动。通信技术改造项目的主要范围包括:

①现有通信企业增装和扩大数据通信、程控交换、移动通信等设备以及营业服务的各项业务的自动化、智能化处理设备,或采用新技术、新设备的更新换代及相应的补缺配套工程。

②原有电缆、光缆、有线和无线通信设备的技术改造、更新换代和扩容工程。

③原有本地网的扩建增容、补缺配套,以及采用新技术、新设备的更新和改造工程。

④其他列入技术改造计划的工程。

(三)按建设阶段分类

按建设阶段不同,建设项目可划分为筹建项目、本年正式施工项目、本年收尾项目、竣工项目、停缓建项目五大类。

1. 筹建项目

是指尚未正式开工,只是进行勘察设计、征地拆迁、场地平整等为建设做准备工作的项目。

2. 本年正式施工项目

是指本年正式进行建筑安装施工活动的建设项目。包括本年新开工的项目,以前年度开工跨入本年继续施工的续建项目,本年建成投产的项目和以前年度全部停缓建在本年恢复施工的项目。

(1)本年新开工项目

是指报告期内新开工的建设项目。包括新开工的新建项目、扩建项目、改建项目、单纯建造生活设施项目、迁建项目和恢复项目。

(2)本年续建项目

是指本年以前已经正式开工,跨入本年继续进行建筑安装和购置活动的建设项目。以前年度全部停缓建,在本年恢复施工的项目也属于续建项目。

(3)本年建成投产项目

是指报告期内按设计文件规定建成主体工程和相应配套的辅助设施,形成生产能力

（或工程效益），经过验收合格，并且已正式投入生产或交付使用的建设项目。

3. 本年收尾项目

是指以前年度已经全部建成投产，但尚有少量不影响正常生产或使用的辅助工程或非生产性工程在报告期继续施工的项目。本年收尾项目是报告期施工项目的一部分，但不属于正式施工项目。

4. 竣工项目

指整个建设项目按设计文件规定的主体工程和辅助、附属工程全部建成，并已正式验收移交生产或使用部门的项目。建设项目的全部竣工是建设项目建设过程全部结束的标志。

5. 停缓建项目

是指经有关部门批准停止建设或近期内不再建设的项目。停缓建项目分为全部停缓建项目和部分停缓建项目。

（四）按建设规模分类

按建设规模不同，建设项目可划分为大型、中型和小型三类，划分标准如表1-2所示。

表1-2　信息通信工程建设项目工程规模划分标准

专业类别	规　模		
	大　型	中　型	小　型
通信线路工程	跨省通信线路工程或投资3 000万元及以上的项目	省内通信线路工程且投资在1 000万~3 000万元的项目	投资小于1 000万元的项目
微波通信工程	跨省微波通信工程或投资2 000万元及以上的项目	省内微波通信工程且投资在800万~2 000万元的项目	投资小于800万元的项目
传输设备工程	跨省传输设备工程或投资3 000万元及以上的项目	省内传输设备工程且投资在1 000万~3 000万元的项目	投资小于1 000万元的项目
交换工程	5万门及以上	1万~5万门	1万门以下
卫星地球站工程	天线口径12 m及以上（含上下行）；500个及以上VSAT	天线口径6~12 m（含上下行）；500个以下VSAT	天线口径6 m以下卫星单收站
移动通信基站工程	50个及以上基站	20个及以上基站	20个以下基站
数据通信及计算机网络工程	跨省数据通信及计算机网络工程或投资1 200万元及以上的项目	省内数据通信及计算机网络工程且投资在600万~1 200万元的项目	投资小于600万元的项目
本地网工程	单项工程投资额1 200万元及以上	单项工程投资额300万~1 200万元	单项工程投资额300万元以下
接入网工程		单项工程投资额300万元及以上	单项工程投资额300万元以下
通信管道工程		单项工程投资额200万元及以上	单项工程投资额200万元以下
通信电源工程		综合通信局电源系统	配套电源工程

三、通信工程建设程序

建设程序是指建设项目从设想、选择、评估、决策、设计、施工到竣工验收、投入生产整个建设过程中,各项工作必须遵循的先后顺序的法则。这个法则是在人们认识客观规律的基础上制定出来的,是建设项目科学决策和顺利进行的重要保证,是多年来从事建设管理经验总结的高度概括,也是取得较好投资效益必须遵循的工程建设管理方法。按照建设项目进展的内在联系和过程,建设程序分成若干阶段。这些进展阶段有严格的先后顺序,不能任意颠倒,违反它的规律就会使建设工作出现严重失误,甚至造成建设资金重大损失。

在我国,一般的大中型和限额以上的建设项目从建设前期工作到建设、投产要经过项目建议书、可行性研究、初步设计、年度计划安排、施工准备、施工图设计、施工招投标、开工报告、施工、初步验收、试运转、竣工验收、交付使用等环节。具体到通信行业基本建设项目和技术改造建设项目,尽管其投资管理、建设规模等有所不同,但建设过程的主要程序基本相同。

一般建设程序如图 1-4 所示。

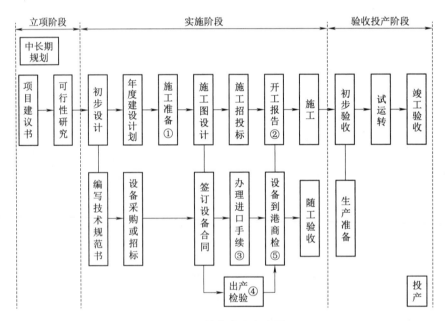

图 1-4　基本建设程序图

注:
①施工准备包括:征地、拆迁、三通一平、地质勘探等;
②开工报告:属于引进项目或设备安装项目(没有新建机房),设备发运后,即可编写开工报告;
③办理进口手续:引进项目按国家有关规定办理报批及进口手续;
④出厂检验:对复杂设备(无论购置国内、国外的)都要进行出厂检验工作;
⑤非引进项目为设备到货检查。

(一)立项阶段

1. 项目建议书

各部门、各地区、各企业根据国民经济和社会发展的长远规划、行业规划、地区规划等要求,经过调查、预测、分析,提出项目建议书。

项目建议书的审批,视建设规模按国家相关规定执行。

2. 可行性研究

建设项目可行性研究是对拟建项目在决策前进行方案比较、技术经济论证的一种科学分析方法,是基本建设前期工作的重要组成部分。根据主管部门的相关规定,凡是达到国家规定的大中型建设规模的项目,以及利用外资的项目、技术引进项目、主要设备引进项目、国际出口局新建项目、重大技术改造项目等,都要进行可行性研究。小型通信建设项目,进行可行性研究时,也要求参照其相关规定进行技术经济论证。

可行性研究报告的内容根据行业的不同而各有所侧重,信息通信工程建设项目的可行性研究报告一般应包括以下几项主要内容:

①总论。包括项目提出的背景,建设的必要性和投资效益,可行性研究的依据及简要结论等。

②需求预测与拟建规模。包括业务流量、流向预测,通信设施现状,国家从战略、边海防等需要出发对通信特殊要求的考虑,拟建项目的构成范围及工程拟建规模等。

③建设与技术方案论证。包括组网方案,传输线路建设方案,局站建设方案,通路组织方案,设备选型方案,原有设施利用、挖潜和技术改造方案以及主要建设标准等。

④建设可行性条件。包括资金来源,设备供应,建设与安装条件,外部协作条件以及环境保护与节能等。

⑤配套及协调建设项目的建议。如进城通信管道、机房土建、市电引入、空调以及配套工程项目的提出等。

⑥建设进度安排的建议。

⑦维护组织、劳动定员与人员培训。

⑧主要工程量与投资估算。包括主要工程量、投资估算、配套工程投资估算、单位造价指标分析等。

⑨经济评价。包括财务评价和国民经济评价。财务评价是从通信企业或通信行业的角度考察项目的财务可行性,计算的财务评价指标主要有财务内部收益和静态投资回收期等;国民经济评价是从国家角度考察项目对整个国民经济的净效益,论证建设项目的经济合理性,计算的主要指标是经济内部收益率等。当财务评价和国民经济评价的结论发生矛盾时,项目的取舍取决于国民经济评价。

⑩需要说明的有关问题。

(二)实施阶段

通信建设程序的实施阶段由初步设计、年度建设计划、施工准备、施工图设计、施工招投标、开工报告、施工等七个步骤组成。

根据通信工程建设特点及工程建设管理需要,一般通信建设项目设计按初步设计和施工图设计两个阶段进行;对于通信技术上复杂的,采用新通信设备和新技术项目,可增加技术设计阶段,按初步设计、技术设计、施工图设计三个阶段进行;对于规模较小,技术成熟,或套用标准的通信工程项目,可直接做施工图设计,称为"一阶段设计"。

1. 初步设计

初步设计是根据批准的可行性研究报告,以及有关的设计标准、规范,并通过现场勘察工作取得的设计基础资料后进行编制的。初步设计的主要任务是确定项目的建设方案、进行设备选型、编制工程项目的总概算。其中,初步设计中的主要设计方案及重大技术措施等应通过技术经济分析,进行多方案比选论证,未采用方案的扼要情况及采用方案的选定理由均应写入设计文件。

每个建设项目都应编制总体设计部分的总体设计文件(即综合册)和各单项工程设计文件,其内容深度要求如下:

①总设计文件内容包括设计总说明及附录,各单项设计总图,总概算编制说明及概算总表。设计总说明的具体内容可参考各单项工程设计内容择要编写。总说明的概述一节,应扼要说明设计的依据及其结论意见,叙述本工程设计文件应包括的各单项工程分册及其设计范围分工(引进设备工程要说明与外商的设计分工),建设地点现有通信情况及社会需要概括,设计利用原有设备及局所房屋的鉴定意见,本工程需要配合及注意解决的问题(例如抗震设防、人防、环保等要求,后期发展与影响经济效益的主要因素,本工程的网点布局、网络组织、主要的通信组织等),以表格列出本期各单项工程规模及可提供的新增生产能力并附工程量表、增员人数表、工程总投资及新增固定资产值、新增单位生产能力、综合造价、传输质量指标分析、本期工程的建设工期安排意见,以及其他必要的说明等。

②各单项工程设计文件一般由文字说明、图纸和概算三部分组成,具体内容依据各专业的特点而定。概括起来应包括以下内容:概述,设计依据,建设规模,产品方案,原料、燃料、动力的用量和来源,工艺流程、主要涉及标准和技术措施,主要设备选型及配置,图纸,主要建筑物,构筑物,公用、辅助设施,主要材料用量,配套建设项目,占地面积和场地利用情况,综合利用、"三废"治理、环境保护设施和评价,生活区建设,抗震和人防要求,生产组织和劳动定员,主要工程量及总概算,主要经济指标及分析,需要说明的有关问题等。

2. 年度建设计划

年度计划包括基本建设拨款计划、设备和主材(采购)储备贷款计划、工期组织配合计划等,是编制保证工程项目总进度要求的重要文件。

建设项目必须具有经过批准的初步设计和总概算,经资金、物资、设计、施工能力等综合平衡后,才能列入年度建设计划。经批准的年度建设计划是进行基本建设拨款或贷款的主要依据,应包括整个工程项目和年度的投资及进度计划。

3. 施工准备

施工准备是基本建设程序中的重要环节,是衔接基本建设和生产的桥梁。建设单位应根据建设项目或单项工程的技术特点,适时组成机构,做好以下几项工作:

①制定建设工程管理制度,落实管理人员;

②汇总拟采购设备、主材的技术资料;

③落实施工和生产物资的供货来源;

④落实施工环境的准备工作,如征地、拆迁、"三通一平"(水、电、路通和平整土地)等。

4. 施工图设计

施工图设计文件应根据批准的初步设计文件和主要设备订货合同进行编制,并绘制施工详图,标明房屋、建筑物、设备的结构尺寸,安装设备的配置关系和布线,施工工艺和提供设备、材料明细表,并编制施工图预算。

施工图设计文件一般由文字说明、图纸和预算三部分组成。各单项工程施工图设计说明应简要说明批准的初步设计方案的主要内容并对修改部分进行论述，注明有关批准文件的日期、文号及文件标题，提出详细的工程量表，测绘出完整的线路（建筑安装）施工图纸、设备安装施工图纸，包括建设项目的各部分工程的详图和零部件明细表等。它是初步设计（或技术设计）的完善和补充，是据以施工的依据。施工图设计的深度应满足设备、材料的订货，施工图预算的编制，设备安装工艺及其他施工技术要求等。施工图设计可不编制总体部分的综合文件。

5. 施工招投标

施工招标是建设单位将建设工程发包，鼓励施工企业投标竞争，从中评定出技术和管理水平高、信誉可靠且报价合理的中标企业。推行施工招标对于择优选择施工企业，确保工程质量和工期具有重要意义。施工招标依照《中华人民共和国招投标法》规定，可采用公开招标和邀请招标两种形式。

6. 开工报告

经施工招标、签订承包合同后，建设单位在落实了年度资金拨款、设备和主材的供货及工程管理组织后，于开工前一个月会同施工单位向主管部门提交开工报告。

在项目开工报批前，应由审计部门对项目的有关费用计取标准及资金渠道进行审计，然后方可正式开工。

7. 施工

通信建设项目的施工应由持有相关资质证书的单位承担。施工单位应按批准的施工图设计进行施工。

在施工过程中，对隐蔽工程在每一道工序完成后由建设单位委派的工地代表随工验收，如是采用监理的工程则由监理工程师履行此项职责。验收合格后才能进行下一道工序。

（三）验收投产阶段

1. 初步验收

初步验收通常是单项工程完工后，检验单项工程各项技术指标是否达到设计要求。初步验收一般是由施工企业完成施工承包合同工程量后，依据合同条款向建设单位申请项目完工验收，提出交工报告，由建设单位或由其委托监理公司组织相关设计、施工、维护、档案及质量管理等部门参加。

除小型建设项目外，其他所有新建、扩建改建等基本建设项目以及属于基本建设性质的技术改造项目，都应在完成施工调测之后进行初步验收。初步验收的时间应在原定计划建设工期内进行。初步验收工作包括检查工程质量，审查交工资料，分析投资效益，对发现的问题提出处理意见，并组织相关责任单位落实解决。

2. 试运转

试运转由建设单位负责组织，供货厂商、设计、施工和维护部门参加，对设备和系统的性能、功能及各项技术指标以及涉及和施工质量等进行全面考核。经过试运转，如发现有质量问题，由相关责任单位负责免费返修。在试运转期（3 个月）内，网络和电路运行正常即可组织竣工验收的准备工作。

3. 竣工验收

竣工验收是工程建设的最后一个环节,是全面考核建设成果、检验设计和工程质量是否符合要求、审查投资使用是否合理的重要步骤。竣工验收对保证工程质量、促进建设项目及时投产、发挥投资效益、总结经验教训有重要作用。

竣工项目验收前,建设单位应向主管部门提出竣工验收报告,编制项目工程总决算(小型项目工程在竣工验收后的 1 个月内将决算报上级主管部门;大中型项目工程在竣工验收后的 3 个月内将决算报上级主管部门),并系统整理出相关技术资料(包括竣工图纸、测试资料、重大障碍和事故处理记录),清理所有财产和物资等,报上级主管部门审查。竣工项目经验收交接后,应迅速办理固定资产交付使用的转账手续(竣工验收后的 3 个月内应办理固定资产交付使用的转账手续),技术档案移交维护单位统一保管。

任务实施

一、中望 CAD 简介

1. 中望 CAD 2010 启动界面

启动中望 CAD 2010 或建立新图形文件时,系统出现中望 CAD 2010 屏幕界面,并弹出一个启动界面,如图 1-5 所示。利用该对话框,用户可以方便地设置绘图环境,并以多种方式开始绘图。

2. 中望 CAD 2010 工作界面

中望 CAD 2010 简体中文版的工作界面如图 1-6 所示,主要包括:标题栏、菜单、绘图区、工具栏、命令栏、状态栏、属性栏等部分。和其他应用程序一样,用户可以根据需要安排工作界面。

图 1-5 中望 CAD 2010 启动界面
①——打开一幅图;②——使用缺省设置;
③——使用样板图向导;④——使用设置向导

(1)标题栏

显示软件名称和当前图形文件名。与 Windows 标准窗口一致,可以利用右上角的按钮将窗口最小化、最大化或关闭。

(2)菜单

单击界面上方的菜单,会弹出该菜单对应的下拉菜单,在下拉菜单中几乎包含了中望 CAD 所具有的所有的命令及功能选项,单击需要执行操作的相应选项即可执行该项操作。

(3)工具栏

工具栏按类别包含了不同功能的图标按钮,用户只需单击某个按钮即可执行相应的操作。右击工具栏,可以调整工具栏显示的状态。

(4)命令栏

命令栏位于工作界面的下方,当命令栏中显示"命令:"提示的时候,表明软件等待用户输入命令。当软件处于命令执行过程中,命令栏中显示各种操作提示。用户在绘图的整个过程中,要密切留意命令栏中的提示内容。

十字光标

标题栏
菜单
工具栏
属性栏
绘图区
坐标系图标
命令栏
状态栏

图 1-6 中望 CAD 2010 中文版的界面

（5）绘图区

绘图区位于屏幕中央的空白区域,所有的绘图操作都是在该区中完成的。在绘图区的左下角显示了当前坐标系图标,向右方向为 X 轴正方向,向上为 Y 轴正方向。绘图区没有边界,无论多大的图形都可置于其中。鼠标移动到绘图区中,会变为十字光标,执行选择对象的时候,鼠标会变成一个方形的拾取框。

（6）状态栏

状态栏位于界面的最下方,显示出当前十字光标在绘图区所处的绝对坐标位置。同时还显示了常用的控制按钮,如捕捉、栅格、正交等,单击一次,按钮下凹表示启用该功能,再单击则关闭。

3. 中望 CAD 命令执行方式

在中望 CAD 中,命令执行方式有多种,例如可以通过按工具栏上的命令按钮或菜单等。当用户在绘图的时候,应根据具体情况选择最佳的命令执行方式,提高工作效率。

（1）以键盘方式执行

通过键盘方式执行命令是最常用的一种绘图方法,当用户要使用某个工具进行绘图时,只需在命令栏中输入该工具的命令全名,然后根据提示一步一步完成绘图即可,如图 1-7 所示。中望 CAD 提供动态输入的功能,在状态栏中单击"动态输入"按钮,键盘输入的内容会显示在十字光标处,如图 1-8 所示。

图1-7　通过键盘方式执行命令　　　　　图1-8　动态输入执行命令

（2）以命令按钮的方式执行

在工具栏上选择要执行命令对应的工具按钮，然后按照提示完成绘图工作。

（3）以菜单命令的方式执行

通过选择菜单中的相应命令来执行命令，执行过程与上面两种方式相同。中望CAD同时提供鼠标右键快捷菜单，如图1-9所示，在快捷菜单中会根据绘图的状态提示一些常用的命令。

（4）退出正在执行的命令

中望CAD可随时退出正在执行的命令。当执行某命令后，可按【Esc】键退出该命令，也可按【Enter】键结束某些操作命令。注意，有的操作要按多次才能退出。

（5）重复执行上一次操作命令

当结束了某个操作命令后，若要再一次执行该命令，可以按【Enter】键或【Space】键重复执行上一次的命令。上下方向键可以翻阅前面执行的数个命令，然后选择执行。

（6）取消已执行的命令

绘图中出现错误，要取消前次的命令，可以使用 Undo 命令，或单击工具栏中的 按钮，可回到前一步或几步的状态。

图1-9　鼠标右键菜单

（7）恢复已撤销的命令

当撤销了命令后，又想恢复已撤销的命令，可以使用 Redo 命令或单击工具栏中的 按钮来恢复。

二、定制中望 CAD 绘图环境

在新建了图纸以后，还可以通过一系列的设置来修改之前一些不合理的地方和其他辅助设置选项。包括设置文件保存路径、调整自动保存时间、设置绘图屏幕颜色、定制工具栏等操作，其操作过程详见在线视频（【视频】任务 1-1：1 定制中望 CAD 绘图环境）和指导书（【素材】任务 1-1：1 定制中望 CAD 绘图环境）。

三、中望 CAD 坐标系统

1. 世界坐标系统

世界坐标系统（World Coordinate System，WCS）是中望 CAD 2010 绘制和编辑图形过程中的基本坐标系统，也是进入中望 CAD 2010 后的缺省坐标系统。世界坐标系统由三个正交于原点的坐标轴 X、Y、Z 组成。WCS 的坐标原点和坐标轴是固定的，不会随用户操作而发生变化。

世界坐标系统的坐标轴默认方向是 X 轴正方向水平向右, Y 轴正方向垂直向上, Z 轴正方向垂直于屏幕指向用户。坐标原点在绘图区的左下角,系统默认的 Z 坐标值为 O,如果用户没有另外设定 Z 坐标值,所绘图形只能是 XY 平面的图形。

图 1-10 中,(a)图是中望 CAD 2010 世界坐标系统的图标,(b)图是 2007 版之前的世界坐标系统,图标上标有字母"W",即 World(世界)的第一个字母。

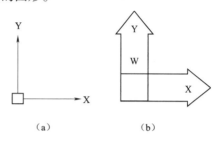

图 1-10 世界坐标系统

2. 坐标输入方法

用鼠标拾取一点可以直接定位坐标点,但不是很精确;采用键盘输入坐标值的方式可以更精确地定位坐标点。

在中望 CAD 绘图中经常使用平面直角坐标系的绝对坐标、相对坐标,平面极坐标系的绝对极坐标和相对极坐标等方法来确定点的位置。

(1)绝对直角坐标

绝对坐标是以原点为基点定位所有的点。输入点的 (x,y,z) 坐标,在二维图形中, $z = 0$ 可省略。如用户可以在命令行中输入"10,20"(中间用逗号隔开,且必须为英文或半角状态下的逗号,中文或全角状态下输入的逗号无效)来定义点在 XY 平面上的位置。

(2)相对直角坐标

相对坐标是某点 (A) 相对于另一特定点 (B) 的位置,相对坐标是把以前一个输入点作为输入坐标值的参考点,输入点的坐标值是以前一点为基准而确定的,它们的位移增量为 ΔX 、 ΔY 、 ΔZ 。其格式为: $@\Delta X$ 、 ΔY 、 ΔZ ,"@"字符表示输入一个相对坐标值。如"@10,20"是指该点相对于当前点沿 X 方向移动 10,沿 Y 方向移动 20。

(3)绝对极坐标

极坐标是通过相对于极点的距离和角度来定义的,其格式为:距离 < 角度。角度以 X 轴正向为度量基准,逆时针为正,顺时针为负。绝对极坐标以原点为极点。如输入"10 < 20",表示距原点 10,方向 20°的点。

(4)相对极坐标

相对极坐标是以上一个操作点为基点,其格式为:@ 距离 < 角度。如输入"@ 10 < 20",表示该点距上一点的距离为 10,和上一点的连线与 X 轴成 20°。

(5)操作实例

在绘图过程中不是自始至终只使用一种坐标模式,而是可以将多种坐标模式混合在一起使用。采用坐标方式绘制图 1-11 所示图形,其操作过程详见在线视频(【视频】任务 1-1:2 坐标输入方式)和指导书(【素材】任务1-1:2坐标输入方式)。

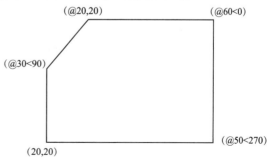

图 1-11 坐标输入方式

视频●

任务 1-1:
2 坐标输入方式

素材●

任务 1-1:
2 坐标输入方式

四、图形输出

1. 输出图形

中望 CAD 图形输出功能是将图形转换为其他类型的图形文件,如 bmp、wmf 等,以达到和其他软件兼容的目的。

命令格式

命令行:Export

菜单:[文件]→[输出(E)]

2. 打印和打印参数设置

用户在完成某个图形绘制后,为了便于查看和实际施工需要,可将其打印输出到纸上。在打印的时候,首先要设置打印的一些参数,如选择打印设备、设定打印样式、指定打印区域等,这些都可以通过打印命令调出的对话框来实现。

命令行:Plot

菜单:[文件]→[打印(P)]

工具栏:[标准]→[打印]

功能:设定相关参数,打印当前图形文件。

执行上述任何一种操作时,将进入图 1-12 所示的界面。各参数的设置与各办公软件的打印类似。

图 1-12　"打印"对话框

五、栅格与光标

栅格由一组规则的点组成,虽然栅格在屏幕上可见,但它既不会打印到图形文件上,也不影响绘图位置;当鼠标移动至绘图区时,呈十字光标形态。栅格与光标的设置及在绘图中的应用,详见在线视频(【视频】任务 1-1:3 栅格与光标)和指导书(【素材】任务 1-1:3 栅格与光标)。

●视频

任务 1-1:
3 栅格与光标

●素材

任务 1-1:
3 栅格与光标

六、正交

打开正交绘图模式后,可以通过限制光标只在水平或垂直轴上移动,来达到直角或正交模式下绘图的目的;其设置及在绘图中的应用,详见在线视频(【视频】任务 1-1:4 正交)和指导书(【素材】任务 1-1:4 正交)。

视频
任务 1-1:
4 正交

素材
任务 1-1:
4 正交

七、对象捕捉

在用户绘图时,经常会遇到从直线的端点、交点等特征点开始绘图,单靠眼睛去捕捉这些点是不精确的,中望 CAD 提供了目标捕捉方式来提高精确性。绘图时可通过捕捉功能快速、准确地定位;其设置及在绘图中的应用,详见在线视频(【视频】任务 1-1:5 对象捕捉)和指导书(【素材】任务 1-1:5 对象捕捉)。

视频
任务 1-1:
5 对象捕捉

素材
任务 1-1:
5 对象捕捉

八、图形缩放与平移

在绘图过程中,为了方便地进行对象捕捉、局部细节显示,需要使用缩放工具放大或缩小当前视图或放大局部,当绘制完成后,再使用缩放工具缩小图形来观察图形的整体效果。使用 Zoom 命令并不影响实际对象的尺寸大小。缩放命令的选项介绍如下:

①放大(I):将图形放大一倍。在进行放大时,放大图形的位置取决于目前图形的中心在视图中的位置。

②缩小(O):将图形缩小一半。在进行缩小时,图形的位置取决于目前图形的中心在视图中的位置。

③全部(A):将视图缩放到图形范围或图形界限两者中较大的区域。

④中心(C):可通过该选项重新设置图形的显示中心和放大倍数。

⑤范围(E):使当前视口中图形最大限度地充满整个屏幕,此时显示效果与图形界限无关。

⑥左边(L):在屏幕的左下角缩放所需视图。

⑦前次(P):重新显示图形上一个视图,该选项在标准工具栏上有单独的按钮。

⑧右边(R):在屏幕的右上角缩放所需视图。

⑨窗口(W):分别指定矩形窗口的两个对角点,将框选的区域放大显示。

⑩动态(D):可以在一次操作中完成缩放和平移。

⑪比例(nX/nXP):可以放大或缩小当前视图,视图的中心点保持不变。

平移命令用于指定位移来重新定位图形的显示位置。在有限的屏幕大小中,显示屏幕外的图形使用 Pan 命令要比 Zoom 快很多,操作直观且简便。

视频

任务 1-1:
6 图形缩放与平移

素材

任务 1-1:
6 图形缩放与平移

图形缩放与平移是 CAD 绘图时经常需要进行的操作,其操作过程及在绘图中的应用,详见在线视频(【视频】任务 1-1:6 图形缩放与平移)和指导书(【素材】任务 1-1:6 图形缩放与平移)。

九、中望 CAD 快捷键

熟记常用快捷键和 CAD 命令,将使用户事半功倍,可最先掌握一个或者两个字母的命令,再逐渐扩展。这也是锻炼左手应用左手操作的机会。

1. 符号键和控制键

中望 CAD 设置的符号键和控制键如表 1-3 所示。

表 1-3   中望 CAD 的符号键和控制键

别名(快捷键)	命令说明	别名(快捷键)	命令说明
Ctrl + 1	对象特性管理器	Ctrl + 3	工具选项板
Ctrl + 2 或 4	设计中心	Ctrl + 8 或 QC	快速计算器
Ctrl + A	全部选择	Ctrl + Q 或 Alt + F4	退出
Ctrl + C 或 CO/CP	复制	Ctrl + S 或 SA	保存
Ctrl + K	超链接	Ctrl + V	粘贴
Ctrl + N 或 N	新建	Ctrl + X	剪切
Ctrl + O	打开	Ctrl + Y	重做
Ctrl + P	打印	Ctrl + Z	放弃

2. 功能键

中望 CAD 设置的功能键如表 1-4 所示。

表 1-4   中望 CAD 的功能键

别名(快捷键)	命令说明	别名(快捷键)	命令说明
F1	帮助	F10	极轴
F2	文本窗口	F11	对象捕捉追踪
F3 或 Ctrl + F/OS	对象捕捉	F12	命令条
F7 或 GI	栅格	Ctrl + F6 或 Ctrl + Tab	多个图形文件间切换
F8	正交	Alt + F8	VBA 宏命令
F9	捕捉	Alt + F11	Visual Basic 编辑器

3. 中望 CAD 的命令及其简化格式如附录 1(【素材】附录 1:中望 CAD 的命令)所示。

素材

附录 1:
中望 CAD 的命令

🔲 实训项目

实训项目 1-1   按要求完成以下实训操作。

1-1-1   打开一个中望 CAD 软件自带的范例,其路径为 C:\Program Files\ZWCAD 2010 Chs\Sample【具体路径视机房计算机上软件的安装位置而定,但是范例均在已安装文件夹的 Sample 下是确定的】,将其中的整张图复制到新建的空白文档中,将其保存到桌面,文件命名为:＊＊班＊＊号(学号)＊＊＊(姓名)练习图。

1-1-2 按要求完成以下基本设置：

①将文件自动保存时间间隔调整为 5 min；

②将显示精度中圆弧和圆的平滑度调整为 1 000；

③将绘图区窗口的底色设置成洋红色。

1-1-3 练习中望 CAD 常用的快捷键。

1-1-4 用直线(line)命令和坐标方式,按其中的尺寸标注要求绘制图 1-13 所示的图形。【起点为(20,20),分别从顺时针和逆时针两个方向实现】

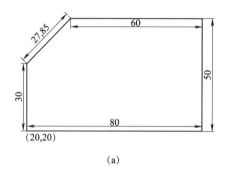
(a)

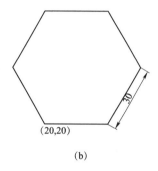
(b)

图 1-13 坐标方式绘图

任务 1-2 绘制基本图形

任务指南

一、任务工单

项目名称	1-2:绘制基本图形	目标要求	1. 熟悉中望 CAD 的基本操作与使用; 2. 掌握多边形、圆、圆弧、直线、多段线等图形的绘制
项目内容（工作任务）	本次任务的实施分成两个环节,第一个环节根据给定的教材进行基本图形绘制的练习;第二环节按照要求完成指定图形的绘制,指定绘制的图形包括五角星、圆弧组图、盆栽以及羽毛球拍和足球,如图 1-14 ~ 图 1-17 所示。 图 1-14 五角星　　图 1-15 圆弧组图　　图 1-16 盆栽　　图 1-17 羽毛球拍和足球		
要求	1. 个人独立完成;2. 当场考核评分		

二、作业指导书

项目名称	1-2：绘制基本图形	建议课时	4
质量标准	五角星、圆弧组图和足球无尺寸要求；盆栽以及羽毛球拍注意参照原图比例；足球用六边形构建时，要求无缝堆叠。		
仪器设备	计算机、中望 CAD 制图平台		
相关知识	多段线在工程图纸中的应用		
注意事项	养成"左手键盘，右手鼠标"的操作习惯		
项目实施环节（操作步骤）	1. 五角星的实现：绘制正五边形，每间隔一个顶点用直线连接起来，最后删除原正五边形；连接顶点时要求采用捕捉方式。 2. 圆弧组图的实现：任意尺寸绘制一条水平直线【要求用正交方式绘制】，用 div 命令将直线分割成 10 等份；然后绘制交叉的圆；最后用修剪命令，修剪掉多余的半圆，即可构成图示圆弧组。 3. 盆栽的实现：盆栽的底盘和枝叶均用多段线实现【用属性设置配置不同颜色，底盘为蓝色、枝叶为绿色】；红花用相切的多个圆构建。 4. 羽毛球拍的实现：用线和圆构建【熟悉圆角的编辑】。 5. 足球的实现：用正六边形和圆构建【熟悉捕捉和修剪】。		
参考资料	教材相关章节，中望 CAD 教程，中望 CAD 软件自带帮助文档		

三、考核标准与评分表

项目名称	1-2：绘制基本图形			实施日期		
执行方式	个人独立完成	执行成员	班级		组别	
考核标准	类别	序号	考核分项	考核标准	分值	考核记录（分值）
	职业技能	1	基本图形绘制练习	随堂考察：练习过程中的认真程度和态度；随机抽查：随机抽取学生和问题进行回答或操作演示	20	
		2	指定图形绘制	查看作品：绘制出的图形是否规范、标准以及与原图的相似度	60	
	职业素养	3	职业素养	随堂考察：对软件操作的规范性："左手键盘，右手鼠标"；练习过程中协作互助	20	
			总　　分			

相关知识

一、绘直线

1. 命令格式

命令行：Line（L）

菜　单:[绘图]→[直线(L)]

工具栏:[绘图]→[直线]

直线的绘制方法最简单,也是各种绘图中最常用的二维对象之一。可绘制任何长度的直线,可输入点的 X、Y、Z 坐标,以指定二维或三维坐标的起点与终点。

2. 直线命令各选项的功能

①角度(A):指的是直线段与当前 UCS(User Coordinate System,用户坐标系统)的 X 轴之间的角度。

②长度(L):指的是两点间直线的距离。

③跟踪(F):跟踪最近画过的线或弧终点的切线方向,以便沿这个方向继续画线。

④闭合(C):将第一条直线段的起点和最后一条直线段的终点连接起来,形成一个封闭区域。

⑤撤销(U):撤销最近绘制的一条直线段。在命令行中输入 U,按【Enter】键,则需要重新指定线的终点。

⑥<终点>:按【Enter 键】后,命令行默认最后一点为终点。

二、绘圆

1. 命令格式

命令行:Circle(C)

菜　单:[绘图]→[圆(C)]

工具栏:[绘图]→[圆]

圆是工程制图中常用的对象之一,圆可以代表孔、轴和柱等对象。用户可根据不同的已知条件,创建所需圆对象,中望 CAD 2010 默认情况下提供了五种不同已知条件创建圆对象的方式。

2. 圆命令各选项的功能

①两点(2P):通过指定圆直径上的两个点绘制圆。

②三点(3P):通过指定圆周上的三个点来绘制圆。

③T(切点、切点、半径):通过指定相切的两个对象和半径来绘制圆。

④弧线(A):将选定的弧线转化为圆,使弧缺补充为封闭的圆。

⑤多次(M):选择"多次"选项,将连续绘制多个相同设置的圆。

三、绘圆弧

1. 命令格式

命令行:Arc(A)

菜　单:[绘图]→[圆弧(A)]

工具栏:[绘图]→[圆弧]

圆弧是工程制图中常用的对象之一。创建圆弧的方法有多种,有指定三点画弧,还可以指定弧的起点、圆心和端点来画弧,或是指定弧的起点、圆心和角度画弧,另外也可以指定圆弧的角度、半径、方向和弦长等方法来画弧。

2. 圆弧命令各选项的功能

①三点:指定圆弧的起点、终点以及圆弧上任意一点。

②起点:指定圆弧的起点。

③终点:指定圆弧的终点。

④圆心:指定圆弧的圆心。

⑤方向:指定圆弧起点的切线方向。

⑥长度:指定圆弧的弦长。

⑦角度:指定圆弧包含的角度。默认情况下,顺时针为负,逆时针为正。

⑧半径:指定圆弧的半径。

四、绘椭圆和椭圆弧

1. 命令格式

命令行:Ellipse(EL)

菜　单:[绘图]→[椭圆(E)]

工具栏:[绘图]→[椭圆]

椭圆对象包括圆心、长轴和短轴。椭圆是一种特殊的圆,它的中心到圆周上的距离是变化的,而部分椭圆就是椭圆弧。

2. 椭圆命令各选项的功能

①中心(C):通过指定中心点来创建椭圆对象。

②弧(A):绘制椭圆弧。

③旋转(R):用长短轴线之间的比例,来确定椭圆的短轴。

④参数(P):以矢量参数方程式来计算椭圆弧的端点角度。

⑤包含(I):指所创建的椭圆弧从起始角度开始的包含角度值。

五、绘制点

1. 命令格式

命令行:Ddptype

菜　单:[绘图]→[点(O)]

工具栏:[绘图]→[点]

点不仅表示一个小的实体,而且可以作为绘图的参考标记。中望 CAD 2010 提供了 20 种点样式,如图 1-18 所示。

2. 点的应用

利用定数等分(Divide)命令,沿着直线或圆周方向均匀间隔一段距离排列点的实体或块。利用定距等分(Measure)命令,在实体上按测量的间距排列点实体或块。

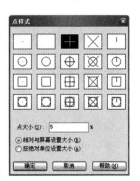

图 1-18　点样式

六、绘制圆环

1. 命令格式

命令行:Donut(DO)

菜　单:[绘图]→[圆环(D)]

圆环是由相同圆心、不相等直径的两个圆组成的。控制圆环的主要参数是圆心、内直径和外直径。如果内直径为0,则圆环为填充圆。如果内直径与外直径相等,则圆环为普通圆。圆环经常用在电路图中来代表一些元件符号。

2. 圆环命令各选项的功能

①两点(2P):通过指定圆环宽度和直径上两点的方法画圆环。

②三点(3P):通过指定圆环宽度及圆环上三点的方式画圆环。

③T(切点、切点、半径):通过与已知对象相切的方式画圆环。

④圆环体内径:指圆环体内圆直径。

⑤圆环体外径:指圆环体外圆直径。

七、绘矩形

1. 命令格式

命令行:Rectangle(REC)

菜　单:[绘图]→[矩形(G)]

工具栏:[绘图]→[矩形]▭

通过确定矩形对角线上的两个点来绘制。

2. 矩形命令各选项的功能

①倒角(C):设置矩形角的倒角距离。

②标高(E):确定矩形在三维空间内的基面高度。

③圆角(F):设置矩形角的圆角大小。

④旋转(R):通过输入旋转角度来选取另一对角点来确定显示方向。

⑤厚度(T):设置矩形的厚度,即 Z 轴方向的高度。

⑥宽度(W):设置矩形的线宽。

⑦面积(A):如已知矩形面积和其中一边的长度,就可以使用面积方式创建矩形。

⑧尺寸(D):如已知矩形的长度和宽度即可使用尺寸方式创建矩形。

八、绘正多边形

1. 命令格式

命令行:Polygon(POL)

菜　单:[绘图]→[正多边形(Y)]

工具栏:[绘图]→[正多边形]

在中望 CAD 2010 中,可以精确绘 3 ~ 1 024 条边的正多边形。

2. 正多边形命令各选项的功能

①多个(M):如果需要创建同样属性的正多边形,在执行 Polygon(POL)命令后,首先输入 M,输入完所需参数值后,就可以连续指定位置绘制正多边形。

②线宽(W):指正多边形的多段线宽度值。

③边(E):通过指定边缘第一端点及第二端点,可确定正多边形边长和旋转角度。

④<多边形中心>:指定多边形的中心点。

⑤内接于圆(I):指定外接圆的半径,正多边形的所有顶点都在此圆周上。

⑥外切于圆(C):指定从正多边形中心点到各边中心的距离。

九、多段线

1. 命令格式

命令行:Pline(PL)

菜　单:[绘图]→[多段线(P)]

工具栏:[绘图]→[多段线] ↳

多段线由直线段或弧连接组成,作为单一对象使用。可以绘制直线箭头和弧形箭头。

2. 多段线命令各选项的功能

①弧(A):指定弧的起点和终点绘制圆弧段。

②角度(A):指定圆弧从起点开始所包含的角度。

③中心(CE):指定圆弧所在圆的圆心。

④方向(D):从起点指定圆弧起点的切线方向。

⑤半宽(H):指从宽多段线线段的中心到其一边的宽度。

⑥线段(L):退出"弧"模式,返回绘制多段线的主命令行,继续绘制直线段。

⑦半径(R):指定弧所在圆的半径。

⑧第二点(S):指定圆弧上的点和圆弧的终点,以三个点来绘制圆弧。

⑨宽度(W):指定线宽绘制带有宽度的多段线。

⑩闭合(C):在上一条线段的终点和多段线的起点间绘制一条线段来封闭多段线。

⑪距离(D):指定分段距离。

十、云线绘制

1. 命令格式

命令行:Revcloud

菜　单:[绘图]→[修订云线(V)]

工具栏:[绘图]→[修订云线] 🌀

云线是由连续圆弧组成的多段线。用于检查阶段时提醒用户注意图形中圈阅部分。

2. 云线命令的选项介绍如下：

①弧长(A)：指云线上凸凹的圆弧弧长。

②对象(O)：选择已知对象作为云线路径。

任务实施

一、绘直线

1. 操作实例

详见在线视频(【视频】任务 1-2：1 绘直线)和指导书(【素材】任务 1-2：1 绘直线)。

2. 技术细节

①由直线组成的图形，每条线段都是独立对象，可对每条直线段进行单独编辑。

②在结束 Line 命令后，再次执行 Line 命令，根据命令行提示，直接按【Enter 键】，则以上次最后绘制的线段或圆弧的终点作为当前线段的起点。

③在命令行提示下输入三维点的坐标，则可以绘制三维直线段。

二、绘圆

1. 操作实例

详见在线视频(【视频】任务 1-2：2 绘圆)和指导书(【素材】任务 1-2：2 绘圆)。

2. 技术细节

①如果放大圆对象或者放大相切处的切点，有时看起来不圆滑或者没有相切，这其实只是一个显示问题，只需在命令行输入 Regen(RE)，按【Enter 键】，圆对象即可变为光滑。也可以把 Viewres 的数值调大，画出的圆就更加光滑了。

②绘图命令中嵌套着撤销命令"Undo"，如果画错了不必立即结束当前绘图命令，重新再画，可以在命令行里输入"U"，按【Enter 键】，撤销上一步操作。

三、绘圆弧

1. 操作实例

详见在线视频(【视频】任务 1-2：3 绘圆弧)和指导书(【素材】任务 1-2：3 绘圆弧)。

2. 技术细节

圆弧的角度与半径值均有正、负之分。默认情况下中望 CAD 2010 在逆时针方向上绘制出小于半径的圆弧，如果输入负数半径值，则绘制出大于半径的圆弧。

四、绘椭圆和椭圆弧

1. 操作实例

详见在线视频(【视频】任务 1-2：4 绘椭圆和椭圆弧)和指导书(【素材】任务 1-2：4 绘椭圆和椭圆弧)。

【视频】
任务 1-2：
1 绘直线

【素材】
任务 1-2：
1 绘直线

【视频】
任务 1-2：
2 绘圆

【素材】
任务 1-2：
2 绘圆

【视频】
任务 1-2：
3 绘圆弧

【素材】
任务 1-2：
3 绘圆弧

【视频】
任务 1-2：
4 绘椭圆和椭圆弧

【素材】
任务 1-2：
4 绘椭圆和椭圆弧

2. 技术细节

（1）Ellipse 命令绘制的椭圆同圆一样，不能用 Explode、Pedit 等命令修改。

（2）通过系统变量 Pellipse 控制 Ellipse 命令创建椭圆。当 Pellipse 设置为关闭（off）时，即默认值，绘制的椭圆是真的椭圆；当该变量设置为打开（on）时，绘制的椭圆对象由多段线组成。

（3）"旋转（R）"选项可输入的角度值取值范围是 0～89.4。若输入 0，则绘制的为圆。输入值越大，椭圆的离心率就越大。

五、绘点

视频
任务 1-2：
5 绘制点

素材
任务 1-2：
5 绘制点

1. 操作实例

详见在线视频（【视频】任务 1-2：5 绘制点）和指导书（【素材】任务 1-2：5 绘制点）。

2. 技术细节

①可通过在屏幕上拾取点或者输入坐标值来指定所需的点（在三维空间内，也可指定 Z 坐标值来创建点）。

②创建好的参考点对象，可以使用节点（Node）对象捕捉来捕捉该点。

③用 Divide 或 Measure 命令插入图块时，需要先定义图块（图块的定义参阅后续相关章节）。

视频
任务 1-2：
6 绘制圆环

素材
任务 1-2：
6 绘制圆环

六、绘圆环

1. 操作实例

详见在线视频（【视频】任务 1-2：6 绘制圆环）和指导书（【素材】任务 1-2：6 绘制圆环）。

2. 技术细节

①圆环对象可以使用编辑多段线（Pedit）命令编辑。

②圆环对象可以使用分解（Explode）命令转化为圆弧对象。

视频
任务 1-2：
7 绘矩形

素材
任务 1-2：
7 绘矩形

七、绘矩形

1. 操作实例

详见在线视频（【视频】任务 1-2：7 绘矩形）和指导书（【素材】任务 1-2：7 绘矩形）。

2. 技术细节

①矩形选项中，除了面积一项以外，都会将所作的设置保存为默认设置。

②矩形的属性其实是多段线对象，也可通过分解（Explode）命令把多段线转化为多条直线段。

八、绘正多边形

1. 操作实例

详见在线视频(【视频】任务 1-2:8 绘正多边形)和指导书(【素材】任务 1-2:8 绘正多边形)。

2. 技术细节

用 Polygon 绘制的正多边形是多段线,可用 Pedit 命令对其进行编辑。

九、绘多段线

1. 操作实例

详见在线视频(【视频】任务 1-2:9 绘多段线)和指导书(【素材】任务 1-2:9 绘多段线)。

2. 技术细节

系统变量 Fillmode 控制圆环和其他多段线的填充显示,设置 Fillmode 为关闭(off),那么创建的多段线就为二维线框对象。

十、绘云线

1. 操作实例

详见在线视频(【视频】任务 1-2:10 绘云线)和指导书(【素材】任务 1-2:10 绘云线)。

2. 技术细节

云线对象实际上是多段线,可用多段线编辑命令(Pedit)编辑。

实训项目

实训项目1-2　按要求完成以下实训操作。

1-2-1　用构造线(Xline)命令绘制图 1-19(a)所示的图形,用多段线(Pline)命令绘制图 1-19(b)所示图形。

1-2-2　用射线(Ray)和内接于圆的方式绘制正五边形(Polygon),如图 1-20(a)所示;用直线(Line)命令绘制五角星,如图 1-20(b)所示;用多线段命令绘制图 1-20(c)所示的图形。

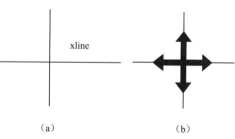
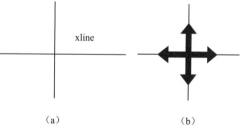

（a）　　　　　（b）

图 1-19　构造线及多线段命令的应用

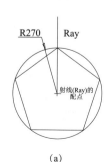
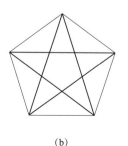

（a）　　　　　（b）　　　　　（c）

图 1-20　基本图形绘制

●视频

任务 1-2:
8 绘正多边形

●素材

任务 1-2:
8 绘正多边形

●视频

任务 1-2:
9 绘多段线

●素材

任务 1-2:
9 绘多段线

●视频

任务 1-2:
10 绘云线

●素材

任务 1-2:
10 绘云线

1-2-3 用相切、相切、半径绘制内切于正五边形的圆,如图1-21(a)所示;用圆环(Donut)命令绘制,如图1-21(b)所示;用起点、圆心、端点方式绘制圆弧,如图1-21(c)所示;用定数等分(Divide)命令分割线段 *AB* 和 *AC* 分别为三段,如图1-21(d)所示;用椭圆(Ellipse)命令绘制图1-21(e)所示的图形;用射线(Ray)命令绘制图1-21(f)所示的图形。

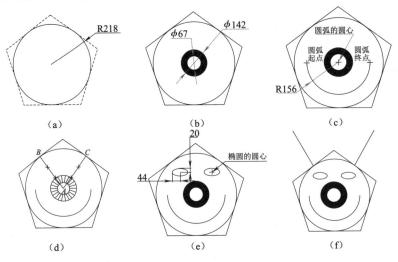

图 1-21 指定图形的绘制

任务 1-3 图形编辑与填充

任务指南

一、任务工单

项目名称	1-3:图形编辑与填充	目标要求	1. 熟悉基本图形的绘制; 2. 掌握图形的编辑和填充
项目内容(工作任务)			本次任务的实施分成两个环节,第一环节进行图形编辑与填充的练习;第二环节按照要求完成指定图形的绘制,如图1-22~图1-27所示。 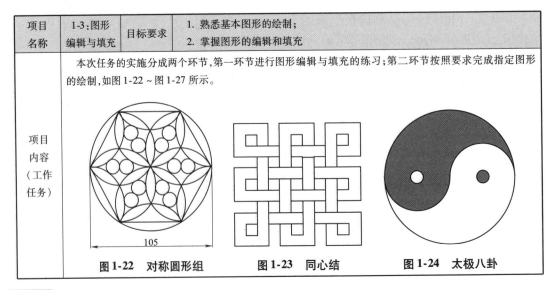 图1-22 对称圆形组　　图1-23 同心结　　图1-24 太极八卦

项目 内容 （工作 任务）	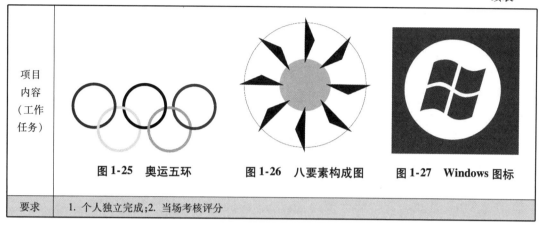 图 1-25　奥运五环　　　图 1-26　八要素构成图　　　图 1-27　Windows 图标
要求	1. 个人独立完成;2. 当场考核评分

二、作业指导书

项目名称	1-3:图形编辑与填充	建议课时	4
质量标准	原图中有尺寸要求的严格按照指定尺寸,并进行标注,否则注意参照原图比例;太极八卦填充颜色为黄色,奥运五环颜色分别为蓝、黄、黑、绿、红五色;八要素构成图中,中心圆的底色为黄色、周边三角形的底色为深蓝色;Windows 图标中,圆外围和中间四个瓦状图形的底色均为青色。		
仪器设备	计算机、中望 CAD 制图平台		
相关知识	标注和文本在工程图纸中的应用		
注意事项	养成"左手键盘,右手鼠标"的操作习惯		
项目实施 环节 （操作步骤）	1. 对称圆形组的实现:绘制半径为 52.5 的正六边形;共圆心绘制直径为 105 的圆;六边形相邻两顶点及圆心三点绘圆;六边形相邻两顶点和圆弧交点三点绘圆;辅助线连接圆弧相邻的两个交点;相交的两圆弧和直线相切-相切-相切方式绘圆;修剪整理【阵列的应用】。 　2. 同心结的实现: 　方法一:先后绘制长 110 宽 30、长 90 宽 10 的两个矩形并共中心摆放;对两个矩形应用阵列,布置成 3 行 1 列,行偏移为 40;类似操作布置成 1 行 3 列;最后修剪掉多余的线段。 　方法二:绘制边长为 10 的正方形,应用阵列布置成 11 行 11 列,行偏移和列偏移均为 10,最后修剪掉多余的线段。 　3. 太极八卦的实现:绘直线;绘圆;修剪;填充颜色【纯色填充操作】。 　4. 奥运五环的实现:五环的颜色分别为蓝、黄、黑、绿、红;用同心圆构建圆环;修剪;颜色填充【圆环之间的嵌套】。 　5. 八要素构成图的实现:绘制中心圆,绘制外围等腰三角形【填充和阵列】,最后绘制大圆。 　6. Windows 图标的实现:瓦状图形用圆或圆弧构建【注意其对称性】。		
参考资料	教材相关章节,中望 CAD 教程,中望 CAD 软件自带帮助文档		

三、考核标准与评分表

项目名称		1-3:图形编辑与填充			实施日期	
执行方式	个人独立完成	执行成员	班级		组别	
考核标准	类别	序号	考核分项	考核标准	分值	考核记录(分值)
	职业技能	1	图形编辑与填充练习	随堂考察:练习过程中的认真程度和态度; 随机抽查:随机抽取学生和问题进行回答或操作演示	20	
		2	指定图形绘制	查看作品:绘制出的图形是否规范、标准以及与原图的相似度	60	
	职业素养	3	职业素养	随堂考察:绘制图形前,充分观察和分析图形,尽量利用图形编辑命令绘制;练习过程中协作互助	20	
总　分						

相关知识

实际作图中,通常一个图形由多个基本图形构成,此时不可避免地涉及图形的后期编辑处理;同时,图形中包含的固定图案、颜色等是通过图形的填充功能实现的;因此,接下来主要介绍图形编辑与填充。

一、图形编辑

(一)选择对象

在图形编辑前,首先要选择需要进行编辑的图形对象,然后再对其进行编辑加工。中望CAD会将所选择的对象虚线显示,这些所选择的对象称为选择集。选择集可以包含单个对象,也可以包含更复杂的多个对象。

1. 应用场景

中望CAD 2010具有多种方法选择对象,如在命令行提示要选择对象时,输入"?",将显示如下提示信息【也只有当命令行提示"选择对象"时输入"?"才有效,其他状态下输入"?"视为无效命令或直接调用软件的帮助文档】:

> 全部(ALL)/增添(a)/除去(R)/前次(P)/上次(L)/窗口(W)/相交(C)/外部(O)/多边形窗口(WP)/相交多边形(CP)/外部多边形(OP)/圆形窗口(WC)/相交圆形(CC)/外部圆形(OC)/方形(b)/点(PO)/围栏(F)/自动(AU)/多次(M)/单个(S)/特性(PRO)/对话框(D)/撤销(U):

2. 各项提示的含义和功能

①全部(ALL):选取当前图形中的所有对象,如图1-28所示。

②增添(a):新增一个或以上的对象到选择集中,如图1-29所示。

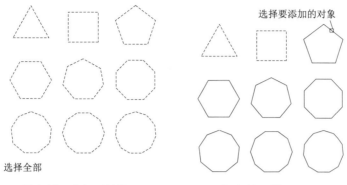

图1-28　全部（ALL）　　　图1-29　增添（a）

③除去(R):从选择集中删除一个或以上的对象。

④前次(P):选取包含在上个选择集中的对象。

⑤上次(L):选取在图形中最近创建的对象。

⑥窗口(W):选取完全包含在矩形选取窗口中的对象,此时窗口从左上角开始拉伸,如图1-30所示,即从图中标注1处拉伸至2处。

⑦相交(C):选取与矩形选取窗口相交或包含在矩形窗口内的所有对象,此时窗口从右下角开始拉伸,如图1-31所示,即从图中标注1处拉伸至2处。与窗口(W)选择方式不同之处在于,该方式中,只要选取窗口边界接触到的所有对象,则所有对象均会被选中,而无须完全包含。

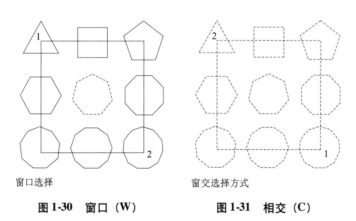

图1-30　窗口（W）　　　图1-31　相交（C）

⑧外部(O):选取完全在矩形选取窗口外的对象。

⑨多边形窗口(WP):选取完全包含在多边形选取窗口中的对象,如图1-32所示,多边形选取窗口可自行定义。

⑩相交多边形(CP):选取多边形选取窗口所包含或与之相交的对象,如图1-33所示,多边形选取窗口可自行定义。

⑪外部多边形(OP):选取完全在多边形选取窗口外的对象。

⑫圆形窗口(WC):选取完全在圆形选取窗口中的对象。

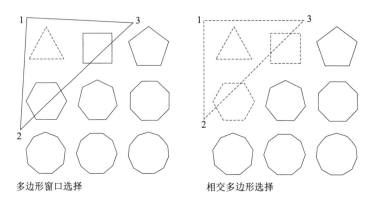

多边形窗口选择   相交多边形选择

图 1-32　多边形窗口（WP）　　**图 1-33　相交多边形（CP）**

⑬相交圆形（CC）：选取圆形选取窗口中所包含或与之相交的对象。

⑭外部圆形（OC）：选取完全在圆形选取窗口之外的对象。

⑮方形（b）：选择指定方形选择框内的所有对象。

⑯点（PO）：选取任何围绕着所选点的封闭对象。

⑰围栏（F）：选取与选择框相交的所有对象，如图 1-34 所示。

⑱自动（AU）：自动选择模式，用户指向一个对象即可选择该对象。若指向对象内部或外部的空白区，将形成框选方法定义的选择框的第一个角点。

⑲多次（M）：选择多个对象并亮显选取的对象。

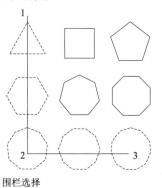

围栏选择

图 1-34　围栏（F）

⑳单个（S）：选择"单个"选项后，只能选择一个对象，若要继续选择其他对象，需要重新执行选择命令。

㉑特性（PRO）：根据特性选择相同特性的对象。

㉒对话框（D）：开启"绘图设置"对话框的"坐标输入"选项卡，用户可在其中设置选择方式等。

㉓撤销（U）：取消最近添加到选择集中的对象。

（二）删除

命令行：Erase（E）

菜　　单：[修改]→[删除（E）]

工具栏：[修改]→[删除]✎

功　　能：删除图形文件中选取的对象。

（三）移动

命令行：Move（M）

菜　　单：[修改]→[移动（V）]

工具栏：[修改]→[移动]✛

功　能:将选取的对象以指定的距离从原来位置移动到新的位置。

(四)旋转

命令行:Rotate(V)

菜　单:[修改]→[旋转(R)]

工具栏:[修改]→[旋转]

功　能:通过指定的点来旋转选取的对象。

(五)复制

命令行:Copy(CP)

菜　单:[修改]→[复制选择(Y)]

工具栏:[修改]→[复制对象]

功　能:将指定的对象复制到指定的位置上。

(六)阵列

命令行:Array(AR)

菜　单:[修改]→[阵列(A)]

工具栏:[修改]→[阵列]

功　能:复制选定的对象,并按指定的要求将副本排列成环形阵列或矩形阵列。

(七)缩放

命令行:Scale(SC)

菜　单:[修改]→[缩放(L)]

工具栏:[修改]→[缩放]

功　能:以一定比例放大或缩小选取的对象。

(八)倒角

1. 命令格式

命令行:Chamfer(CHA)

菜　单:[修改]→[倒角(C)]

工具栏:[修改]→[倒角]

功　能:在两线交叉、放射状线条或无限长的线上建立倒角。

2. 各选项的功能

①选取第一个对象:选择要进行倒角处理的对象的第一条边,或要倒角的三维实体边中的第一条边。

②设置(S):开启"绘图设置"对话框的"对象修改"选项卡,如图1-35所示,用户可在其中选择倒角的方法,并设置相应的倒角距离和角度。

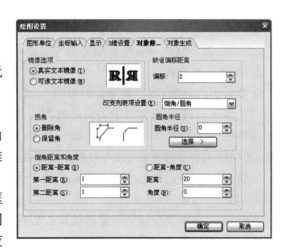

图 1-35　对象修改设置

③多段线(P):为整个二维多段线进行倒角处理。

④距离(D):创建倒角后,设置倒角到两个选定边的端点的距离。

⑤角度(a):指定第一条线的长度和第一条线与倒角后形成的线段之间的角度值。

⑥修剪(T):由用户自行选择是否对选定边进行修剪,直到倒角线的端点。

⑦方式(M):选择倒角方式。倒角处理的方式有两种,"距离-距离"和"距离-角度"。

⑧多个(U):可为多个两条线段的选择集进行倒角处理。

(九)圆角

1. 命令格式

命令行:Fillet(F)

菜　单:[修改]→[圆角(F)]

工具栏:[修改]→[圆角]⬚

功　能:为两段圆弧、圆、椭圆弧、直线、多段线、射线、样条曲线或构造线以及三维实体创建以指定半径的圆弧形成的圆角。

2. 各选项的功能

①选取第一个对象:选取要创建圆角的第一个对象。

②设置(S):选择"设置"选项,开启"绘图设置"对话框。

③多段线(P):在二维多段线中的每两条线段相交的顶点处创建圆角。

④半径(R):设置圆角弧的半径。

⑤修剪(T):在选定边后,若两条边不相交,执行"修剪(T)"选项后,中望 CAD 自动将所选定的两条边延伸至相交,同时修剪成所设定的圆角。

⑥多个(U):为多个对象创建圆角。

(十)修剪

1. 命令格式

命令行:Trim(TR)

菜　单:[修改]→[修剪(T)]

工具栏:[修改]→[修剪]⬚

功　能:清理所选对象超出指定边界的部分。

2. 各选项的功能

①要修剪的对象:指定要修剪的对象。

②边缘模式(E):修剪对象的假想边界或与之在三维空间相交的对象。

③围栏(F):指定多个围栏点构成一个围栏区域,将围栏区域内的多个对象修剪成单一对象;此功能类似于图形组合,即将多个对象组合成一个对象。

④窗交(C):通过指定两个对角点来确定一个矩形窗口,选择该窗口内部或与矩形窗口相交的对象。

⑤投影(P):指定在修剪对象时使用投影模式。

⑥删除(R):在执行修剪命令的过程中将选定的对象从图形中删除。

⑦撤销(U):撤销使用 Trim 命令最近对对象进行的修剪操作。

(十一)延伸

1. 命令格式

命令行:Extend(EX)

菜　单:[修改]→[延伸(D)]

工具栏:[修改]→[延伸]

功　能:延伸线段、弧、二维多段线或射线,使之与另一对象相交。

2. 各选项的功能

①边界对象:选定对象,使之成为对象延伸的边界的边。

②延伸的实体:选择要进行延伸的对象。

③边缘模式(E):若边界对象的边和要延伸的对象没有实际交点,但又要将指定对象延伸到两对象的假想交点处,可选择"边缘模式"。

④围栏(F):进入"围栏"模式,可以选取围栏点,围栏点为要延伸的对象上的开始点,延伸多个对象到一个对象。

⑤窗交(C):进入"窗交"模式,通过从右到左指两个点定义选择区域内的所有对象,延伸所有的对象到边界对象。

⑥投影(P):对象延伸时使用投影方式。

⑦删除(R):在执行 Extend 命令的过程中选择对象将其从图形中删除。

⑧撤销(U):放弃之前使用 Extend 命令对对象的延伸处理。

(十二)分解

命令行:Explode(X)

菜　单:[修改]→[分解(X)]

工具栏:[修改]→[分解]

功　能:将由多个对象组合而成的合成对象(如图块、多段线等)分解为独立对象。

(十三)查询

1. 查距离与角度

命令行:Dist

菜　单:[工具]→[查询(Q)]→[距离(D)]

功　能:Dist 命令可以计算任意选定两点间的距离。得到如下信息:

①以当前绘图单位表示的点间距。

②在 XY 平面上的角度。

③与 XY 平面的夹角。

④两点间在 X、Y、Z 轴上的增量 Δx,Δy,Δz。

2. 查面积

(1)命令格式

命令行:Area

菜　单:[工具]→[查询(Q)]→[面积(A)]

功　能:Area 命令可以测量如下参数:

①用一系列点定义的一个封闭图形的面积和周长。

②用圆、封闭样条线、正多边形、椭圆或封闭多段线所定义的一个面积和周长。

③由多个图形组成的复合面积。

（2）各选项的功能

①对象（E）：输入 E 后系统提示，选取对象进行面积计算（S），选取对象后，系统将提示所测对象面积：面积（A）和周长（P）的数值。

②添加（A）：输入 A 后系统提示，添加（A）：对象（E）/减去（S）/＜第一点＞：输入 E 后，系统接着提示：添加面积（A）＜选取对象＞：选取对象后，系统将提示所测添加面积：面积（A）和周长（P）的数值。

③减去（S）：输入 S 后系统提示，减去（S）：对象（E）/添加（A）/＜第一点＞：输入 E 系统接着提示：减去面积（S）＜选取对象＞：选取对象后，系统将提示所测减去面积：面积（A）和周长（P）的数值。

＜第一点＞：可以对由多个点定义的封闭区域的面积和周长进行计算。程序依靠连接每个点所构成的虚拟多边形围成的空间来计算面积和周长。

二、图案填充

（一）创建图案填充

在进行图案填充时，使用对话框的方式进行操作，非常直观和方便。

命令行：Bhatch/Hatch（H）

菜　　单：［绘图］→［图案填充（H）］

工具栏：［绘图］→［图案填充］ ▨

功　　能：图案填充命令都能在指定的填充边界内填充一定样式的图案。图案填充命令以对话框设置填充方式，包括填充图案的样式、比例、角度，填充边界等。

（二）设置图案填充

执行图案填充命令后，弹出"填充"对话框，如图 1-36 所示，下面对其中各选项分别进行讲述。

1. 类型和图案

（1）类型

类型有三种：单击下拉按钮可选择方式，分别是预定义、用户定义、自定义，中望 CAD 2010 默认选择预定义方式。

（2）图案

显示填充图案文件的名称，用来选择填充图案。单击下拉按钮可选择填充图案。也可以单击列表后面的 ▦ 按钮开启"填充图案选项板"对话框，如图 1-37 所示，通过预览图像，选择自定义图

图 1-36　"填充"对话框

案。自定义图案功能允许设计人员调用自行设计的图案类型，其下拉列表将显示最近使用

的 6 个自定义图案。

（3）样例

用于显示当前选中的图案样式。单击所选的图案样式,也可以打开"填充图案选项板"对话框。

2. 角度和比例

（1）角度

图样中剖面线的倾斜角度。默认值是 0,用户可以输入值改变角度。

（2）比例

图样填充时的比例因子。中望 CAD 2010 提供的各图案都有缺省的比例,如果此比例不合适（太密或太稀）,可以输入值,给出新比例。

图 1-37　"填充图案选项板"对话框

3. 图案填充原点

原点用于控制图案填充原点的位置,也就是图案填充生成的起点位置。

（1）使用当前原点

以当前原点为图案填充的起点,一般情况下,原点设置为 0,0。

（2）指定的原点

指定一点,使其成为新的图案填充的原点。用户还可以进一步调整原点相对于边界范围的位置,共有 5 种情况:左下、右下、左上、右上、正中,如图 1-38 所示。

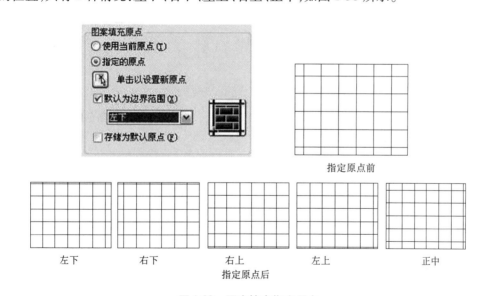

图 1-38　图案填充指定原点

①默认为边界范围:指定新原点为图案填充对象边界的矩形范围中四个角点或中心点。

②存储为默认原点:把当前设置保存成默认的原点。

4. 确定填充边界

在中望 CAD 2010 中为用户提供了两种指定图案边界的方法,分别是通过拾取点和选择对象来确定填充的边界。

①添加:拾取点:点取需要填充区域内一点,系统将寻找包含该点的封闭区域填充。

②添加:选择对象:用鼠标选择要填充的对象,常用于多个或多重嵌套的图形。

③删除边界:将多余的对象排除在边界集外,使其不参与边界计算,如图 1-39 所示。

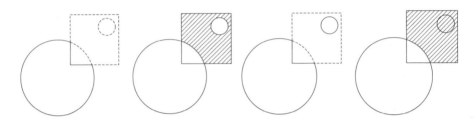

（a）通过拾取点选取边界　（b）直接填充后的效果　（c）删除多余边界对象　（d）填充后的效果

图1-39　删除边界图示

④重新创建边界:以填充图案自身补全其边界,采取编辑已有图案的方式,可将生成的边界类型定义为面域或多段线,如图 1-40 所示。

⑤查看选择集:单击此按钮后,可在绘图区域亮显当前定义的边界集合。

无边界的填充图案　　重新生成边界

图1-40　重新创建边界

5. 孤岛

①孤岛检测:用于控制是否进行孤岛检测,将最外层边界内的对象作为边界对象。

②普通:从外向内隔层画剖面线。

③外部:只将最外层画上剖面线。

④忽略:忽略边界内的孤岛,全图面画上剖面线。

6. 预览

①预览:可以在应用填充之前查看效果。

②动态预览:可以在不关闭"填充"对话框的情况下预览填充效果,以便用户动态地查看并及时修改填充图案。

(三)渐变色填充

渐变色填充是以色彩作为填充对象,丰富了图形的表现力,满足更广泛用户的需求。中望 CAD 2010 同时支持单色渐变填充和双色渐变填充,渐变图案包括直线形渐变、圆柱形渐变、曲线形渐变、球形渐变、半球形渐变及对应的反转形态渐变。

渐变色命令格式与上面一节相同,这里不再重复,下面主要讲述渐变色填充界面。

单色渐变填充设置界面如图 1-41 所示,用户可以预览显示渐变颜色的组合效果,共有

9种效果。在"方向"栏中可设置居中和角度,在示意图中选择一种渐变形态,即可完成单色渐变填充设置。对于使用单色状态时还可以调节着色的渐浅变化。

渐变色填充提供了在同一种颜色不同灰度间或两种颜色之间平滑过渡的填充样式,图1-42所示为图案填充对话框的双色渐变填充的界面。

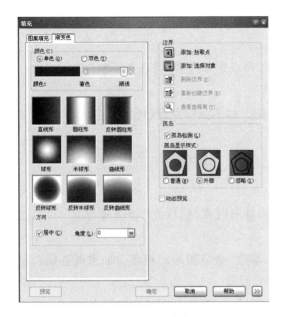

图1-41 单色渐变填充界面

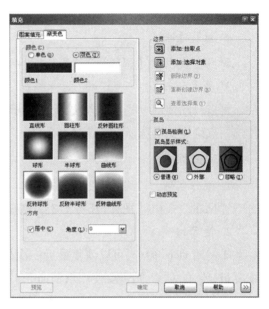

图1-42 双色渐变填充界面

不论单色或双色,除了系统默认颜色外,读者也可以自己设置其他颜色,只需单击"单色"下面所选的颜色,打开图1-43所示的"选择颜色"对话框,用户可选择自己喜欢的颜色。

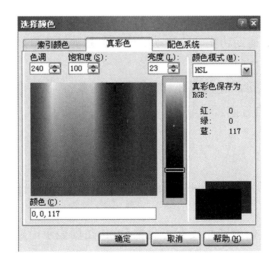

图1-43 "选择颜色"对话框

任务实施

一、图形编辑

(一)选择对象

1. 操作实例

详见在线视频(【视频】任务1-3:1 选择对象)和指导书(【素材】任务1-3:1 选择对象)。

2. 技术细节

可以自动使用一些选择方法,无须显示提示框。如用鼠标左键,可以单击选择对象,或单击两点确定矩形选择框来选择对象。

(二)删除

1. 操作实例

详见在线视频(【视频】任务1-3:2 删除)和指导书(【素材】任务1-3:2 删除)。

2. 技术细节

①使用 Oops 命令,可以恢复最后一次使用"删除"命令删除的对象。如果要连续向前恢复被删除的对象,则需要使用取消命令 Undo。

②此操作也可以先选取对象,然后再执行删除命令,其操作方法和步骤与前述步骤类似,请自行摸索练习。

(三)移动

1. 操作实例

详见在线视频(【视频】任务1-3:3 移动)和指导书(【素材】任务1-3:3 移动)。

2. 技术细节

①用户可借助目标捕捉功能确定移动的位置。移动对象最好是将"极轴"打开,可以清楚地看到移动的距离及方位。

②对象移动操作也可以先选取要移动的图形对象,再执行移动操作,其操作方法和步骤与前述步骤类似,请自行摸索练习。

(四)旋转

1. 操作实例

详见在线视频(【视频】任务1-3:4 旋转)和指导书(【素材】任务1-3:4 旋转)。

2. 技术细节

①对象相对于基点的旋转角度有正负之分,正角度表示沿逆时针旋转,负角度表示沿顺时针旋转。

②同样,此操作也支持先选取对象后进行编辑的操作方式。

（五）复制

1. 操作实例

详见在线视频（【视频】任务 1-3:5 复制）和指导书（【素材】任务 1-3:5 复制）。

2. 技术细节

①Copy 命令支持对简单的单一对象（集）的复制,如直线/圆/圆弧/多段线/样条曲线和单行文字等,同时也支持对复杂对象（集）的复制,例如关联填充、块/多重插入块、多行文字、外部参照、组对象等。

②使用 Copy 命令在一个图样文件进行多次复制,如果要在图样之间进行复制,应采用 Copyclip 命令,它将复制对象复制到 Windows 的剪贴板上,然后在另一个图样文件中用 Pasteclip 命令将剪贴板上的内容粘贴到图样中。

③同样,此操作也支持先选取对象后进行编辑的操作方式。

（六）阵列

1. 操作实例

①环形阵列:详见在线视频（【视频】任务 1-3:6 环形阵列）和指导书（【素材】任务 1-3:6 环形阵列）。

②矩形阵列:详见在线视频（【视频】任务 1-3:7 矩形阵列）和指导书（【素材】任务 1-3:7 矩形阵列）。

2. 技术细节

①环形阵列时,阵列角度值若输入正值,则以逆时针方向旋转,若为负值,则以顺时针方向旋转。阵列角度值不允许为 0,选项间角度值可以为 0,但当选项间角度值为 0 时,将看不到阵列的任何效果。

②除了可以对单个对象进行阵列的操作,还可以对多个对象进行阵列的操作,在执行该命令时,系统会将多个对象视为一个整体对象来对待。

③同样,此操作也支持先选取对象后进行编辑的操作方式。

（七）缩放

1. 操作实例

详见在线视频（【视频】任务 1-3:8 缩放）和指导书（【素材】任务 1-3:8 缩放）。

2. 技术细节

①Scale 命令与 Zoom 命令有区别,前者可改变对象的实际尺寸大小,后者只是缩放显示对象,并不改变对象的实际尺寸值。

②同样,此操作也支持先选取对象后进行编辑的操作方式。

视频
任务 1-3:
5 复制

素材
任务 1-3:
5 复制

视频
任务 1-3:
6 环形阵列

素材
任务 1-3:
6 环形阵列

视频
任务 1-3:
7 矩形阵列

素材
任务 1-3:
7 矩形阵列

视频
任务 1-3:
8 缩放

素材
任务 1-3:
8 缩放

（八）倒角

1. 操作实例

详见在线视频（【视频】任务1-3：9倒角）和指导书（【素材】任务1-3：9倒角）。

2. 技术细节

①若需做倒角处理的对象没有相交，系统会自动修剪或延伸到可以做倒角的情况。

②若为两个倒角距离指定的值均为0，选择的两个对象将自动延伸至相交。

③用户选择"放弃"时，使用倒角命令为多个选择集进行的倒角处理将全部被取消。

（九）圆角

1. 操作实例

详见在线视频（【视频】任务1-3：10圆角）和指导书（【素材】任务1-3：10圆角）。

2. 技术细节

①若选定的对象为直线、圆弧或多段线，系统将自动延伸这些直线或圆弧直到它们相交，然后再创建圆角。

②若选取的两个对象不在同一图层，系统将在当前图层创建圆角线。同时，圆角的颜色、线宽和线型的设置也是在当前图层中进行。

③若选取的对象是包含弧线段的单个多段线。创建圆角后，新多段线的所有特性（如图层、颜色和线型）将继承所选的第一个多段线的特性。

④若选取的对象是关联填充（其边界通过直线线段定义），创建圆角后，该填充的关联性不再存在。若该填充的边界以多段线来定义，将保留其关联性。

⑤若选取的对象为一条直线和一条圆弧或一个圆，可能会有多个圆角的存在，系统将默认选择最靠近选择点的端点来创建圆角。

（十）修剪

1. 操作实例

详见在线视频（【视频】任务1-3：11修剪）和指导书（【素材】任务1-3：11修剪）。

2. 技术细节

按【Enter】键结束选择前，系统会不断提示指定要修剪的对象，所以用户可指定多个对象进行修剪；通常按【Enter】键全选所有对象。

（十一）延伸

1. 操作实例

详见在线视频（【视频】任务1-3：12延伸）和指导书（【素材】任务1-3：12延伸）。

2. 技术细节

在选择时，用户可根据系统提示选取多个对象进行延伸。同时，还可按住【Shift】键选定对象将其修剪到最近的边界边。若要结束选择，按【Enter】键即可。

(十二) 分解

1. 操作实例

详见在线视频(【视频】任务 1-3:13 分解)和指导书(【素材】任务 1-3:13 分解)。

2. 技术细节

①系统可同时分解多个合成对象。并将合成对象中的多个部件全部分解为独立对象。但若使用的是脚本或运行时扩展函数,则一次只能分解一个对象。

②分解后,除了颜色、线型和线宽可能会发生改变,其他结果将取决于所分解的合成对象的类型。

③将块中的多个对象分解为独立对象。若块中包含多段线或嵌套块,那么对该块执行分解操作时,将分解为多段线或嵌套块;若要全部分解成独立对象,需要对首次分解出来的多段线或嵌套块再次执行分解操作。

④同样,此操作也支持先选取对象后进行编辑的操作方式。

(十三) 查询

1. 查询距离与角度

(1)操作实例:详见在线视频和指导书(【视频】任务 1-3:14 查距离与角度)和指导书(【素材】任务 1-3:14 查距离与角度)。

(2)技术细节:

选择特定点,最好使用对象捕捉来精确定位。

2. 查询面积

(1)操作实例:详见在线视频(【视频】任务 1-3:15 查面积)和指导书(【素材】任务 1-3:15 查面积)。

(2)技术细节:

选择点时,可在已有图线上使用对象捕捉方式。

二、图形填充

(一)创建图案填充

1. 操作实例

详见在线视频(【视频】任务 1-3:16 创建图案填充)和指导书(【素材】任务 1-3:16 创建图案填充)。

2. 技术细节

①区域填充时,所选择的填充边界需要形成封闭的区域,否则中望 CAD 2010 会提示警告信息:"你选择的区域无效"。如果在"允许的间隙"项中设置了定义边界对象与填充图案之间允许的最大间隙值,此时系统会提示"指定的填充边界未闭合"询问是否继续填充。关于"允许的间隙"项的含义会在后面的内容中解释。

②填充图案是一个独立的图形对象,填充图案中所有的线都是关联的。

③如果有需要可以用 Explode 命令将填充图案分解成单独的线条。一旦填充图案被分解成单独的线条,那么它与原边界对象将不再具有关联性。

视频
任务 1-3:
13 分解

素材
任务 1-3:
13 分解

视频
任务 1-3:
14 查距离与角度

素材
任务 1-3:
14 查距离与角度

视频
任务 1-3:
15 查面积

素材
任务 1-3:
15 查面积

视频
任务 1-3:
16 创建图案填充

素材
任务 1-3:
16 创建图案填充

（二）设置图案填充

操作实例：详见在线视频（【视频】任务 1-3：17 设置图案填充）和指导书（【素材】任务 1-3：17 设置图案填充）。

（三）渐变色填充

①渐变色单色填充操作实例：详见在线视频（【视频】任务 1-3：18 渐变色单色填充）和指导书（【素材】任务 1-3：18 渐变色单色填充）。

②渐变色双色填充操作实例：详见在线视频（【视频】任务 1-3：19 渐变色双色填充）和指导书（【素材】任务 1-3：19 渐变色双色填充）。

实训项目

实训项目1-3：按要求完成以下实训操作。

1-3-1　采用各种绘制命令及编辑命令，绘制图 1-44 所示的图形。

图 1-44　图形编辑

1-3-2 制作图 1-45 所示的图形,并查询如下相关信息:

①A 圆的面积。

②C 圆的面积。

③C 圆心至 D 圆心的直线距离。

④E 点至 D 圆心的距离。

⑤正五边形 F 的周长。

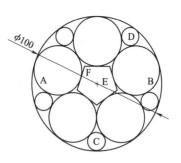

图 1-45 查询命令的应用

任务 1-4 尺寸标注与文本处理

任务指南

一、任务工单

项目名称	1-4:尺寸标注与文本处理	目标要求	1. 熟悉图形的尺寸标注; 2. 掌握文本编辑和处理
项目内容(工作任务)	本次任务的实施分成两个环节,第一环节进行图形标注及文本处理的练习;第二环节按照要求完成指定图形的绘制,如图 1-46 ~ 图 1-50 所示。 **图 1-46 连续标注** **图 1-47 多种标注** **图 1-48 字体设置** **图 1-49 挂钟**		

续表

项目内容（工作任务）	图 1-50　线缆明细表
要求	1. 个人独立完成；2. 当场考核评分

线缆明细表

缆线编号	缆线路由		设计电压(V)	设计电流(A)	敷设方式	选用缆线			备注
	由	到				规格型号	载流量(A)	条数×长度(m)	
901	市电	过电压保护装置	380	57		RW2-3×35+1×16	137		由建设单位负责
902	过电压保护装置	全组合开关电源	380	57	走线架	RVV2-3×35+1×16	137	2×10	
903	全组合开关电源	交流配电箱	380	57	走线架	RW2-3×35+1×16	137	1×10	
801	蓄电池组(1)"-"	全组合开关电源"-"	48	30	走线架	RVV2-1×50	283	1×10	
802	蓄电池组(1)"+"	全组合开关电源"+"	48	30	走线架	RW2-1×50	283	1×10	
803	蓄电池组(2)"-"	全组合开关电源"-"	48	30	走线架	RVV2-1×50	283	1×10	
804	蓄电池组(2)"+"	全组合开关电源"+"	48	30	走线架	RVV2-1×50	283	1×10	
1	接地体	地线盘				RVV2-1×95		1×10	
2	地线盘	开关电源正极排			走线架	RVV2-1×95		1×5	
3	地线盘	电源设备机壳保护地			走线架	RArV2-1×35		2×5	
4	地线盘	过电压保护装置			走线架	RW2-1×35		2×8	
说明：至传输设备的所有缆线由传输专业负责，本专业仅在全组合开关电源上预留相应的出线端子。									

二、作业指导书

项目名称	1-4：尺寸标注与文本处理	建议课时	4
质量标准	原图中有尺寸要求的严格按照指定尺寸绘制并标注；否则参照原图比例		
仪器设备	计算机、中望 CAD 制图平台		
相关知识	标注和文本在工程图纸中的应用		
注意事项	养成"**左手键盘，右手鼠标**"的操作习惯		
项目实施环节（操作步骤）	1. 连续标注的实现：图案填充、连续标注。 2. 多种标注的实现：线性、对齐、直径、半径、弧长、角度、引线等标注，建筑标记的设置。 3. 字体设置的实现：字体类型的设置。 4. 挂钟的实现：弧形文本的设置。 5. 线缆明细表的实现： 方法一：应用 Excel 制作好表格，选择性粘贴到 CAD 绘图区，然后再进行编辑处理。 方法二：直接在 CAD 中绘制时，注意单元格文本的对齐。		
参考资料	教材相关章节、中望 CAD 教程、中望 CAD 软件自带帮助文档		

三、考核标准与评分表

项目名称			1-4：尺寸标注与文本处理		实施日期		
执行方式		个人独立完成	执行成员	班级		组别	
考核标准	类别	序号	考核分项	考核标准		分值	考核记录(分值)
	职业技能	1	尺寸标注与文本处理练习	随堂考察：练习过程中的认真程度和态度；随机抽查：随机抽取学生和问题进行回答或操作演示		20	
		2	指定图形绘制	查看作品：绘制出的图形是否规范、标准以及与原图的相似度		60	
	职业素养	3	职业素养	随堂考察：绘制图形前，充分观察和分析图形，尽量利用图形编辑命令绘制；练习过程中协作互助		20	
		总		分			

相关知识

图纸中经常还需要标注其长度、角度、半径等尺寸信息,这就是中望CAD的尺寸标注功能;专业图纸中有时还会配备文字说明,可以通过中望CAD的文本编辑与处理功能实现。

一、尺寸标注

(一)尺寸标注的组成

一个完整的尺寸标注由尺寸界线、尺寸线、尺寸文字、尺寸箭头等部分组成,如图1-51所示。

①尺寸界线:从图形的轮廓线、轴线或对称中心线引出,有时也可以用轮廓线代替,用以表示尺寸起始位置。一般情况下,尺寸界线应与尺寸线相互垂直。

②尺寸线:为标注指定方向和范围。对于线性标注,尺寸线显示为一直线段;对于角度标注,尺寸线显示为一段圆弧。

③尺寸箭头:尺寸线端点的形状。中望CAD提供了多种尺寸线端点,包括箭头、斜线、实心圆点等,在"标注样式管理器"中设置。

④尺寸文字:显示测量值的字符串,可包括前缀、后缀和公差等。

⑤中心标记:指示圆或圆弧的中心。

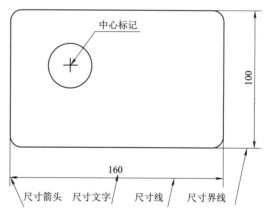

图1-51　完整的尺寸标注

(二)尺寸标注的设置

命令行:Ddim(D)

菜　单:[格式]→[标注样式]

工具栏:[标注]→[标注样式]

用户在进行尺寸标注前,应首先设置尺寸标注格式,然后再用这种格式进行标注,这样才能获得满意的效果。如果用户开始绘制新图形时选择了公制单位,则系统默认的格式为ISO-25(国际标准组织),用户可根据实际情况对尺寸标注格式进行设置,以满足使用的要求。"标注样式管理器"对话框如图1-52所示。

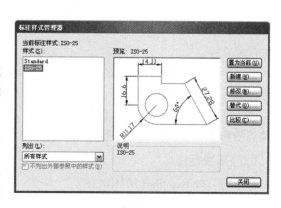

图1-52　"标注样式管理器"对话框

（三）线性标注

线性标注指标注图形对象在水平方向、垂直方向或指定方向上的尺寸,它又分为水平标注、垂直标注和旋转标注三种类型。

在创建一个线性标注后,可以添加"基线标注"或者"连续标注"。基线标注是以同一尺寸界线来测量的多个标注。连续标注是首尾相连的多个标注。

1. 命令格式

命令行:Dimlinear(DIMLIN)

菜　单:[标注]→[线性(L)]

工具栏:[标注]→[线性标注]◻

2. 各选项的功能

①多行文字(M):选择该项后,系统打开"多行文字"对话框,用户可在对话框中输入指定的尺寸文字。

②文字(T):选择该项后,可直接输入尺寸文字。

③角度(A):选择该项后,系统提示输入"指定标注文字的角度",用户可输入标注文字的新角度。

④水平(H):选择该项后,系统将使尺寸文字水平放置。

⑤垂直(V):选择该项后,系统将使尺寸文字垂直放置。

⑥旋转(R):线性标注默认效果为水平或垂直摆放,若希望标注以某个角度倾斜摆放,执行"旋转(R)"选项后,在命令行输入所需的旋转角度即可。

（四）对齐标注

1. 命令格式

命令行:Dimaligned(DAL)

菜　单:[标注]→[对齐(G)]

工具栏:[标注]→[对齐标注]◹

功　能:对齐标注用于标注平行于所选对象(如斜线的尺寸)或平行于两尺寸界线源点连线的直线型对象的尺寸。

2. 各选项的功能

①多行文字(M):选择该项后,系统打开"多行文字"对话框,用户可在对话框中输入指定的尺寸文字。

②文字(T):选择该项后,命令栏提示:"标注文字<当前值>:",用户可在此后输入新的标注文字。

③角度(A):选择该项后,系统提示输入"指定标注文字的角度:",用户可输入标注文字角度的新值来修改尺寸的角度。

（五）基线标注

命令行:Dimbaseline(DIMBASE)

菜　单:[标注]→[基线(B)]

工具栏:[标注]→[基线标注]◻

功　能:基线标注以一个统一的基准线为标注起点,所有尺寸线都以该基准线为标注的起始位置,以继续建立线型、角度或坐标的标注。

(六)直径标注

命令行:Dimdiameter(DIMDIA)

菜　单:[标注]→[直径(D)]

工具栏:[标注]→[直径标注] ⊘

功　能:直径标注用于标注圆或圆弧直径的尺寸。

(七)引线标注

1. 命令格式

命令行:Dimleader/leader(LEAD)

菜　单:[标注]→[引线(E)]

功　能:Dimleader 命令用于创建注释和引线,表示文字和相关的对象。

2. 各选项的功能

①块(B):选此选项后,系统提示"输入块名或[?]<当前值>:",输入块名后出现"块的插入点或[多个块(M)/比例因子(S)/X/Y/Z/旋转角度(R)]:",提示中的选项含义与插入块时的提示相同。

②复制(C):选此选项后,可选取的文字、多行文字对象、带几何公差的特征控制框或块对象复制,并将副本插入到引线的末端。

③无(N):选此选项表示不输入注释文字。

④公差(T):选此选项后,系统打开"形位公差"对话框,在此对话框中,可以设置各种形位公差。

⑤多行文字(M):选此选项后,系统打开"多行文字"对话框,在此对话框中可以输入多行文字作为注释文字。

(八)快速标注

1. 命令格式

命令行:Qdim

菜　单:[标注]→[快速标注(Q)]

工具栏:[标注]→[快速标注] ⬤

功　能:快速标注一次能标注多个对象,可以对直线、多段线、正多边形、圆环、点、圆和圆弧(圆和圆弧只用圆心有效)同时进行标注。可以标注成基准型、连续型、坐标型的标注。

2. 各选项的功能

①连续(C):选此选项后,可进行一系列连续尺寸的标注。

②并列(S):选此选项后,可标注一系列并列的尺寸。

③基线(B):选此选项后,可进行一系列基线尺寸的标注。

④坐标(O):选此选项后,可进行一系列坐标尺寸的标注。

⑤半径(R):选此选项后,可进行一系列半径尺寸的标注。

⑥直径(D):选此选项后,可进行一系列直径尺寸的标注。

⑦基准点(P):为基线类型的标注定义了一个新的基准点。

⑧编辑(E):选项可用来对系列标注的尺寸进行编辑。

(九)尺寸标注编辑

用户要对已存在的尺寸标注进行修改,这时不必将需要修改的对象删除后再进行重新标注,可以用一系列尺寸标注编辑命令进行修改。

1. 编辑标注

(1)命令格式

命令行:Dimedit(DED)

工具栏:[标注]→[编辑标注] ⚒

功　　能:Dimedit 命令可用于对尺寸标注的尺寸界线的位置、角度等进行编辑。

(2)各选项的功能

①默认(H):执行此项后尺寸标注恢复成默认设置。

②新建(N):用来修改指定标注的标注文字,该项后系统提示:"新标注文字< >:",用户可在此输入新的文字。

③旋转(R):执行该选项后,系统提示"指定标注文字的角度",用户可在此输入所需的旋转角度;然后,系统提示"选择对象",选取对象后,系统将选中的标注文字按输入的角度放置。

④倾斜(O):执行该选项后,系统提示"选择对象",在用户选取目标对象后,系统提示"输入倾斜角度",在此输入倾斜角度或按【Enter】键(不倾斜),系统按指定的角度调整线性标注尺寸界线的倾斜角度。

2. 编辑标注文字

(1)命令格式

命令行:Dimtedit

工具栏:[标注]→[编辑标注文字] ⚒

功　　能:Dimtedit 命令可以重新定位标注文字。

(2)各选项的功能

①左(L):选择此项后,可以决定尺寸文字沿尺寸线左对齐。

②右(R):选择此项后,可以决定尺寸文字沿尺寸线右对齐。

③中心(C):选择此项后,可将标注文字移到尺寸线的中间。

④默认(H):执行此项后尺寸标注恢复成默认设置。

⑤角度(A):将所选文本旋转一定的角度。

二、文本编辑与处理

(一)文字样式的设置

在中望 CAD 2010 中标注的所有文本,都有其文字样式设置。下面主要讲述字体、文字样式以及如何设置文字样式等知识。

1. 字体与文字样式

字体是由具有相同构造规律的字母或汉字组成的字库。例如:英文有 Roman、

Romantic、Complex、Italic 等字体;汉字有宋体、黑体、楷体等字体。中望 CAD 2010 提供了多种可供定义样式的字体,包括 Windows 系统 Fonts 目录下的 *.ttf 字体和中望 CAD 2010 的 Fonts 目录下支持大字体及西文的 *.shx 字体。

用户可根据自己的需要定义具有字体、字符大小、倾斜角度、文本方向等特性的文字样式。在中望 CAD 2010 绘图过程中,所有的标注文本都具有其特定的文字样式,字符大小由字符高度和字符宽度决定。

2. 设置文字样式

(1)命令格式

命令行:Style/Ddstyle(ST)

菜　单:[格式]→[文字样式]

功　能:Style 命令用于设置文字样式,包括字体、字符高度、字符宽度、倾斜角度、文本方向等参数。

(2)各选项的含义和功能

读者可以自行设置其他文字样式。图 1-53 所示对话框中各选项的含义和功能介绍如下:

①当前样式名。该区域用于设定样式名称,用户可以从该下拉列表框中选择已定义的样式或者单击【新建】按钮创建新样式。

新建:用于定义一个新的文字样式。单击该按钮,弹出"新文字样式"对话框,在"样式名称"文本框中输入要创建的新样式的名称,然后单击【确定】按钮。

图 1-53　"字体样式"对话框

重命名:用于更改图中已定义的某种样式的名称。在左边的下拉列表框中选取需更名的样式,再单击【确定】按钮,弹出"重命名文字样式"对话框,在"样式名称"文本框中输入新样式名,然后单击【确定】按钮即可。

删除:用于删除已定义的某样式。在左边的下拉列表框中选取需要删除的样式。然后单击【删除】按钮,系统将会提示是否删除该样式,单击【确定】按钮。表示确定删除,单击【取消】按钮表示取消删除。

②文本字体。该区域用于设置当前样式的字体、字体格式、字体高度。其内容如下:

字体名:该下拉列表框中列出了 Windows 系统的 TrueType(TTF)字体与中望 CAD 2010 本身所带的字体。用户可在此选一种需要的字体作为当前样式的字体。

字型:该下拉列表框中列出了字体的几种样式,比如常规、粗体、斜体等字体。用户可任选一种样式作为当前字型的字体样式。

大字体:选中该复选框,用户可使用大字体定义字型。

③文本度量:

文本高度:该编辑框用于设置当前字型的字符高度。

宽度因子:该编辑框用于设置字符的宽度因子,即字符宽度与高度之比。取值为 1 表示保持正常字符宽度,大于 1 表示加宽字符,小于 1 表示使字符变窄。

倾斜角:该编辑框用于设置文本的倾斜角度。大于 0 度时,字符向右倾斜;小于 0 度时,字符向左倾斜。

④文本生成:

文本反向印刷:选择该复选框后,文本将反向显示。

文本颠倒印刷:选择该复选框后,文本将颠倒显示。

文本垂直印刷:选择该复选框后,字符将以垂直方式显示字符。TrueType 字体不能设置为垂直书写方式。

⑤预览。该区域用于预览当前字型的文本效果。设置完样式后可以单击【应用】按钮将新样式加入当前图形。完成样式设置后,单击【确定】按钮,关闭字体样式对话框。

(二)单行文本标注

1. 命令格式

命令行:Text

菜　　单:[绘图]→[文字]→[单行文字]

工具栏:[文字]→[单行文字]**A**

功　　能:Text 可为图形标注一行或几行文本,每行文本作为一个实体。该命令同时设置文本的当前样式、旋转角度(Rotate)、对齐方式(Justify)和字高(Resize)等。

2. 各选项的功能

①样式(S):此选项用于指定文字样式,即文字字符的外观。执行选项后,系统给出提示信息"? 列出有效的样式/ <文字样式> <Standard>:"输入已定义的文字样式名称或按【Enter】键选用当前文字样式;也可输入"?",系统提示"输入要列出的文字样式 < * >:",按【Enter】键后,屏幕转为文本窗口列表显示图形定义的所有文字样式名、字体文件、高度、宽度比例、倾斜角度、生成方式等参数。

②拟合(F):标注文本在指定的文本基线的起点和终点之间保持字符高度不变,通过调整字符的宽度因子来匹配对齐。

③对齐(a):标注文本在用户的文本基线的起点和终点之间保持字符宽度因子不变,通过调整字符的高度来匹配对齐。

④中心(C):标注文本中点与指定点对齐。

⑤中间(M):标注文本的文本中心和高度中心与指定点对齐。

⑥右边(R):在图形中指定的点与文本基线的右端对齐。

⑦左上(TL):在图形中指定的点与标注文本顶部左端点对齐。

⑧中上(TC):在图形中指定的点与标注文本顶部中点对齐。

⑨右上(TR):在图形中指定的点与标注文本顶部右端点对齐。

⑩左中(ML):在图形中指定的点与标注文本左端中间点对齐。

⑪正中(MC):在图形中指定的点与标注文本中部中心点对齐。

⑫右中(MR):在图形中指定的点与标注文本右端中间点对齐。

⑬左下(BL):在图形中指定的点与标注文本底部左端点对齐。

⑭中下(BC):在图形中指定的点与字符串底部中点对齐。

⑮右下(BR):在图形中指定的点与字符串底部右端点对齐。

ML、MC、MR 三种对齐方式中所指的中点均是文本大写字母高度的中点,即文本基线到文本顶端距离的中点;Middle 所指的文本中点是文本的总高度(包括如 j、y 等字符的下沉部分)的中点,即文本底端到文本顶端距离的中点,如图 1-54 所示。如果文本串中不含 j、y 等下沉字母,则文本底端线与文本基线重合,MC 与 Middle 相同。

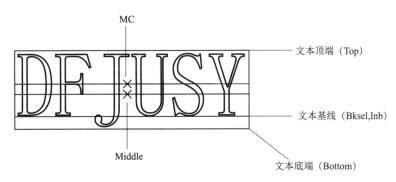

图 1-54　文本底端到文本顶端距离的中点

(三)多行文本标注

命令行:Mtext(MT、T)

菜　单:[绘图]→[文字]→[多行文字]

工具栏:[绘图]→[多行文字]**A**

功　能:Mtext 可在绘图区域用户指定的文本边界框内输入文字内容,并将其视为一个实体。此文本边界框定义了段落的宽度和段落在图形中的位置。

(四)特殊字符输入

1. 功能描述

在标注文本时,常常需要输入一些特殊字符,如上画线、下画线、直径、度数、公差符号和百分比符号等。多行文字可以用上/下画线按钮及右键快捷菜单中的"符号"命令实现。针对单行文字(Text),中望 CAD 2010 提供了一些带两个百分号(%%)的控制代码来生成这些特殊符号。

2. 特殊字符说明

表 1-5 列出了一些特殊字符的控制代码输入及其含义。

表 1-5　特殊字符的控制代码输入及其含义

特殊字符	代码输入	说明	特殊字符	代码输入	说明
±	%%P	公差符号	φ	%%C	直径符号
―	%%O	上画线	°	%%D	角度
—	%%U	下画线		%%nnn	nnn 为 ASCII 码
%	%%%	百分比符号	……	……	……

3. 其余特殊字符代码输入

所有能从键盘输入的特殊符号均可直接从键盘输入，如"＋""－""＠""＃"等；再如"①""≤""∞"等能从输入法插入的特殊符号，亦可从输入法中直接插入；其他特殊符号的输入方法可在软件自带的帮助文档中查询。

（五）文本编辑

命令行：Ddedit（ED）

工具栏：［文字］→［编辑文字］ **A**

功　　能：Ddedit 命令可以编辑修改标注文本的内容，如增减或替换 Text 文本中的字符、编辑 Mtext 文本或属性定义。

（六）调整文本

命令行：Textfit

菜　　单：［ET 扩展工具］→［文本工具］→［调整文本］

工具栏：［文本工具］→［调整文本］ **ABC**

功　　能：Textfit 命令可使 Text 文本在字高不变的情况下，通过调整宽度，在指定的两点间自动匹配对齐。对于那些需要将文字限制在某个范围内的注释可采用该命令编辑。

（七）文本工具

中望 CAD 设计了很多文本工具对文本进行排版布局等方面的编辑，如图 1-55 所示，包括对齐文本、旋转文本、文本加框、自动编号以及编辑弧形文本等，这些编辑方法的操作与使用都比较简单，并且根据 CAD 软件的操作提示均可以较方便地完成，限于篇幅，下面就编辑弧形文本进行简单介绍。

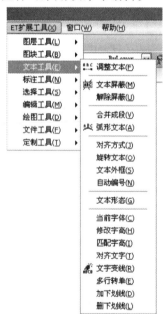

图1-55　文本工具

1. 命令格式

命令行：Arctext

菜　　单：［ET 扩展工具］→［文本工具］→［弧形文本］

工具栏：［文本工具］→［弧形对齐文本］ **ABC**

功　　能：弧形文字主要是针对钟表、广告设计等行业而开发出的弧形文字功能。

2. 各选项的含义与功能

图 1-56 所示为"弧形文字"对话框，其中清楚地展示了其丰富功能。各选项介绍如下：

①文字特性区：在对话框的第一行提供设置弧形文字的特性。包括文字样式、字体选择及文字颜色。单击文字样式下拉按钮，显示当前图中所有文字样式，可直接选择；也可以直接选择字体及相应颜色。中望率先支持的真彩色系统，在这里同样可以选择。

②文字输入区：在这里可以输入想创建的文字内容。

③对齐方式：提供了"左""右""两端""中心"四种对齐方案，配合"位置""方向""偏离"设置可以轻松指定弧形文字位置。图 1-57 所示为文字为两端对齐的弧形文本。

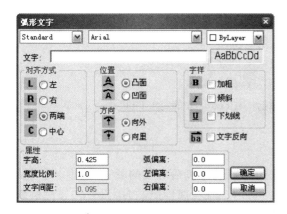

图 1-56 弧形文字对话框

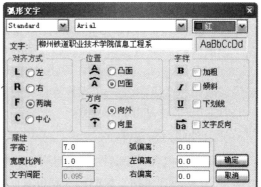

图 1-57 文字为两端对齐的弧形文字

④位置：指定文字显示在弧的凸面或凹面。

⑤方向：提供两种方向供选择。分别为"向里""向外"。

⑥字样：提供复选框的方式，可设置文字的"加粗""倾斜""下画线""文字反向"效果。

⑦属性：指定弧形文字的"字高""宽度比例""文字间距"等属性。

⑧偏离：指定文字偏离弧线、左端点或右端点的距离。

注意："属性""偏离""对齐方式"存在着互相制约关系。例如，当对齐为两端时，弧形文字可自动根据当前弧线长度来调整文字间距，故此时"文字间距"选项是不可设置的，依此类推。

三、拓展应用

(一)编辑多段线

1. 命令格式

命令行：Pedit(PE)

菜　单：[修改]→[对象]→[编辑多段线(P)]

工具栏：[修改 II]→[编辑多段线] ⬏

功　能：编辑二维多段线、三维多段线或三维网格。

2. 各选项的功能

①多条(M)：选择多个对象同时进行编辑。

②编辑顶点(E)：对多段线的各个顶点逐个进行编辑。

③闭合(C)：将选取的处于打开状态的三维多段线以一条直线段连接起来，成为封闭的三维多段线。

④非曲线化(D)：删除"拟合"选项所建立的曲线拟合或"样条"选项所建立的样条曲线，并拉直多段线的所有线段。

⑤拟合(F)：在顶点间建立圆滑曲线，创建圆弧拟合多段线。

⑥连接(J)：从打开的多段线的末端新建线、弧或多段线。

⑦线型模式(L)：改变多段线的线型模式。

⑧反向(R):改变多段线的方向。

⑨样条(S):将选取的多段线对象改变成样条曲线。

⑩锥形(T):通过定义多段线起点和终点的宽度创建锥状多段线。

⑪宽度(W):指定选取的多段线对象中所有直线段的宽度。

⑫撤销(U):撤销上一步操作,可一直返回到使用Pedit命令之前的状态。

⑬退出(X):退出Pedit命令。

(二)编辑对象属性

对象属性包含一般属性和几何属性。对象的一般属性包括对象的颜色、线型、图层及线宽等,几何属性包括对象的尺寸和位置。用户可以直接在"属性"窗口中设置和修改对象的这些属性。

1. 使用"属性"窗口

"属性"窗口中显示了当前选择集中对象的所有属性和属性值,当选中多个对象时,将显示它们共有属性。用户可以修改单个对象的属性、由快速选择集中对象共有的属性,以及多个选择集中对象的共同属性。可通过以下方式打开"属性"窗口:

命令行:Properties

菜　单:[修改]→[对象特性管理器]

工具栏:

上面三种方法都可以打开"属性"窗口,如图1-58所示。使用它可以浏览、修改对象的属性,也可以浏览、修改满足应用程序接口标准的第三方应用程序对象。

2. 属性修改

(1)命令格式

命令行:Change

功　能:修改选取对象特性。

(2)各选项的功能

①改变点:通过指定改变点修改选取对象的特性。

②对象(E):指定了射线和直线对象的改变点后,控制是否改变射线和直线的角度、位置。

图1-58　"属性"窗口

③特征(P):修改选取对象的特性。

④颜色(C):修改选取对象的颜色。

⑤标高(E):为对象上所有的点都具有相同Z坐标值的二维对象设置Z轴标高。

⑥图层(LA):为选取的对象修改所在图层。

⑦线型(LT):为选取的对象修改线型。

⑧线型比例(S):修改选取对象的线型比例因子。

⑨线宽(LW):为选取的对象修改线宽。

⑩厚度(T):修改选取的二维对象在Z轴上的厚度。

（三）图块的制作与使用

图块的运用是中望 CAD 2010 的一项重要功能。图块就是将多个实体组合成一个整体，并给这个整体命名保存，在以后的图形编辑中这个整体就被视为一个实体。

创建图块并保存，根据制图需要在不同地方插入一个或多个图块，系统插入的仅仅是一个图块定义的多个引用，这样会大大减小绘图文件大小。同时只要修改图块的定义，图形中所有的图块引用体都会自动更新。

1. 内部块定义

中望 CAD 2010 中图块分为内部块和外部块两类，此处讲解运用 Block 命令定义内部块的操作和运用 Wblock 定义外部块的操作。

（1）命令格式

命令行：Block（B）

菜　单：［绘图］→［块（K）］→［创建（M）］

工具栏：［绘图］→［创建块］

（2）各选项的功能

用 Block 命令定义的图块只能在定义图块的图形中调用，而不能在其他图形中调用，因此用 Block 命令定义的图块被称为内部块。创建块一般是在中望 CAD 2010 绘图工具栏中，单击【创建块】按钮，弹出如图 1-59 所示的"块定义"对话框。该对话框中各选项的功能如下：

图 1-59　"块定义"对话框

①名称：此文本框用于输入图块名称，下拉列表框中还列出了图形中已经定义过的图块名。

②预览：用户在选取组成块的对象后，将在"名称"文本框后显示所选择组成块对象的预览图形。

③基点：该区域用于指定图块的插入基点。用户可以通过（拾取点）按钮或输入坐标值确定图块插入基点。

④拾取点：单击该按钮，"块定义"对话框暂时消失，此时须用户使用鼠标在图形屏幕上拾取所需点作为图块插入基点，拾取基点结束后，返回到"块定义"对话框，X、Y、Z 文本框中将显示该基点的 X、Y、Z 坐标值。

⑤X、Y、Z：在该区域的 X、Y、Z 文本框中分别输入所需基点的相应坐标值，以确定出图块插入基点的位置。

⑥对象：该区域用于确定图块的组成实体。其中各选项功能如下：

⑦选择对象：单击该按钮，"块定义"对话框暂时消失，此时用户须在图形屏幕上用任一目标选取方式选取块的组成实体，实体选取结束后，系统自动返回对话框。

快速选择：开启"快速选择"对话框，通过过滤条件构造对象。将最终的结果作为所选择的对象。

⑧保留：选择此单选按钮后，所选取的实体生成块后仍保持原状，即在图形中以原来的独立实体形式保留。

⑨转换为块:选择此单选按钮后,所选取的实体生成块后在原图形中也转变成块,即在原图形中所选实体将具有整体性,不能用普通命令对其组成目标进行编辑。

⑩删除:选择此单选按钮后,所选取的实体生成块后将在图形中消失。

2. 写块

(1)命令格式

命令行:Wblock

Wblock 命令可以看成是 Write 加 Block,也就是写块。Wblock 命令可将图形文件中的整个图形、内部块或某些实体写入一个新的图形文件,其他图形文件均可以将它作为块调用。Wblock 命令定义的图块是一个独立存在的图形文件,相对于 Block、Bmake 命令定义的内部块,它被称作外部块。

(2)各选项的功能

执行 Wblock 命令后,弹出"写块"对话框如图 1-60 所示。其主要内容如下:

①源:该区域用于定义写入外部块的源实体。它包括如下内容:

● 块:该单选项指定将内部块写入外部块文件,可在其后的输入框中输入块名,或在下拉列表框中选择需要写入文件的内部图块的名称。

● 预览:用户在选取写块的对象后,将显示所选择写块的对象的预览图形。

● 整个图形:该单选项指定将整个图形写入外部块文件。该方式生成的外部块的插入基点为坐标原点(0,0,0)。

图 1-60　写块对话框

● 对象:该单选项将用户选取的实体写入外部块文件。

②基点:该区域用于指定图块插入基点,该区域只对源实体为对象时有效。

③对象:该区域用于指定组成外部块的实体,以及生成块后源实体是保留、消除或是转换成图块。该区域只对源实体为对象时有效。

④目标:该区域用于指定外部块文件的文件名、储存位置以及采用的单位制式。

3. 插入图块

调用图块的命令包括 Insert(单图块插入)、Divide(等分插入图块)、Measure(等距插入图块)。Divide 和 Measure 命令请参见本书前面相关章节,此处主要讲解 Insert(单图块插入)命令的使用方法。

命令行:Insert/Ddinsert

菜　单:[插入]→[块(B)]

工具栏:[绘图]→[插入块]

可以在当前图形中插入图块或别的图形。插入的图块作为单个实体。而插入一个图形是被作为一个图块插入到当前图形中。如果改变原始图形,它对当前图形无影响。

当插入图块或图形的时候,必须定义插入点、比例、旋转角度。插入点是定义图块时的引用点。当把图形当作图块插入时,程序把定义的插入点作为图块的插入点。

（四）嵌入对象

图形不是完全孤立存在的,要使图形和其他文档中的数据交互使用,中望 CAD 提供嵌入其他软件对象的功能。用户把其他程序中的对象插入图形中,例如可以将一个中望 CAD 图形插入 Word 文档中,或是将一张 Excel 电子数据表插入中望 CAD 图形中。将中望 CAD 图形调入其他软件或是将其他程序的文档调入中望 CAD 图形中,既可以使用链接也可以使用嵌入,还可将中望 CAD 图形保存成其他文件格式,以便其他软件直接读取。

1. 插入 OLE 对象

我们可以通过使用嵌入或链接将其他软件数据调入中望 CAD 图形中。选择的方法依赖于想要调入中望 CAD 图形的对象或文件类型以及调入后将对之做何种操作。

（1）命令格式

命令行:Insertobj(IO)

菜　单:［插入］→［OLE 对象(O)］

工具栏:［插入］→［OLE 对象］

功　能:在当前图形文件中插入 OLE 对象,包括了链接对象和内嵌对象。

（2）操作步骤

插入 OLE 对象有两种方法:一是直接嵌入新建的对象;二是选择一个已有的对象嵌入。其操作方法和步骤与 Office 软件中嵌入对象类似,故此处不再重复。

2. 选择性粘贴

用户将数据复制到剪贴板上时,系统会依据数据的类型以几种不同的数据格式保存它,然后再使用"选择性粘贴"命令将其粘贴到图形中时,可以选择所要使用的格式,选择正确的格式可以使用户按照需要在图形中编辑数据。

命令行:Pastespec(PA)

菜　单:［编辑］→［选择性粘贴(S)］

功　能:复制剪贴板上的数据,将其插入到图形文件中,并设置复制后的数据格式。

任务实施

一、尺寸标注

（一）线性标注

1. 操作实例

详见在线视频（【视频】任务 1-4:1 线性标注）和指导书（【素材】任务 1-4:1 线性标注）。

······●视频

任务 1-4:
1 线性标注

······●素材

任务 1-4:
1 线性标注

2. 技术细节

①用户在选择标注对象时,必须采用点选法,如果同时打开目标捕捉方式,可以更准确、快速地标注尺寸。

②许多用户在标注尺寸时,总结出鼠标三点法:点起点、点终点、点尺寸位置,标注完成。

(二)对齐标注

1. 操作实例

详见在线视频(【视频】任务1-4:2 对齐标注)和指导书(【素材】任务1-4:2 对齐标注)。

2. 技术细节

对齐标注命令一般用于倾斜对象的尺寸标注。标注时系统能自动将尺寸线调整为与被标注线段平行,而无须用户自己设置。

(三)基线标注

1. 操作实例

详见在线视频(【视频】任务1-4:3 基线标注)和指导书(【素材】任务1-4:3 基线标注)。

2. 技术细节

①在进行基线标注前,必须先创建或选择一个线性、角度或坐标标注作为基准标注。

②在使用基线标注命令进行标注时,尺寸线之间的距离由用户所选择的标注格式确定,标注时不能更改。

(四)直径标注

1. 操作实例

详见在线视频(【视频】任务1-4:4 直径标注)和指导书(【素材】任务1-4:4 直径标注)。

2. 技术细节

①在任意拾取一点选项中,可直接拖动鼠标确定尺寸线位置,屏幕将显示其变化。

②用户若有需要,可根据提示输入字母,进行选项设置。各选项的含义与对齐标注的同类选项相同。

(五)引线标注

1. 操作实例

详见在线视频(【视频】任务1-4:5 引线标注)和指导书(【素材】任务1-4:5 引线标注)。

2. 技术细节

在创建引线标注时,常遇到文本与引线的位置不合适的情况,用户可以通过夹点编辑的方式调整引线与文本的位置。当用户移动引线上的夹点时,文本不会移动,而移动文本时,引线也会随着移动。

视频

任务1-4:
2 对齐标注

素材
任务1-4:
2 对齐标注

视频
任务1-4:
3 基线标注

素材

任务1-4:
3 基线标注

视频
任务1-4:
4 直径标注

素材

任务1-4:
4 直径标注

视频
任务1-4:
5 引线标注

素材

任务1-4:
5 引线标注

（六）快速标注

操作实例:详见在线视频(【视频】任务 1-4:6 快速标注)和指导书(【素材】任务 1-4:6 快速标注)。

任务 1-4:
6 快速标注

（七）尺寸标注编辑

1.编辑标注

(1)操作实例:详见在线视频(【视频】任务 1-4:7 编辑标注)和指导书(【素材】任务 1-4:7 编辑标注)。

(2)技术细节

①标注菜单中的"倾斜"项,执行的就是选择了"倾斜"选项的 Dimedit 命令。

②Dimedit 命令可以同时对多个标注对象进行操作。

③Dimedit 命令不能修改尺寸文本放置位置。

任务 1-4:
6 快速标注

2.编辑标注文字

(1)操作实例:详见在线视频(【视频】任务 1-4:8 编辑标注文字)和指导书(【素材】任务 1-4:8 编辑标注文字)。

(2)技术细节

①用户还可以用 Ddedit 命令修改标注文字,但 Dimedit 命令无法对尺寸文本重新定位,Dimtedit 命令才可对尺寸文本重新定位。

②在对尺寸标注进行修改时,如果对象的修改内容相同,则用户可选择多个对象一次性完成修改。

任务 1-4:
7 编辑标注

③如果对尺寸标注进行了多次修改,要想恢复原来真实的标注,可在命令行输入 Dimreassoc,然后系统提示选择对象,选择尺寸标注后按【Enter】键即可恢复原来真实的标注。

④Dimtedit 命令中的"左(L)/右(R)"两个选项仅对长度型、半径型、直径型标注起作用。

任务 1-4:
7 编辑标注

二、文本编辑与处理

（一）文字样式的设置

1.操作实例

详见在线视频(【视频】任务 1-4:9 文字样式的设置)和指导书(【素材】任务 1-4:9 文字样式的设置)。

任务 1-4:
8 编辑标注文字

2.技术细节

①中望 CAD 2010 图形中所有的文本都有其对应的文字样式。系统默认样式为 Standard样式,用户须预先设定文本的样式,并将其指定为当前使用样式,系统才能将文字按用户指定的文字样式写入字型中。

②更名(Rename)和删除(Delete)选项对 Standard 样式无效。图形中已使用样式不能被删除。

任务 1-4:
8 编辑标注文字

任务 1-4:
9 文字样式的设置

任务 1-4:
9 文字样式的设置

③对于每种文字样式而言,其字体及文本格式都是唯一的,即所有采用该样式的文本都具有统一的字体和文本格式。如果想在一幅图形中使用不同的字体设置,则必须定义不同的文字样式。对于同一字体,可将其字符高度、宽度因子、倾斜角度等文本特征设置为不同,从而定义成不同的字型。

④可用 Change 或 Ddmodify 命令改变选定文本的字型、字体、字高、字宽、文本效果等设置,也可选中要修改的文本后右击,在弹出的快捷菜单中选择属性设置,改变文本的相关参数。

(二)单行文本标注

1.操作实例

详见在线视频和(【视频】任务 1-4:10 单行文本标注)和指导书(【素材】任务 1-4:10 单行文本标注)。

2.技术细节

①在"? 列出有效的样式/<文字样式><Standard>:"提示后输入"?",需列出清单的直接按【Enter】键,系统将在文本窗口中列出当前图形中已定义的所有字型名及其相关设置。

②用户在输入一段文本并退出 Text 命令后,若再次进入该命令(无论中间是否进行了其他命令操作)将继续前面的文字标注工作,上一个 Text 命令中最后输入的文本将呈高亮显示,且字高、角度等文本特性将沿用上次的设定。

(三)多行文本标注

1.操作实例

详见在线视频(【视频】任务 1-4:11 多行文本标注)和指导书(【素材】任务 1-4:11 多行文本标注)。

2.技术细节

①Mtext 命令与 Text 命令有所不同,Mtext 输入的多行段落文本是作为一个实体,只能对其进行整体选择、编辑;Text 命令也可以输入多行文本,但每一行文本单独作为一个实体,可以分别对每一行进行选择、编辑。Mtext 命令标注的文本可以忽略字型的设置,只要用户在文本标签页中选择了某种字体,那么不管当前的字型设置采用何种字体,标注文本都将采用用户选择的字体。

②用户若要修改已标注的 Mtext 文本,可选取该文本后右击,在弹出的快捷菜单中选择"参数"命令,在弹出的"对象属性"对话框中进行文本修改。

③输入文本的过程中,可对单个或多个字符进行不同的字体、高度、加粗、倾斜、下画线、上画线等设置,这点与字处理软件相同。其操作方法是:按住并拖动鼠标左键,选中要编辑的文本,然后设置相应选项。

(四)特殊字符输入

1.操作实例

详见在线视频(【视频】任务 1-4:12 特殊字符输入)和指导书(【素材】任务 1-4:12 特殊字符输入)。

2. 技术细节

①如果输入的"％％"后如无控制字符(如 c、p、d)或数字,系统将视其为无定义,并删除"％％"及后面的所有字符;如果用户只输入一个"％",则此"％"将作为一个字符标注于图形中。

②上下画线是开关控制,输入一个％％O(％％u)开始上(下)画线,再次输入此代码则结束,如果一行文本中只有一个画线代码,则自动将行尾作为画线结束处。

(五)文本编辑

1. 操作实例

详见在线视频(【视频】任务 1-4:13 文本编辑)和指导书(【素材】任务 1-4:13 文本编辑)。

任务 1-4:
13 文本编辑

任务 1-4:
13 文本编辑

2. 技术细节

①用户可以双击一个要修改的文本实体,然后直接对标注文本进行修改。也可以选择后右击,在弹出的快捷菜单中选择"编辑"命令。

②中望 CAD 完善了多行文字对多种语言输入的支持。对于跨语种协同设计的图纸,图中的文字对象可以分别以多种语言同时显示,极大地方便了图纸在不同地区之间顺畅交互。中望 CAD 2010 改进了操作界面,界面更友好与美观。

任务 1-4:
14 调整文本

(六)调整文本

1. 操作实例

详见在线视频(【视频】任务 1-4:14 调整文本)和指导书(【素材】任务 1-4:14 调整文本)。

任务 1-4:
14 调整文本

2. 技术细节

①文本的拉伸或压缩只能在水平方向进行。如果指定对齐的两点不在同一水平线上,系统会自动测量两点间的距离,并以此距离在水平方向上进行自动匹配文本终点。

②该命令只对 Text 文本有效,对多行文本即 Mtext 文本无效。

(七)文本工具

操作实例:详见在线视频(【视频】任务 1-4:15 文本工具)和指导书(【素材】任务 1-4:15 文本工具)。

任务 1-4:
15 文本工具

任务 1-4:
15 文本工具

三、拓展应用

(一)编辑多段线

1. 操作实例

详见在线视频(【视频】任务 1-4:16 编辑多段线)和指导书(【素材】任务 1-4:16 编辑多段线)。

任务 1-4:
16 编辑多段线

2. 技术细节

选择多个对象同时进行编辑时要注意,不能同时选择多段线对象和三维网格进行编辑。

任务 1-4:
16 编辑多段线

（二）编辑对象属性

1．操作实例

详见在线视频（【视频】任务1-4:17 编辑对象属性）和指导书（【素材】任务1-4:17 编辑对象属性）。

2．技术细节

选取的对象除了线宽为0的直线外，其他对象都必须与当前用户坐标系统（UCS）平行。若同时选择了直线和其他可变对象，由于选取对象顺序的不同，结果可能也不同。

（三）图块的制作与使用

1．内部块定义

（1）操作实例：详见在线视频（【视频】任务1-4:18 内部块定义）和指导书（【素材】任务1-4:18 内部块定义）。

（2）技术细节

①为了使图块在插入当前图形中时能够准确定位，给图块指定一个插入基点，以它作为参考点将将图块插入到图形中的指定位置，同时，如果图块在插入时需旋转角度，该基点将作为旋转轴心。

②当用 Erase 命令删除图形中插入的图块后，其块定义依然存在，因为它储存在图形文件内部，就算图形中没有调用它，它依然占用磁盘空间，并且随时可以在图形中调用。可用 Purge 命令中的"块"选项清除图形文件中无用的、多余的块定义以减小文件的字节。

③中望 CAD 2010 允许图块的多级嵌套。嵌套块不能与其内部嵌套的图块同名。

2．写块

（1）操作实例：详见在线视频（【视频】任务1-4:19 写块）和指导书（【素材】任务1-4:19 写块）。

（2）技术细节

①用 Wblock 命令定义的外部块其实就是一个 Dwg 图形文件。当 Wblock 命令将图形文件中的整个图形定义成外部块写入一个新文件时，它自动删除文件中未用的层定义、块定义、线型定义等，相当于用 Purge 命令的 All 选项清理文件后，再将其复制为一个新生文件，与原文件相比，大大减少了文件的字节数。

②所有的 Dwg 图形文件均可视为外部块插入到其他图形文件中，不同的是，用 Wblock 命令定义的外部块文件其插入基点是由用户设定好的，而用 New 命令创建的图形文件，在插入其他图形中时将以坐标原点（0,0,0）作为其插入基点。

3．插入图块

（1）操作实例：详见在线视频（【视频】任务1-4:20 插入图块）和指导书（【素材】任务1-4:20 插入图块）。

（2）技术细节

①外部块插入当前图形后，其块定义也同时储存在图形内部，生成同名的内部块，以后可在该图形中随时调用，而无须重新指定外部块文件的路径。

②外部块文件插入当前图形后，其内包含的所有块定义（外部嵌套块）也同时带入当前图形中，并生成同名的内部块，以后可在该图形中随时调用。

③图块在插入时如果选择了插入时炸开图块,插入后图块自动分解成单个实体,其特性如层、颜色、线型等也将恢复为生成块之前实体具有的特性。

④如果插入的是内部块则直接输入块名即可;如果插入的是外部块则需要给出块文件的路径。

（四）嵌入对象

1. 插入 OLE 对象

操作实例,详见在线视频（【视频】任务 1-4:21 插入 OLE 对象）和指导书（【素材】任务 1-4:21 插入 OLE 对象）。

2. 选择性粘贴

操作实例,详见在线视频（【视频】任务 1-4:22 选择性粘贴）和指导书（【素材】任务 1-4:22 选择性粘贴）。

（五）综合应用案例

图 1-61 中的图形可以看作一堆钢管,如果要做出这样的图形,需要将圆的直径求出,显然这是一个比较复杂的过程,而且计算中有开方,计算的结果将出现小数,也给精确作图带来很大的困难。对于这种问题可以采用中望 CAD 软件的有关命令,尤其是用对齐命令的方法来解决。其操作方法和步骤,详见在线视频（【视频】任务 1-4:23 综合应用案例）和指导书（【素材】任务 1-4:23 综合应用案例）。

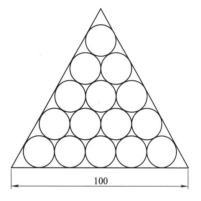

图 1-61　钢管堆

●┄┄┄┄视频
任务 1-4:
21 插入 OLE
对象

●┄┄┄┄素材
任务 1-4:
21 插入 OLE
对象

●┄┄┄┄视频
任务 1-4:
22 选择性粘贴

●┄┄┄┄素材
任务 1-4:
22 选择性粘贴

●┄┄┄┄视频
任务 1-4:
23 综合应用案例

●┄┄┄┄素材
任务 1-4:
23 综合应用案例

实训项目

实训项目 1-4: 按要求完成以下实训操作。

1-4-1　尺寸标注

绘制图 1-62 所示图形,注意相切,使用各种标注工具完成全部标注。

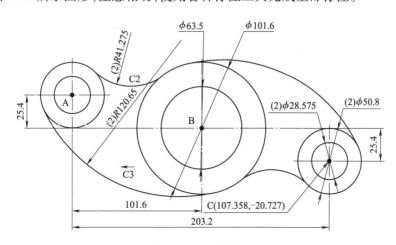

图 1-62　尺寸标注

1-4-2　文本编辑与处理

（1）试在中望 CAD 中设置输出图 1-63 所示的字体。

（2）对图 1-63 所示的文本进行复制、旋转、加框等操作。

（3）试输入各种特殊字符。

柳州铁道职业技术学院

柳州铁道职业技术学院

柳州铁道职业技术学院

柳州铁道职业技术学院

柳州铁道职业技术学院

柳州铁道职业技术学院

柳州铁道职业技术学院

图 1-63　文本编辑

1-4-3　拓展应用

绘制图 1-64 所示的钢管堆。

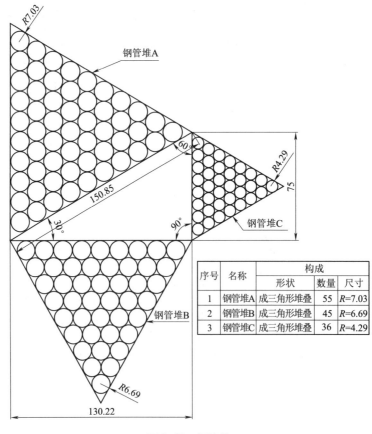

序号	名称	构成		
		形状	数量	尺寸
1	钢管堆A	成三角形堆叠	55	R=7.03
2	钢管堆B	成三角形堆叠	45	R=6.69
3	钢管堆C	成三角形堆叠	36	R=4.29

图 1-64　钢管堆

任务1-5　通信工程制图规范

任务指南

一、任务工单

项目名称	1-5:通信工程制图规范	目标要求	1. 熟悉通信工程制图规范； 2. 掌握图幅尺寸的计算与绘制、图衔的格式及绘制； 3. 掌握常用图例的应用并绘制
项目内容 （工作任务）			1. 绘制常用的工程图例,如图 1-65 所示； 2. 绘制 A4 纸纵向时的图框与图衔,如图 1-66 所示； 3. 绘制 A4 纸横向时的图框与图衔,如图 1-67 所示。 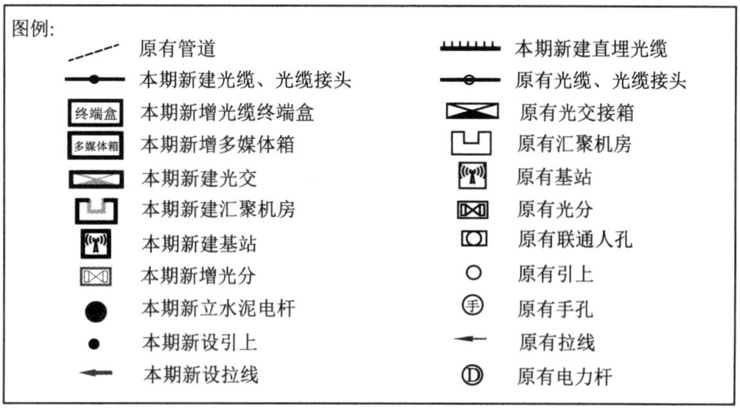 图例: 图 1-65　常用图例
要求			1. 个人独立完成；2. 根据作品考核评分；3. 在开展下次任务之前提交作品
备注			提交作品要求:1. 所有图纸放入一个 CAD 文件(dwt 格式)；2. 命名:通信＊＊班-＊＊号-＊＊＊。提醒:将绘制的作品自行保存,留待后续项目使用

二、作业指导书

项目名称	1-5:通信工程制图规范	建议课时	4
技术指标	图幅:A4 横向(200×267),A4 纵向(180×287);标准图衔:30×180		
仪器设备	计算机、CAD 制图平台		
相关知识	通信工程制图规范		
注意事项	注意国家规范与设计院规范之间的差别		
项目实施环节（操作步骤）	1. 图例的绘制 综合应用之前任务中 CAD 的操作与基本图形的绘制。 2. 图幅的尺寸 (1)A4 纸纵向时的图框: (210 − 左侧装订线 25 − 右侧边距 5)×(297 − 上侧边距 5 − 下侧边距 5)=180×287 (2)A4 纸横向时的图框: (297 − 左侧装订线 25 − 右侧边距 5)×(210 − 上侧边距 5 − 下侧边距 5)=267×200 3. 图衔格式与尺寸 标准图衔的尺寸为 30×180,图衔内容各设计院略有差异。		
参考资料	通信工程制图规范;教材相关章节,CAD 教程,CAD 软件自带帮助文档		

三、考核标准与评分表

项目名称			1-5:通信工程制图规范			实施日期	
执行方式		个人独立完成	执行成员	班级		组别	
考核标准	类别	序号	考核分项	考核标准		分值	考核记录(分值)
	职业技能	1	A4 纸横向时的图框与图衔的绘制	查看作品:作品是否规范、标准以及尺寸与内容是否符合要求		30	
		2	A4 纸纵向时的图框与图衔的绘制	查看作品:作品是否规范、标准以及尺寸与内容是否符合要求		30	
		3	常用图例的绘制	查看作品:绘制出的图形是否规范、标准以及与原图的相似度		20	
	职业素养	4	职业素养	随堂考察:对软件操作的规范性:"**左手键盘,右手鼠标**";练习过程中协作互助		20	
			总　分				

总 经 理		单项负责人			
设计主管		审 核			
总工程师		校 核			
设计总负责人		设 计			
所 主 管		单位，比例	mm，1：50	日 期	2018.10	图 号	01

图 1-66 A4 纸纵向时的图框与图衔

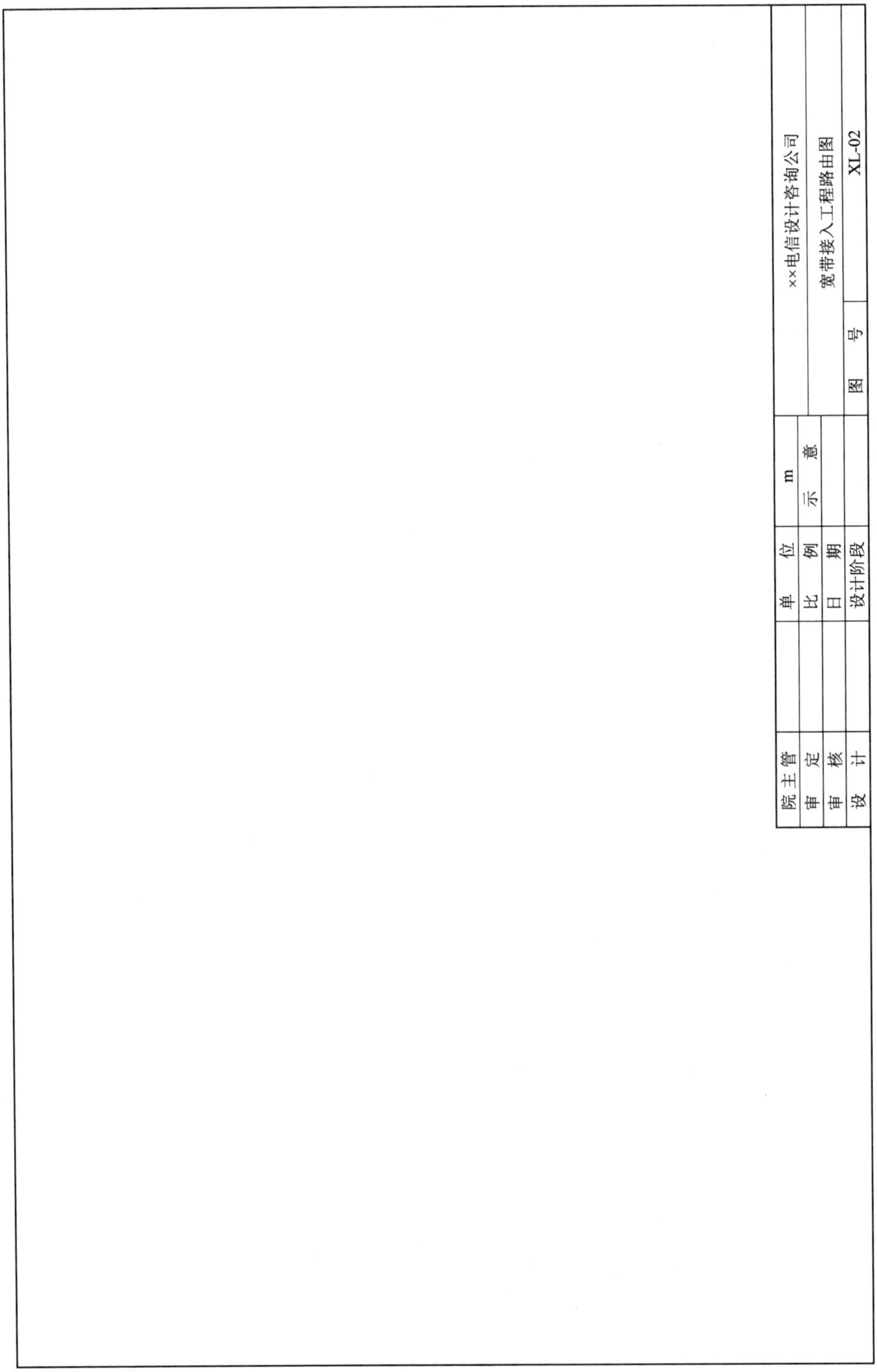

院主管		单 位		m		××电信设计咨询公司
审 定		比 例		示		宽带接入工程路由图
审 核		日 期		意		XL-02
设 计		设计阶段		图 号		

图 1-67　A4 纸横向时的图框与图衔

相关知识

通信工程制图的总体要求如下：

①工程制图应根据表述对象的性质，论述的目的与内容，选取适宜的图纸及表达手段，以便完整地表述主题内容。

②图面应布局合理，排列均匀，轮廓清晰和便于识别。

③应选用合适的图线宽度，避免图中的线条过粗、过细。

④正确使用国标和行标规定的图形符号。派生新的符号时，应符合国标符号的派生规律，并应在合适的地方加以说明。

⑤在保证图面布局紧凑和使用方便的前提下，应选择合适的图纸幅面，使原图大小适中。

⑥应准确地按规定标注各种必要的技术数据和注释，并按规定进行书写或打印。

⑦工程图纸应按规定设置图衔，并按规定的责任范围签字。各种图纸应按规定顺序编号。

⑧总平面图、机房平面图、移动通信基站天线位置及馈线走向图应设置指北针。

⑨对于线路工程，设计图纸应按照从左往右的顺序制图，并设指北针；线路图纸分段按"起点至终点，分歧点至终点"原则划分。

一、图幅尺寸

①工程图纸幅面和图框大小应符合国家标准 GB/T 6988.1—2008《电气技术用文件的编制　第1部分：规则》的规定，一般应采用 A0、A1、A2、A3、A4 及其加长的图纸幅面。图纸的幅面和图框尺寸应符合表1-6的规定和图1-68的格式。

表1-6　幅面和图框尺寸（单位：mm）

幅面代号	A0	A1	A2	A3	A4
图框尺寸（$B \times L$）	841×1189	594×841	420×594	297×420	210×297
侧边框距 c	10			5	
装订侧边框距 a	25				

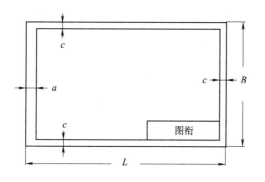
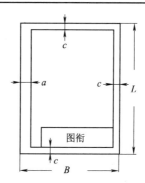

图1-68　图框格式

当上述幅面不能满足要求时,可按照 GB/T 14689—2008《机械制图 图纸幅面和格式》的规定加大幅面。也可在不影响整体视图效果的情况分割成若干张图绘制。

②根据表述对象的规模大小、复杂程度、所要表达的详细程度、有无图衔及注释的数量来选择较小的合适幅面。

二、图线型式及其应用

①线型分类及其用途应符合表 1-7 的规定。

表 1-7 线型分类及用途表

图线名称	图线型式	一般用途
实线	——————	基本线条:图纸主要内容用线,可见轮廓线
虚线	— — — — — —	辅助线条:屏蔽线、机械连接线、不可见轮廓线、计划扩展内容用线
点画线	— · — · — · —	图框线:表示分界线、结构图框线、功能图框线、分级图框线
双点画线	— ·· — ·· — ·· —	辅助图框线:表示更多的功能组合或从某种图框中区分不属于它的功能部件

②图线宽度可选用:0.25 mm、0.35 mm、0.5 mm、0.7 mm、1.0 mm、1.4 mm。

③通常宜选用两种宽度的图线。粗线的宽度宜为细线宽度的两倍,主要图线采用粗线,次要图线采用细线。

④对复杂的图纸也可采用粗、中、细三种线宽,线的宽度按 2 的倍数依次递增。但线宽种类也不宜过多。

⑤使用图线绘图时,应使图形的比例和配线协调恰当,重点突出,主次分明。在同一张图纸上,按不同比例绘制的图样及同类图形的图线粗细应保持一致。

⑥应使用细实线作为最常用的线条。在以细实线为主的图纸上,粗实线应主要用于图纸的图框及需要突出的部分。指引线、尺寸标注线应使用细实线。

⑦当需要区分新安装的设备时,宜用粗线表示新建,细线表示原有设施,虚线表示规划预留部分。在改建的通信工程图纸上,需要表示拆除的设备及线路用"×"来标注。

⑧平行线之间的最小间距不宜小于粗线宽度的两倍,且不能小于 0.7 mm。在使用线型及线框表示图形用途有困难时,可用不同颜色来区分。

三、比例

①对于平面布置图、管道及光(电缆)线路图、设备加固图及零件加工图等图纸,应按比例绘制;方案示意图、系统图、原理图等可不按比例绘制,但应按工作顺序、线路走向、信息流向排列。

②对于平面布置图、线路图和区域规划性质的图纸,宜采用比例 1∶10、1∶20、1∶50、1∶100、1∶200、1∶500、1∶1 000、1∶2 000、1∶5 000、1∶10 000、1∶50 000 等。

③对于设备加固图及零件加工图等图纸宜采用的比例为:1∶2、1∶4 等。

④应根据图纸表达的内容深度和选用的图幅,选择合适的比例。

⑤对于通信线路及管道类的图纸,为了更方便地表达周围环境情况,可采用沿线路方向按一种比例,而周围环境的横向距离采用另外的比例或示意性绘制。

四、尺寸标注

一个完整的尺寸标注应由尺寸数字、尺寸界线、尺寸线及其终端等组成。

图中的尺寸数字,应注写在尺寸线的上方或左侧,也可注写在尺寸线的中断处,但同一张图样上注法应一致。具体标注应符合以下要求:

①尺寸数字应顺着尺寸线方向写并符合视图方向,数字高度方向和尺寸线垂直,并不得被任何图线通过。当无法避免时,应将图线断开,在断开处填写数字。在不致引起误解时,对非水平方向的尺寸,其数字可水平地注写在尺寸线的中断处。角度的数字应注写成水平方向,且应注写在尺寸线的中断处。

②尺寸数字的单位除标高、总平面图和管线长度以米(m)为单位外,其他尺寸均以毫米(mm)为单位。按此原则标注尺寸可不加单位的文字符号。若采用其他单位时,应在尺寸数字后加注计量单位的文字符号。

尺寸界线用细实线绘制,且宜由图形的轮廓线、轴线或对称中心线引出,也可利用轮廓线、轴线或对称中心线作尺寸界线。尺寸界线应与尺寸线垂直。

尺寸线的终端,可以采用箭头或斜线两种形式,但同一张图中只能采用一种尺寸线终端形式,不得混用。具体标注应符合以下要求:

①采用箭头形式时,两端应画出尺寸箭头,指到尺寸界线上,表示尺寸的起止。尺寸箭头宜用实心箭头,箭头的大小应按可见轮廓线选定,其大小在图中应保持一致。

②采用斜线形式时,尺寸线与尺寸界线必须相互垂直。斜线用细实线,且方向及长短应保持一致。斜线方向应采用以尺寸线为准,逆时针方向旋转45°,斜线长短约等于尺寸数字的高度。

五、字体及写法

图中书写的文字(包括汉字、字母、数字、代号等)均应字体工整、笔画清晰、排列整齐、间隔均匀。其书写位置应根据图面妥善安排,文字多时宜放在图的下面或右侧。

文字书写应自从左向右水平方向书写,标点符号占一个汉字的位置。中文书写时,应采用国家正式颁布的汉字,字体宜采用宋体或仿宋体。

文字的字高,应从3.5、5、7、10、14、20(单位为mm)系列中选用。如需要书写更大的字,其高度应按$\sqrt{2}$的比值递增。图样及文字说明中的字,宜采用长仿宋字体,宽度与高度的关系应符合表1-8的规定。大标题、图册封面、地形图等的汉字,也可书写成其他字体,但应易于辨认。

表1-8　长仿宋字体字宽与字高的对应关系(单位:mm)

字高	20	14	10	7	5	3.5
字宽	14	10	7	5	3.5	2.5

图中的"技术要求""说明""注"等字样,应写在具体文字的左上方,并使用比文字内容大一号的字体书写。具体内容多于一项时,应按下列顺序号排列:

1. 2. 3…(1)、(2)、(3)…①、②、③…

在图中所涉及数量的数字,均应用阿拉伯数字表示。计量单位应使用国家颁布的法定计量单位。

六、图衔

通信工程勘察设计制图常用的图衔种类有通信工程勘察设计各专业常用图衔、机械零件设计图衔和机械装配设计图衔。对于通信管道及线路工程图纸来说,当一张图不能完整画出时,可分为多张图纸进行,这时,第一张图纸使用标准图衔,其后序图纸使用简易图衔。

通信工程图纸图衔的位置应在图面的右下角,其常用标准图衔为长方形,大小宜为30 mm×180 mm(高×长)。图衔应包括图名、图号、设计单位名称、单位主管、部门主管、总负责人、单项负责人、设计人、审核校核人等内容。常用标准图衔的规格要求如图1-69 所示,简易图衔规格要求如图1-70 所示。

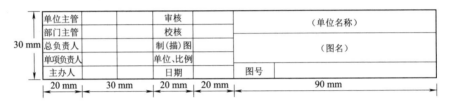

图1-69 标准图衔

七、图纸编号

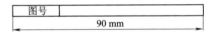

图1-70 简易图衔

设计图纸编号的编排应尽量简洁,应符合以下要求:

①设计图纸编号的组成应按以下规则执行。

同计划号、同设计阶段、同专业而多册出版时,为避免编号重复可按以下规则执行。

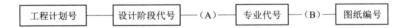

②工程计划号应由设计单位根据建设方的任务委托和工程设计管理办法,统一给定。
③设计阶段代号:应符合表1-9 的规定。

表1-9 设计阶段代号表

设计阶段	代号	设计阶段	代号	设计阶段	代号
可行性研究	Y	初步设计	C	技术设计	J
规划设计	G	方案设计	F	设计投标书	T
勘察报告	K	初设阶段的技术规范书	CJ	修改设计	在原代号后加 X
咨询	ZX	施工图设计(一阶段设计)	S		

④常用专业代号:应符合表 1-10 的规定。

表 1-10　常用专业代号表

名称	代号	名称	代号
长途明线线路	CXM	海底电缆	HDL
长途电缆线路	CXD	海底光缆	HGL
长途光缆线路	CXG 或 GL	市话电缆线路	SXD 或 SX
水底电缆	SDL	市话光缆线路	SXG 或 GL
水底光缆	SGL	通信线路管道	GD

备注:

①用于大型工程中分省、分业务区编制时的区分标识,可以是数字 1、2、3 或拼音字母的字头等。

②用于区分同一单项工程中不同的设计分册(如不同的站册),宜采用数字(分册号)、站名拼音字头或相应汉字表示。

③图纸代号:为工程计划号、设计阶段代号、专业代号相同的图纸间的区分号,应采用阿拉伯数字简单地编制(同一图号的系列图纸用括号内加注分号表示)。

④总说明附的总图和工艺图纸一律用 YZ,总说明中引用的单项设计的图纸编号不变;土建图纸一律用 FZ。

⑤图纸编号案例。在上述所讲的国家通信行业制图标准对设计图纸的编号方法规定的基础上,一般每个设计单位都有自己内部的一套完整的规范,目的是进一步规范工程管理、配合项目管理系统实施、不断改进和完善设计图纸的编号方法。以设计院的图纸编号方法为例,通常具体规定如下。

a. 一般图纸编号原则:

图纸编号 = 专业代号(2～3 位字母) + 地区代号(2 位数字) + 单册流水号(2 位数字) + 图纸流水号(3 位数字),其中地区代号由设计院或运营商统一编号。例如:江苏联通南京地区传输设备安装工程初步设计中的网络现状图的编号为 CS0101—001。

图纸流水号由单项设计负责人确定。

b. 线路设计定型图纸编号原则:线路定型图编号按国家统一编号。例如 RK-01:指小号直通人孔定型图;JKGL-DX-01:指架空光缆接头、预留及引上安装示意图。

c. 特殊情况图纸编号原则:若同一个图名对应多张图,可在图纸流水号后加(x/n),除第一张图纸外,后序图纸可以使用简易图衔,但图衔不得省略。"n"为该图名对应的图纸总张数,"x"为本图序号。如"××路光缆施工图"有 20 张图,则图号依次为"XL0101-001(1/20)～XL0101-001(20/20)"。

八、注释、标志和技术数据

当含义不便于用图示方法表达时,可以采用注释。当图中出现多个注释或大段说明性注释时,应当把注释按顺序放在边框附近。注释可以放在需要说明的对象附近;当注释不在需要说明的对象附近时,应使用指引线(细实线)指向说明对象。

标志和技术数据应该放在图形符号的旁边;当数据很少时,技术数据也可以放在图形符号的方框内(例如继电器的电阻值);数据多时可以用分式表示,也可以用表格形式列出。

当使用分式表示时,可采用以下模式:

$$N\frac{A-B}{C-D}F$$

其中：

　　N 为设备编号,应靠前或靠上放;A、B、C、D 为不同的标注内容,可增减;F 为敷设方式,一般靠后放;

　　当设计中需要表示本工程前后有变化时,可采用斜杠方式:(原有数)/(设计数);

　　当设计中需要表示本工程前后有增加时,可采用加号方式:(原有数)+(增加数);

　　当设计中需要表示本工程前后有减少时,可采用减号方式:(原有数)-(减少数)。

　　常用的标注方式见表1-11。图中的文字代号应以工程中的实际数据代替。

表1-11　常用标注方式

序号	标注方式	说　　明
1	$\dfrac{N}{P}$ $\dfrac{}{P1/P2 \mid P3/P4}$ (圆内)	**对直接配线区的标注方式** 注:图中的文字符号应以工程数据代替(下同) 其中:N—主干电缆编号,例如:0101 表示 01 电缆上第一个直接配线区;P—主干电缆容量(初设为对数;施设为线序);P1—现有局号用户数;P2—现有专线用户数,当有不需要局号的专线用户时,再用 +(对数)表示;P3—设计局号用户数;P4—设计专线用户数
2	N (n) P $\dfrac{}{P1/P2 \mid P3/P4}$ (圆内)	**对交接配线区的标注方式** 注:图中的文字符号应以工程数据代替(下同) 其中:N—交接配线区编号,例如:J22001 表示 22 局第一个交接配线区;n—交接箱容量。例如:2400(对);P1、P2、P3、P4—含义同序号 1 注
3	m+n　L N1　　　N2	**对管道扩容的标注** 其中:m—原有管孔数,可附加管孔材料符号;n—新增管孔数,可附加管孔材料符号;L—管道长度;N1、N2—人孔编号
4	L H*Pn — d	**对市话电缆的标注** 其中:L—电缆长度;H*—电缆型号;Pn—电缆百对数;d—电缆芯线线径
5	L N1　　　N2	**对架空杆路的标注** 其中:L—杆路长度;N1、N2—起止电杆编号(可加注杆材类别的代号)
6	L H*Pn — d N-X N1　　　N2	**对管道电缆的简化标注** 其中:L—电缆长度;H*—电缆型号;Pn—电缆百对数;d—电缆芯线线径;X—线序;斜向虚线—人孔的简化画法;N1、N2—表示起止人孔号;N—主杆电缆编号
7	(L) $\dfrac{N-S}{L-P}$	**加感线圈表示方式** 其中:N—加感编号;S—荷距段长;L—加感量,mH;P—线对数
8	$\dfrac{N-B}{C} \left| \dfrac{d}{D} \right.$	**分线盒标注方式** 其中:N—编号;B—容量;C—线序;d—现有用户数;D—设计用户数

序号	标注方式	说　明
9	$\dfrac{N\text{-}B}{C}\ \Vert\ \dfrac{d}{D}$	**分线箱标注方式** 注:字母含义同序号 8 注
10	$\dfrac{WN\text{-}B}{C}\ \Vert\ \dfrac{d}{D}$	**壁龛式分线箱标注方式** 注:字母含义同序号 8 注

在对图纸标注时,其项目代号的使用应符合 GB/T 5094.3—2005《工业系统、装置设备以及工业产品结构原则与参照代号　第 4 部分:概念的说明》的规定,文字符号的使用应符合 GB/T 50786—2012《建筑电气制图标准》的规定。

在电信工程设计中,由于文件名称和图纸编号多已明确,在项目代号和文字标注方面可适当简化,推荐如下:

①平面布置图中可主要使用位置代号或用顺序号加表格说明。

②系统方框图中可使用图形符号或用方框加文字符号来表示,必要时也可二者兼用。

③接线图应符合 GB/T 6988.1—2008《电气技术用文件的编制　第 1 部分:规则》的规定。

对安装方式的标注应符合表 1-12 的规定。

表 1-12　安装方式的标注

序号	代号	安装方式	英文说明	序号	代号	安装方式	英文说明
1	W	壁装式	Wall mounted type	3	R	嵌入式	Recessed type
2	C	吸顶式	Ceiling mounted type	4	DS	管吊式	Conduit suspension type

对敷设部位的标注应符合表 1-13 的规定。

表 1-13　对敷设部位的标注

序号	代号	安装方式	英文说明
1	M	钢索敷设	Supported by messenger wire
2	AB	沿梁或跨梁敷设	Along or across beam
3	AC	沿柱或跨柱敷设	Along or across column
4	WS	沿墙面敷设	On wall surface
5	CE	沿天棚面顶板面敷设	Along ceiling or slab
6	SC	吊顶内敷设	In hollow spaces of ceiling
7	BC	暗敷设在梁内	Concealed in beam
8	CLC	暗敷设在柱内	Concealed in column
9	BW	墙内埋设	Burial in wall
10	F	地板或地板下敷设	In floor
11	CC	暗敷设在屋面或顶板内	In ceiling or slab

任务实施

一、图幅选取

通信工程建设项目设计文件最后需要排版成一个文档输出,因此作为其重要组成部分的施工图设计图纸,通常选取 A4 纸作为其图幅。此时,A4 纸横向时,其图框大小为长(水平方向)×宽(垂直方向)= 267 mm×200 mm;A4 纸纵向时,其图框大小为长(水平方向)×宽(垂直方向)= 180 mm×287 mm;当图纸内容较多、需要拆分成多张 A4 图纸时,需采用图 1-71 所示的接图符号进行接图,详情可参考任务 2-1 中【工程实例 2】《宽带接入工程施工图设计案例 2》的图 2-33 和图 2-34。

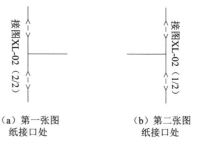

(a)第一张图 纸接口处　　(b)第二张图 纸接口处

图 1-71　接图符号

二、字体设置

当图纸内容较复杂时,图纸中的字体设置种类不宜过多,一般不超过三种;字体不宜过小,其标准和依据是,当打印出来时,能看清楚为宜。

三、比例应用

对于设备工程图纸,必须严格按照比例绘制。如某设备安装工程,其设备机房尺寸为 10 m×6 m = 10 000 mm×6 000 mm;当选用比例为 1∶100 时,该机房在图纸上的尺寸为 100 mm×60 mm;当选用比例为 1∶50 时,该机房在图纸上的尺寸为 200 mm×120 mm;若选用 A4 纸横向作为图幅,为最大限度利用图纸版面,比例选取 1∶50 为宜,并在图衔的比例栏填入"1∶50"字样。

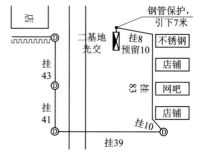

图 1-72　线路工程图纸示例

而对于通信线路工程,无须按照比例绘制,在图衔的比例栏填入"示意"字样即可。图 1-72 中,光缆径路中的"挂 43""挂 41""挂 39"等字样,表示该段光缆的长度分别为 43 m、41 m 和 39 m,此时无须按比例绘制,可完全根据图纸布局需要,调整其在图纸的长度。

四、指北针的应用

当图纸内容涉及地形地物、地理位置、设备摆放位置等信息时,该图纸需要设置如图 1-73 所示的指北针,如设备工程的设备布置图、线路工程的路由图等。

图 1-73　指北针符号

实训项目

实训项目1-5:熟悉《附录2:通信工程制图常用图例》(【素材】附录2:通信工程制图常用图例)的使用,根据需要选取部分图例进行绘制练习。如绘制图1-74所示的图例,并理解各图形符号代表的含义。

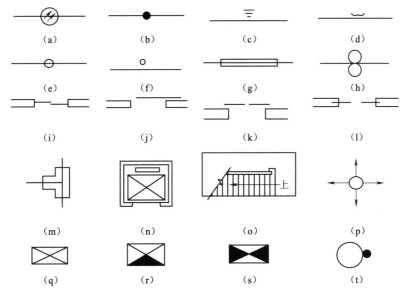

图1-74 通信工程制图图例

项目二

通信工程制图

任务 2-1 通信线路工程勘察与施工图设计

 任务指南

一、任务工单

项目名称	2-1：通信线路工程勘察与施工图设计	目标要求	1. 熟悉通信线路工程勘察流程与要求； 2. 具备依托 CAD 平台设计并绘制通信线路工程图纸的能力
项目内容（工作任务）			（一）任务背景 　以所选定的区域为背景，设计其宽带接入（FTTH, Fiber To The Home, 光纤入户）系统，绘制施工图。上游节点均设在会展中心的一楼机房。本次任务执行时划分成六个小组，备选区域包括本学院、学院周边的其他学校、居民小区等，且均加上所选背景区域无宽带接入系统、即为新建宽带接入工程。 （二）工作内容和时间安排 【2 学时】熟悉工具仪表操作使用，熟悉通信线路工程勘察设计流程和规范要求； 【2 学时】完成区间线路工程的勘查，绘制草图，填写勘查报告【参考教材格式】； 【4 学时】完成整套施工图纸的设计。【敷设方式的选择顺序：管道→架空（含墙壁光缆）→直埋】。 （三）作品提交内容与要求 （1）草图；（2）勘察报告；（3）成套施工图纸；（4）考核标准与评分表【小组自行填写组别信息、记录执行情况】。
工作要求			1. 小组合作完成；2. 执行过程考核与根据提交的作品考核相结合；3. 在开展下次任务之前提交有形作品
备注			提交作品要求：1. 所有图纸放入一个 CAD 文件；2. 命名：班级＋组号

二、作业指导书

项目名称	2-1:通信线路工程勘察与施工图设计	建议课时	8
质量标准	勘查过程中工具仪表使用的规范程度;勘查过程中信息收集的详尽程度;草图绘制的规范性;施工图纸的规范性		
仪器设备	轮式测距仪,钢尺(100 m),草图绘制工具等;计算机,CAD制图平台		
相关知识	通信线路工程勘察的流程和规范要求;通信线路工程设计的规范要求;通信线路工程图纸规范与要求;通信线路工程成套图纸的组成		
注意事项	"安全第一、预防为主","团队一体、协同作业"		
项目实施 环节 (操作步骤)	(一)勘察准备 1. 知识积累:掌握通信线路工程项目的敷设方式和规范要求,理解通信线路工程勘察的程序和流程,掌握仪器仪表的操作使用方法; 2. 资料准备:勘察区间的地图、现有管道和杆路图纸; 3. 工具准备:标杆、轮式测距仪、钢尺(100 m)、卷尺(20 m)、信号旗、绘图板、铅笔、A4纸; 4. 前期组织:小组召开会议,确定勘察计划,人员分工可参考如下配备: 大旗组(1~2人)、测距组(2~3人)、测绘组(2~3人)、协调联系组(1人),可视具体情况适当增减人员配置。 (二)实地勘察 1. 各分组的工作内容 (1)大旗组:负责确定光缆敷设的具体位置; (2)测距组:配合大旗组用花杆定线定位,量距离,钉标桩、登记累计距离,登记工程量和对障碍物的处理方法,确定S弯预留量; (3)测绘组:现场测绘图纸,经整理后作为施工图纸绘制和设计的原始依据; (4)协调联系组:负责整个项目组的协同作业。 2. 技术细节 (1)敷设方式的选择顺序:管道→架空(含墙壁光缆)→直埋,即在确定光缆路由时,首选管道,然后是架空,前面两者都没有时才选择直埋; (2)管道的识别:管道通常有给排水管道、强电管道和弱电管道,光电缆要求走弱电管道;在没有管道施工图纸时,井盖标有某某运营商的均是弱电管道; (3)注意各环节的安全防护,特别是在跨越公路等交通要道时。 (三)施工图设计 1. 总体要求 (1)一级和二级分光器的分光比均为1:8,分光器的结构及连接如图2-1所示。此时一二级分光器之间的连通过程为: ①3栋1单元二级分光器的连通过程:3栋1单元二级分光器的上联端口 P_T 和 P_R,连接到1号光缆右侧的成端处,通过1号光缆的1、2芯,与4栋1单元一级分光器的下联端口 P_T1 和 P_R1 接通; ②2栋3单元二级分光器的连通过程:2栋3单元二级分光器的上联端口 P_T 和 P_R,连接到2号光缆右侧的成端处,2号光缆的1、2芯与1号光缆3、4芯直熔连接,从而与4栋1单元一级分光器下联端口 P_T2 和 P_R2 接通; ③2栋2单元二级分光器的连通过程:2栋2单元二级分光器的上联端口 P_T 和 P_R,连接到3号光缆右侧的成端处,3号光缆的1、2芯与2号光缆的3、4芯直熔连接然后再与1号光缆的5、6芯直熔连接,从而与4栋1单元一级分光器的下联端口 P_T3 和 P_R3 接通。 (2)图纸用A4纸,网络组织图、配线图和纤芯配置图均为A4纸横向布局;根据图纸的复杂程度,可适当选取A3等篇幅的纸张。 (3)整套图纸中,分光器(名称或位置信息)的标识必须一致。 (4)可根据需要适当选用无线接入即WLAN。

续表

项目实施环节（操作步骤）	（5）若选定区域为学校，要求每个学生宿舍提供不少于1个光口，同时教学楼、实训楼、办公楼、图书馆等位置均应有光口接入。 2. 网络组织图 （1）用于表示二级分光→一级分光→上游站点→Internet（核心网）之间的逻辑连接关系。 （2）按顺序配置一级分光器，满配之后才配置到下一个一级分光器；如9个二级分光需要2个一级分光，此时配置成8＋1模式，不允许其他模式。 3. 路由图 （1）光缆采用红色多段线绘制，线宽根据图纸复杂程度选取。 （2）要求绘制区域内详细的建筑物信息；区域内一级光点至上游节点的光缆，标注出路由两侧的主要建筑物即可。 4. 配线图 （1）一条链路上所串接的分光器（含一级和二级）一般不超过5个；串接个数过多时，接头太多将导致链路损耗过大。 （2）光缆芯数的选择：通常不宜满配，至少预留2~4芯；常用光缆的芯数有8芯、12芯、16芯、24芯、48芯等。 （3）当配线长度小于25 m时，可用尾纤。 5. 纤芯配置图 注意与配线图的对应关系，并尽量保持与配线图一致的图纸布局。 （四）施工图绘制 1. 整理勘察记录与草图，形成勘察报告。 2. 再次研讨、论证、确认工程方案，绘制施工图。 3. 小组归纳总结，按要求提交各环节资料。
参考资料	教材相关章节，《架空光（电）缆通信杆路工程设计规范（YD 5148—2007）》《光缆进线室设计规定（YD/T 5151—2007）》《通信线路工程设计规范（YD 5102—2012）》

三、考核标准与评分表

项目名称		2-1：通信线路工程勘察与施工图设计			实施日期		
执行方式	小组合作完成	执行成员	班级			组别	
考核标准	类别	序号	考核分项	考核标准		分值	考核记录（分值）
	职业技能	1	执行过程考核	工具、仪器仪表的操作是否准确规范，是否注意对其保养和爱护；任务执行过程中协同作业情况		20	
		2	草图	内容翔实程度和图纸规范程度		15	
		3	勘察报告	内容翔实程度和图纸规范程度		15	
		4	施工图纸	内容的完整性、图形符号的规范性、技术细节的准确性		40	
	职业素养	5	职业素养	无违反劳动纪律和不服从指挥的情况		10	
				总　分			
执行记录	填写要求：（包括执行人员分工情况、任务完成流程与情况、任务执行过程中所遇到的问题及处理情况）						

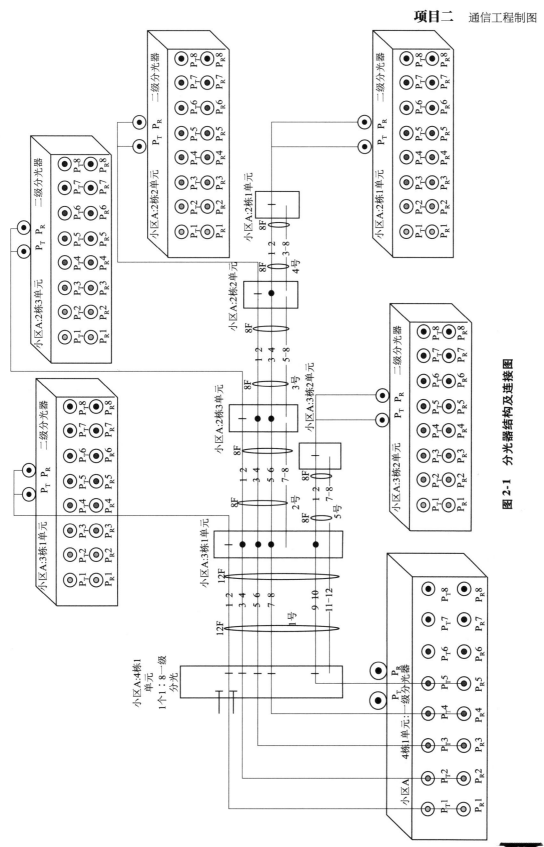

图 2-1　分光器结构及连接图

相关知识

一、架空光缆线路工程勘察

（一）新建杆路勘察

1. 新建杆路定线

①野外杆路一般应沿交通线，杆路定线应在交通线用地之外，并保持一定的平行隔距。杆路距公路界 15 ~ 50 m；与铁路接近时应在铁路路界的红线外。铁路或公路弯道处，杆路可适当顺路取直，遇到障碍物时可适当绕避，但距公路不宜超过 200 m。

②杆路在市区一般应在道路的人行道上或与城建部门商定的位置，避免跨越房屋等建筑物；通信线不宜与电力线在同一侧。

2. 杆距、杆位和杆高的测定

①按标准杆距测定杆位：一般情况下，市区杆距为 35 ~ 40 m，郊区杆距为 45 ~ 50 m，长途杆距 50 m。

②杆位应选择在土质较坚实、周围无塌陷并避免容易积水或被洪水淹没的地点。

③按标准杆距测定杆位，当遇到土壤不够稳定或与其他建筑物隔距达不到规定要求时，可把杆位适当前移或后移；移动后的杆距一般不超出规定的允许偏差，若必须超长时，应按"长杆档"处理。

④如必须在土壤不够稳定的地点立杆时，应考虑杆根加固及杆位保护措施。

⑤在线路路由改变走向即拐弯处应设立角杆，线路终结处应设立终端杆，线路中间有光电缆需要分支处应设立分线杆；并且，间隔一定的杆数还应设立抗风杆及防凌杆；前述电杆均需加装拉线或撑杆。因此，测定时还应考虑拉线或撑木的安装位置。

⑥单根电杆高度一般不超过 10 m，若需超出时，可采用接高措施或直接选用电力杆。此时应符合下列要求：水泥电杆可用杆顶槽钢接高装置，但接高高度不超过 2 m；超过时宜采用等径钢筋混凝土杆接高或者采用电力水泥杆或钢杆。木杆单接杆高要求不宜超过 12 m；超过时宜采用品接杆方式。杆高 16 m 以上时应采用三接杆。

3. 角杆的测定

①标准杆距为 50 m 时，角深与转角、内角度数的关系应符合线路规范的要求。

②角深的测定。角深的测量方法如图 2-2 所示，转角点立 A 杆，沿路由（即线路行进方向）距 A 点 50 m 处设 B、C 两根标杆，其 B、C 直线的中点（通过在 BC 间拉皮尺确定）D 与 A 点间距离就是该转角的角深。通过查表 2-1 可以方便地换算出转角的角度。

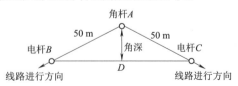

图 2-2　角深的测量方法

③当线路转角角深超过 25 m 时，可以分为两个角杆，两个角杆的角深和角杆前后的杆距宜相等或相近，即 $D \approx D_1 + D_2$，$L_1 \approx L_2 \approx L_3 \approx$ 标注杆距，如图 2-3 所示。

表 2-1　角深与转角、内角度数的关系表

角深/m	内角/°	角深/m	内角/°	角深/m	内角/°
1.0	178	6.5	165	12.0	152
1.5	176.5	7.0	164	12.5	151
2.0	175.5	7.5	163	13.0	150
2.5	174	8.0	161.5	13.5	148.5
3.0	173	8.5	160.5	14.0	147.5
3.5	172	9.0	150	14.5	146
4.0	171	9.5	158	15.0	145
4.5	170	10.0	157	17.5	139
5.0	168.5	10.5	156	20.0	133
5.5	167.5	11.0	154.5	22.5	127
6.0	166	11.5	153.5	25.0	120

4. 拉线的测定

拉线的种类有角杆拉线、顶头拉线、双方拉线、三方拉线及四方拉线等。下面介绍各种拉线位置的测定。

（1）角杆拉线

角杆拉线应装设在角杆内角平分线的反侧，如图 2-4 所示。

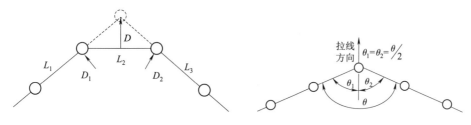

图 2-3　角深超 25 m 时角杆测定　　　图 2-4　角杆拉线的装设位置

角杆拉线的测定方法及步骤如下：

①在角杆中心位置立中心标杆 A，顺线路方向两侧各量 5 m 立标杆 B 和 C，如图 2-5（a）所示。

②用皮尺量出 BC 标杆之间的距离，在皮尺中心点立一标杆 D，如图 2-5（b）所示。

③沿 D 标杆至中心标杆 A 继续向角外量出拉距，立一标杆 E 使三点成一直线，E 标杆即为拉线位置，如图 2-5（c）所示。

（2）顶头拉线

顶头拉线应装设在杆路直线受力方向的反侧，如图 2-6 所示。对于图 2-6（a）中所示的单条顶头拉线，其测定方法及步骤如下：在终端杆中心位置立一中心标杆 B，顺线路方向和反方向各量 5 m 立标杆 A 和 C，使三杆成直线，如图 2-7（a）所示；沿 BC 方向量出拉距，立标杆 D，即为拉线位置，如图 2-7（b）所示。而对于图 2-6（b）中所示的双条顶头拉线，可以分解

成两个单条顶头拉线进行处理。

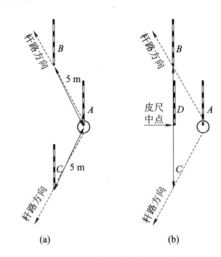

图 2-5　角杆拉线的测定

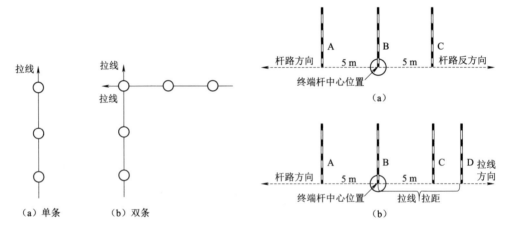

（a）单条　　（b）双条

图 2-6　顶头拉线装设位置

图 2-7　顶头拉线的测定

（3）双方、四方拉线

双方拉线装设方向为杆路直线方向左右两侧的垂直线上，四方拉线为双方拉线加两个顺线拉线，地形地势限制时可以均偏转45°装设。双方、四方拉线装设防线如图 2-8 所示。

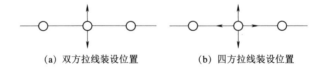

（a）双方拉线装设位置　　（b）四方拉线装设位置

图 2-8　双方和四方拉线装设位置

对于图 2-8（a）中所示双方拉线，其测定方法及步骤如下：

①在杆位中心处立中心杆 A，以标杆 A 为起点，顺线路方向前后各量 5 m 立正标杆 B 和 C，如图 2-9（a）所示；

②在标杆 BC 间扯放皮尺,适当放长皮尺(随便多长都行,比如放长到 15 m),再将皮尺适当放长往杆路侧面拉紧,取皮尺中心点立一标杆 D,如图 2-9(b)所示;

③将皮尺翻到杆路另一侧(保持 B、C 点不动),在皮尺的中心点再立一标杆 E,如图 2-9(c)所示;

④标杆 D、E 与中心杆 A 成一直线,沿 AD 和 AE 方向测出拉距,即为拉线位置,如图 2-9(d)所示。

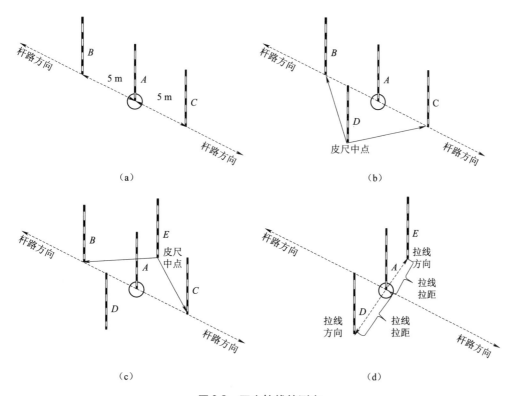

图 2-9 双方拉线的测定

而对于图 2-8(b)中所示四方拉线,测定时可以分解成一个双方拉线和沿线路前后方向的两个顶头拉线来处理。

(4)三方拉线

三方拉线采用双方拉线加 1 个顺线拉线(装在跨越档或长杆档反侧),也可以转角 120°装设,如图 2-10 所示。

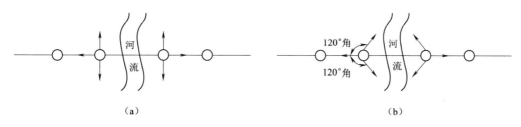

图 2-10 三方拉线的装设位置

对于图 2-10(a)中所示的三方拉线,可以分解成一个双方拉线和一个顶头拉线处理。而对于图 2-10(b)中所示的三方拉线,其测定方法及步骤如下:

①在杆位中心立标杆 A,以标杆 A 为皮尺的起点,顺线路(朝河流方向)往前量 5 m 立标杆 B,如图 2-11(a)所示;

②将皮尺放长到 15 m 回到标杆 A,拉紧皮尺的 10 m 处,使皮尺以 5 m、10 m、15 m 三点成等边三角形,在 10 m 处立标杆 C,如图 2-11(b)所示;

③确保 5 m 和 15 m 两处不动,将 10 m 点翻到另一侧拉紧立正标杆 D,如图 2-11(c)所示;

④标杆 A 至标杆 C 和标杆 D 均为拉线方向,然后量出拉距即可,如图 2-11(d)所示。第三根拉线与测量终端杆拉线位置的方法相同。

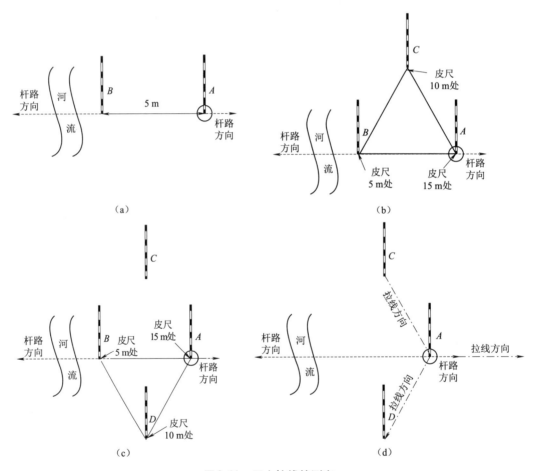

图 2-11　三方拉线的测定

(5)拉线距高比及地锚位置测定

①电杆上装拉线点与电杆形成的夹角通常用"距高比"来表示,如图 2-12 所示。

②拉线"距高比(L: H)"通常取 1:1,拉线入地即地锚出土位置依照拉线方向不能左、右改变外,可依地势采取不同"距高比"作前后移动。

（6）高桩拉线及吊线拉线的测定

①角杆或双方拉线的拉线方向上,如遇拉线需跨越道路或其他障碍物(如平房)时,需采用高桩拉线,如图 2-13 所示。

②人行道上无法按正常"距高比"选定拉线入地点时,可采用吊板拉线,如图 2-14 所示。

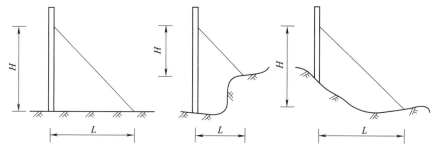

图 2-12 拉线距高比(距离比 $= H/L$)

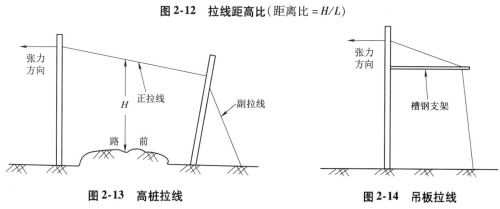

图 2-13 高桩拉线   图 2-14 吊板拉线

（7）撑杆的测定

①角杆外侧无法做拉线时,可改作撑杆。撑杆宜采用经防腐处理的木杆装在角杆内侧的转角平分线上,如图 2-15 所示。

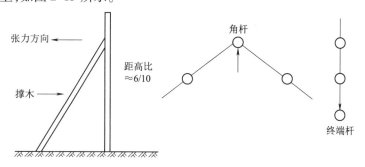

图 2-15 撑杆、角杆、终端杆拉线示意图

②终端杆无法作顶头拉线时,也可在线路顺线侧作撑杆,撑杆的距高比一般取 0.6。

5. 拉线安装设计

（1）在杆路中,下列电杆应安装拉线来增加杆路建筑强度:

①角杆;②终端杆、分线杆;③长杆档两侧的电杆;④跨越铁路及高等级公路两侧的电

杆;⑤坡度变更大于 20% 的吊杆档;⑥抗风杆及防凌杆;⑦杆高大于 12 m 的电杆;⑧其他杆位不够稳固的电杆。

（2）拉线的选择

①角杆拉线应符合下列要求:角深不大于 13 m 的角杆,可安装 1 根与光电缆吊线同一程式的钢绞线作拉线。下列情况的角杆应采用比吊线高一级的钢绞线作拉线或与吊线同一程式的 2 根钢绞线作拉线:角深大于 13 m 的角杆;拉线距高比在 3/4 ~ 1 且角深大于 10 m 或距高比小于 1/2 且角深大于 6.5 m 的电杆。

②终端杆的每条吊线应装设 1 根顶头拉线,顶头拉线程式应采用比吊线程式高一级的钢绞线;分线杆在分线光电缆行进方向的反侧加顶头拉线,顶头拉线采用比分支吊线程式大一级的钢绞线作拉线。

③跨越铁路的两侧电杆应装设一层三方拉线,其中双方拉线可采用 7/2.2 mm 钢绞线,顺线拉线为 7/3.0 mm 的钢绞线。

④坡度变更大于 20% 的吊档杆,可采用 7/2.2 mm 钢绞线作双方拉线,地势限制时双方拉线可作顺线安装。

⑤杆高大于 12 m 的电杆(或接杆)应装设一层 7/2.2 mm 钢绞线作双方或四方拉线,如为三接杆则应在每个接杆处增加一层双方或四方拉线。

⑥抗风杆装置应采用一层双方拉线,拉线程式为同杆上吊线中最大一种吊线程式;防凌杆装设一层四方拉线,其侧面拉线程式同抗风杆拉线、顺线拉线为 7/3.0 mm 钢绞线。

⑦角杆拉线不能完全替代抗风杆,遇装设拉线(或撑杆)的角杆或规定装设点的地形无法装设拉线时,可将抗风杆及防凌杆前移 1 ~ 3 个杆位,并从该杆重新计数。

⑧市区杆路可不装设抗风杆并适当减少防凌杆数量。松土、沼泽地等经常淹积水、塌陷滑坡等地点的电杆,在安装杆根加强装置仍不够稳固时,可加装双方拉线来加固。终端杆前一档可设立辅助终端杆(又称泄力杆),安装 1 根 7/3.0 mm 钢绞线的顺线拉线。

6. 架空光电缆及吊线安装要求

①架空光电缆及吊线应安装在线路顺线方向电杆的侧面,在电杆两侧同一高度位置或上下交替安装,如图 2-16 所示。

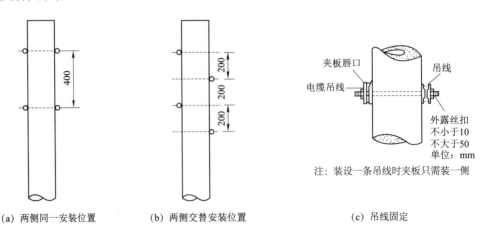

（a）两侧同一安装位置　　　（b）两侧交替安装位置　　　（c）吊线固定

图 2-16　吊线在电杆上的安装位置（单位：mm）

②吊线用吊线抱箍或穿钉固定在电杆上,抱箍上安装三眼单槽钢夹板夹固吊线。无穿钉眼的水泥杆应采用吊线抱箍方式,有穿钉眼的水泥杆或木杆宜用穿钉方式。

③电杆两侧同一位置安装吊线应采用双吊线抱箍或无头穿钉;交替安装方式每条吊线用一个单吊线抱箍或有头穿钉安装,吊线抱箍及穿钉规格应符合杆路的要求。

7. 长杆档的设计要求

①长杆档两侧的电杆杆高配置,应考虑由于杆距加大而引起的光电缆垂度增大的影响,杆上最低一层光电缆在最大垂度时与地面及其他建筑物的隔距应符合线路设计的规定。

②长杆档电杆加强设计应符合下列要求:

● 在长杆档电杆两侧电杆的反侧方向上加装顶头拉线 1 条,超过标准杆距 50% 或风力超过 10 m/s 的地区,宜安装一层三方拉线。

● 顶头拉线采用 7/3.0 mm 钢绞线,三方拉线中的双方拉线采用 7/2.2 mm 钢绞线。

● 电杆根部应加装卡盘或横木加固。

③长杆档辅助终结设计应符合下列要求:

超过标准杆距 50% 的长杆档,两侧的电杆上应在面向长杆档侧加装与吊线同一程式的辅助吊线钢绞线,如图 2-17 所示。

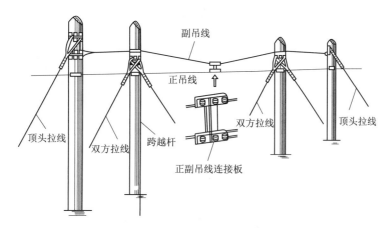

图 2-17 辅助吊线(副吊线)

8. 飞线的设计要求

(1)飞线跨越杆距要求

①超过长杆档杆距的飞线跨越杆距范围如表 2-2 所示。

表 2-2 飞线跨越杆距范围(m)

负荷区	无冰及轻负荷区	中负荷区	重负荷区
无辅助吊线	≤150(100)	≤150(100)	≤100(65)
有辅助吊线	≤500(300)	≤300(200)	≤200(100)

注:①超重负荷区不宜做飞线跨越,需要时应做特殊设计。

②当每条飞线架挂的电缆重量大于 250 kg/km 时,适用表中括号内数值范围,重量超过 500 kg/km 的电缆不宜做架空飞线跨越。

②飞线跨越档吊线负载大于 1 条钢绞线强度要求时,应加装辅助吊线,正吊线和辅助吊线程式按光电缆重量、跨越杆距、气象条件等来设计,应符合表 2-3 中的规范要求。

表 2-3　飞线跨越档吊线用钢绞线程式

负荷区	无冰及轻负荷区		中负荷区			重负荷区		
最大跨距/m	150	500	100	150	300	65	100	200
正吊线/mm	7/2.2	7/2.2	7/2.2	7/3.0	7/3.0	7/2.2	7/3.0	7/3.0
辅助吊线/mm	—	7/3.0	—	—	7/3.0	—	—	7/3.0

飞线跨越杆杆高除一般要求外,应考虑以下因素:①跨越杆杆位的地势与所跨越的河流、山谷飞越其他建筑物的高程差;②上下光电缆吊线的间距由普通的 0.4 m 增大到 0.6 m;③随跨距增大的吊线与光电缆的垂度;④正辅吊线的间距;⑤埋深的加大。

(2)吊线及垂度要求

①加装辅助吊线后,正吊线和辅助吊线的钢绞线强度合并计算。

②无光电缆负载时,钢绞线吊线垂度应符合要求;挂缆后的垂度可用吊线垂度再增加 0.5 ~ 1.0 m 考虑。

(3)飞线终端杆及跨越杆设计要求

①飞杆高超过 12 m 时,飞线跨越档两侧的电杆应设置终端杆和跨越杆。

②杆高没有超过 12 m 时,跨越杆和终端杆宜合一,称终端跨越杆。

(4)电杆及吊线设计要求

①分设跨越杆和终端杆的飞线跨越,它的辅助吊线应终结在跨越杆后面的飞线终端杆。

②单杆飞线跨越杆和终端杆应采用比基本杆强度高一级的电杆,即木杆稍径要增加 20 mm,水泥杆的抗弯矩强度应高一级。杆高超过 12 m 时,可采用木杆或杆径 300 mm 水泥杆接杆,或者直接选用电力水泥杆或钢杆。

③当杆上光电缆数量达到 4 条或 4 条以上时,宜采用 H 杆结构,如图 2-18 所示。

(5)拉线设计要求

①终端杆或终端跨越杆应装设四方拉线或转角 120° 的三方拉线。

②跨越杆上安装与吊线程式相同的四方拉线一层(H 杆左右两杆各装 1 条顺线拉线)。

③地面杆高超过 15 m 的接杆或单杆,应在电杆接合部位或每隔约 7.0 m 处加装四方拉线或三方拉线一层,拉线程式与吊线程式一致。

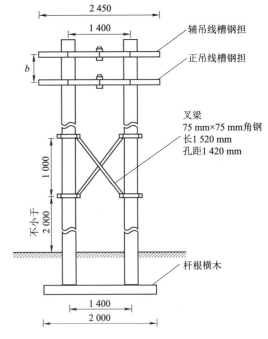

图 2-18　槽钢担及杆上装置

b—表示正、辅吊线槽钢担之间的距离,通常取 300 mm

④拉线的距高比尽量取 1,如飞线终端杆或终端跨越杆的顶头拉线距高比小于 3/4 或

跨越杆的双方拉线及顺线拉线的距高比小于 1/2 时,拉线应采用比规定程式高一级的钢绞线。

⑤在拉线地锚强度范围内,多层拉线尽可能采用 V 形拉线装置。

（二）原杆路上架挂光电缆的杆路要求

1. 杆路选择要求

①计划新建通信光电缆线路工程的路由走向上或顺路附近有已建的杆路时,应考虑在该杆路上架挂光电缆,并需采取相应的技术措施。

②同一路由附近有两趟或两趟以上杆路可以选用时,宜选择其中路由较近捷、地形及环境较好、杆线路由固定、建筑质量良好、施工及维护较方便的杆路。

③选定在原有杆路上架挂光电缆的电杆杆高、建筑强度应满足新工程架挂光电缆的要求。架挂光电缆后,应不对原杆线的使用和运行产生很大的影响。

④原杆路容量或建筑强度不符合要求时,应尽量通过技术改造来满足要求。

⑤在 35 kV 及以上的输电线路上架设通信光缆应采用全介质自承式光缆(ADSS)。

2. 架挂位置及设计要求

①新架挂光电缆与杆上原有光电缆设施的间距应为 400 mm、离地高度及与其他建筑物或设施间距应符合线路勘察规定。

②如杆上确实已无空余位置再增挂吊线,且杆上原有吊线强度经核算能满足再增挂光电缆要求时,在与该资源所有者协商并取得同意后,可以利用该吊线加挂光电缆。设计中应考虑新架光电缆的安装方法和施工方法,不能对原有光电缆产生危害和影响。

③新架挂光电缆距地面或与其他建筑物或设施的间距不符合要求时,如原电杆质量良好,可采用原杆接高方式。接高的长度应满足线路近期发展容量的需要。

3. 杆路建筑强度要求

①应按照原有杆路线缆负载及新挂光电缆后的总负载核算原有电杆的建筑强度。

②如新增缆线后的负载超出原杆路的负荷,但超出不大时,宜增加原有杆路抗风杆双方拉线的密度来加强。

③在原有杆路上新增吊线时,应核算拉线强度,确定是否需要新增拉线。如因拉线过多致使再增加拉线有困难时,可用比原来拉线高一级城市的钢绞线来更换原有部分拉线。

④原杆路上个别电杆的杆身严重损坏或者电杆高度不满足要求并无法采用接杆方式时应予以更换。

⑤杆身完好但根部有腐朽的木杆,可用"绑桩"加固;腐朽较严重的电杆应用截根式绑桩。可用水泥绑桩或经防腐处理的木绑桩处理,杆径程式应符合接杆要求。

二、直埋光缆线路工程勘察

（一）开沟

直埋光缆埋深如表 2-4 所示。

表2-4　直埋光缆埋深表

敷设地段及土质	埋深/m	敷设地段及土质	埋深/m
普通土（硬土）	≥1.2	市区人行道	≥1.0
半石质（沙砾土、风化石）	≥1.0	穿越铁路、公路	≥1.2
全石质	≥0.8	沟、渠、水塘	≥1.2
流沙	≥0.8	农田排水沟（沟宽1 m以内）	≥0.8
市郊、村镇地段	≥1.2		

光缆沟的截面尺寸应根据光缆数目变化，一般为1~2条光缆，沟底宽度为40 cm；3条光缆，沟底宽度为55 cm；4条光缆，沟底宽度为65 cm；沟顶宽度约为底宽+0.1倍埋深，同沟敷设的光缆不得交叉、重叠。直线路由上的光缆沟要求越直越好，当遇障碍物可以绕开，但绕开障碍物后应回到原来直线路由上来；转弯段的弯曲半径应不小于20 cm，光缆敷设在坡度大于20°、坡长大于30 m的斜坡上时，宜采用S形敷设。

（二）光缆穿越障碍物的保护措施

（1）光缆穿越铁路、主要公路

光缆穿越铁路、主要公路时，一般采用钢管保护、钢管内套子塑料管2根，子管内径为光缆外径的1.4~1.5倍。塑料子管应长出钢管两端各1 m，钢管应长出两侧路边沟各1 m，且距排水沟底不小于0.8 m。

（2）过一般公路

光缆穿越一般公路且车流量较大时，一般采用破路铺槽钢通过，并在槽钢内穿放塑料子管保护。槽钢管应长出两侧路边沟各1 m，且距排水沟底不小于0.8 m；当车流量较小时，采用破路铺φ50 mm塑料管通过，塑料管应超出两侧路沟外1 m。

（3）过乡间土路

光缆穿越乡间土路时，采用竖铺砖保护。

（4）过河流

光缆跨越大型河流且无法截流时，宜采用桥上吊挂或架空的方式通过，并在两岸土质稳定无水的地点预留光缆。不能桥上吊挂和架空时，对于地下土质较好的河流，可以采用微控定向钻孔机回拖φ50 mm塑料管的方式通过；也可以采用挖掘机开挖河流，带水作业，铺设φ40 mm半硬塑料管（必要时外套钢管）。塑料管上方用水泥砂浆袋回填封沟，必要时在下游做漫水坡。

光缆跨越一般河流时，采用人工截流挖沟预埋塑料管的施工方式，并在塑料管上方铺水泥盖板保护。河岸塌方的做护坡，河床有被冲刷可能的下游做漫水坡或在光缆沟上方铺放水泥砂浆袋，水泥砂浆袋应不高出河床（底）。

（5）过冲沟

对于冲刷严重而不宜直埋的冲沟时，可采用架空的方式通过，光缆在冲沟两侧土质稳定地点各预留15 m。

（6）过沟、渠、水塘

光缆穿越沟、渠、水塘时，在光缆外穿放塑料管，并在塑料管上方铺水泥盖板或水泥砂浆袋。对于季节性沟、渠、水塘,可只铺水泥盖板或只穿塑料管。对有疏浚计划的水渠,光缆应在两侧做预留。

(7)道路边沟或鱼池

光缆线路应尽量避免在道路边沟或鱼池下方敷设。

无法避免时,应在光缆上方、沟底或池底铺设水泥砂浆袋封沟。封沟距沟底或池底的深度应符合公路部门或鱼池管理部门的要求。

(8)过陡坡、土坎

光缆线路遇陡坡或土坎时,为防止水流冲刷塌方,需要做护坡或护坎。根据水流冲刷的强度,可分别采用沙袋、水泥砂浆袋、石砌等不同方式的护坡或护坎保护。

(9)过乡镇、村屯等动土地带

光缆线路途经村屯等易动土地带需覆盖红砖保护。

(10)与其他直埋通信光、电缆交越

本工程直埋光缆与其他已经埋设的光、电缆交越时,应尽量满足与其垂直距离大于20 cm;并采用塑料管保护,保护长度应根据交越角度确定,垂直交越保护长度为 5 m,斜交越的保护适当加长。

在交越处,如果其他直埋光、电缆的埋深位置达不到本工程的要求埋深,则将本光缆穿放在其下方;如果其他光、电缆的埋深与本光缆埋深相同或深于本工程,则将本光缆敷设在其上方。

(三)线路标石的设置

直埋光缆线路的转弯点、排流线起止点、同沟敷设光缆的起止点、光缆特殊预留点、与其他缆线交越点、穿越障碍物处、直线段野外每隔 100 m 处均应设置普通标石。接头位置、需要监测光缆金属护套对地绝缘和电位的接头点均应设置监测标石。

三、管道光缆线路工程勘察

①管道光缆接头人孔的确定应便于施工维护。

②管道光缆占用管孔位置的选择应符合下列规定:

● 光缆占用的管孔,应靠近管孔群两侧优先选用。

● 同一光缆占用各段管道的管孔位置保持不变。当管道空余管孔不具备上述条件时,亦应占用管孔群中同一侧的管孔。

● 人(手)孔内的光缆应有醒目的识别标志。

③人(手)孔内的光缆应采取有效的防损伤保护措施。

④采用子管道建筑方式时,子管道的敷设安装应符合下列规定:

● 子管宜采用半硬质塑料管材。

● 子管数量应按管孔直径大小及工程需要确定,但数根子管的等效外径应不大于管道孔内径的90%。

● 一个管道管孔内安装的数根子管应一次穿放。子管在两人(手)孔间的管道段内不应有接头。

● 子管在人(手)孔内伸出长度宜在 200～400 mm。

● 本期工程不用的子管,管口应堵塞。

● 光缆接头盒在人(手)孔内宜安装在常年积水水位以上的位置,并采用保护托架或其他方式承托。

四、宽带接入工程勘察

宽带接入通常发生在人居比较集中的区域,其他部分的勘查与任务 2-1 类似,此处仅补充墙壁光缆的勘查。

1. 敷设墙壁光缆的一般规定

①除地下光缆引上部分外,严禁在墙壁上敷设铠装或油麻光缆。

②墙壁光缆跨越街道、院内通路等,其缆线最低点距地面应不小于 4.5 m。

③墙壁光缆与其他管线的最小间距应符合表 2-5 的规定。

表 2-5　墙壁光缆与其他管线的最小间距表　　　　　　　　　　　（单位:mm）

管线名称	平行净距	交越净距	管线名称	平行净距	交越净距
避雷线接地引线	1 000	300	压缩空气管	150	20
工作保护地线	50	20	无包封热力管	500	500
电力线	150	50	包封热力管	300	300
给水管	150	20	煤气管	300	20

2. 敷设吊线式墙壁光缆

①墙上支撑的间距应为 8~10 m,终端固定物与第一个中间支撑的距离应不大于 5 m。

②吊线在墙壁上的水平敷设,其终端的固定、吊线的中间支撑应符合图 2-19、图 2-20 的要求。

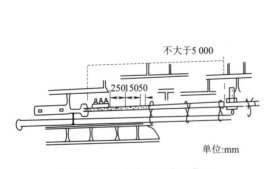

图 2-19　吊线在墙壁水平敷设　　　　图 2-20　吊线在墙壁中间支撑示意图

③吊线在墙壁上的终端应符合图 2-21 的要求。

3. 卡钩式墙壁光缆

①光缆卡钩间距为(500±50)mm,转弯两侧的卡钩距离为 150~250 mm,两侧距离须相等。

②室内沿墙光缆的敷设应符合下列规定:光缆沿墙面敷设时,卡钩距离为 1 m。光缆的

引上应选择不易遭受碰撞、较隐蔽的位置,在可能触及的部位应加装 2 m 塑料管保护,装置规格应符合图 2-22 的要求。

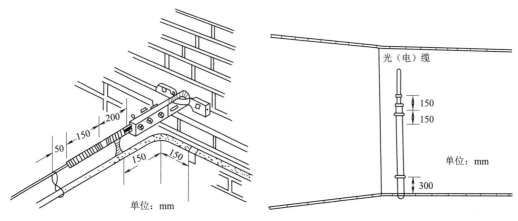

图 2-21　吊线在墙壁的终端安装图　　图 2-22　室内光缆引上装置安装图

4. 警示管、保护管的加装

①过路警示管可根据不同型号采取不同的装设形式。过路警示管应装设在主干道路正上方的光缆吊线上;公路、城区道路应根据主干道路宽度考虑装设长度,一般乡村道路装设长度为 4~6 m;特殊地段可根据需要装设,以达到警示过往车辆的目的。

②在架空线路穿越城区、乡村、厂矿、公路等易被行人及车辆碰撞的拉线下部,应装设拉线警示管,以达到警示过往行人及车辆的目的。

③电力线保护管装设在架空光缆与 10 kV 以下电力线、其他缆线交越的光缆最上层吊线上;保护管封口应在吊线正下方,中间应避免接口,必须接口时应避免出现间隙,装设长度可根据交越电力线宽度和间距进行计算,装设保护管应与电力线两侧边线延续部分相均等,以达到避免电力线与光缆吊线相接触的要求。

五、草图绘制及勘察报告填报

(一)草图绘制

(1)图纸布局

对照区间地图,规划图纸布局,线路工程无须按照严格的比例绘制,布局合理即可。

(2)作图顺序

确定正北方向后,先绘制道路、建筑物等标识性明显的地标,然后再绘制缆线路由。

(3)信息标注

各段落的敷设方式和长度,线缆保护方式、预留长度,接头位置等信息。

(二)勘察报告填报

填写如表 2-6 所示的勘察报告表。

表2-6 通信线路勘察报告表

	勘察区间:从_____(地名)到_____(地名)	
序号	勘察项目名称	勘察信息选项(_____处填写,□处勾选)
1	出城管道	利旧:有可用管孔,长度_____km 新建:管孔数_____,长度_____km
2	进城管道	利旧:有可用管孔,长度_____km 新建:管孔数_____,长度_____km
3	平原路由	长度_____km;敷设方式:□架空,□直埋
4	丘陵、水稻田路由	长度_____km;敷设方式:□架空,□直埋
5	山地路由	长度_____km;敷设方式:□架空,□直埋
6	河流1:_____(名称)	水面宽_____m,旱季水深_____m;河床:□泥沙,□石质;敷设方式:□水线方式,过桥方式
	河流2:_____(名称)	水面宽_____m,旱季水深_____m;河床:□泥沙,□石质;敷设方式:□水线方式,过桥方式
	河流3:_____(名称)	水面宽_____m,旱季水深_____m;河床:□泥沙,□石质;敷设方式:□水线方式,过桥方式
7	大于300的斜坡	长度_____m;敷设方式:□架空,□直埋
8	1 m以上的沟坎	_____处
9	路由附近要加固的护坡(m²)	□无,□有:长_____m,宽_____m
10	垂直穿越公路	□无,有:_____处,路面宽_____m; 敷设方式:□顶管敷设,□可破路面
11	垂直穿越铁路	□无,□有:_____处,铁路路基宽_____m
12	穿越乡间公路	□无,□有:_____处,平均路面宽_____m
13	穿越水渠、水塘	□无,□有:宽_____m
14	穿越果园	□无,□有:长_____m
15	穿越农田	□无,□有:长_____m
16	穿越其他需要赔偿的地段	□无,□有:长_____m
17	陡坡缆沟需要水泥封沟	□无,□有:长_____m
18	水流很急需做漫水坝的小河(不通航、常年水深不超过1.5 m)	□无,□有:河宽_____m
19	光缆防雷(调查雷暴日大于20的段落)	□无,□有:段长_____m
20	地质结构发生突变的段落(指电阻率突变,按突变点两侧长500 m计算)	□无,□有:长_____m
21	石质与水田、河流的交界处,矿藏的边界处	□无,□有:长_____m
22	面对广阔水面的山前向阳坡	□无,□有:长_____m
23	曾经遭过雷击的地段	□无,□有:长_____m
24	公路边沟或路肩敷设光缆	□无,□有:长_____m

勘察区间:从_____(地名)到_____(地名)

序号	勘察项目名称	勘察信息选项(_____处填写,□处勾选)
25	电力塔下加挂光缆	□无,□有:长_____m
26	可利用的永久性桥梁	□无,□有:长_____m
27	路由通过可破路面的公路	□无,□有:长_____m
28	查看各局、站进线室的条件	□走线架可利用,□新装走线架:长度_____m
29	终端盒放置的位置以及ODF的位置(提供尾纤的长度)	尾纤长度_____m
30	调查局前人孔到终端盒的长度,从而算出阻燃光缆的长度)	长度_____m
31	合计	
32	管道路由总长度_____km	
33	架空路由总长度_____km;其中,平原路由长度_____km,丘陵路由长度_____km,山区路由长度_____km	
34	直埋路由总长度_____km;其中,平原路由长度_____km,丘陵路由长度_____km,山区路由长度_____km	
35	水线路由总长度_____km	

(三)总结与汇报

①经勘察(测量)后,对收集到的资料进行归纳整理,向建设单位主管部门和工程负责人作详细汇报,有些问题要通过会议并让建设单位确认。

②勘察工作结束后,除向建设单位汇报外,应填写勘察报告表,向处主管、工程负责人作详细汇报,并将各方面提出的有关特殊要求及与设计任务书出入较大的问题要研究讨论,必要时向领导及总工(技术处)汇报。

🗒️任务实施

一、长途光缆线路工程施工图设计要求及案例分析

【工程实例】＊＊架空光缆线路的工程杆路图如图2-23和图2-24所示。

二、宽带接入工程施工图设计要求及案例分析

宽带接入工程施工图纸主要包括网络组织图、路由图、楼层示意图(可选)、纤芯分配图、光交面板示意图等。下面以某实际工程项目为例进行阐述。

【工程实例1】××市××小区宽带接入工程,相应的施工图纸包括网络组织图、路由图、光缆配线图、纤芯分配图以及光交面板示意图等,分别如图2-25～图2-29所示。

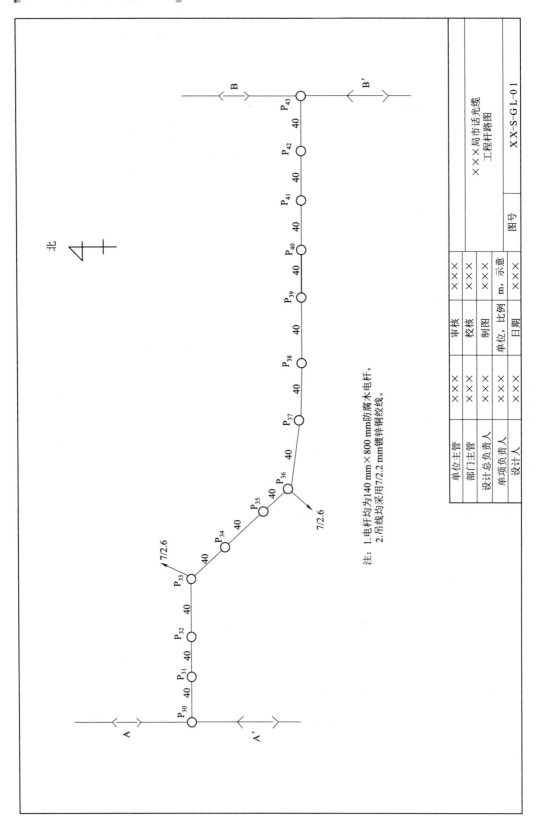

图 2-23 架空光缆线路杆路图 (1)

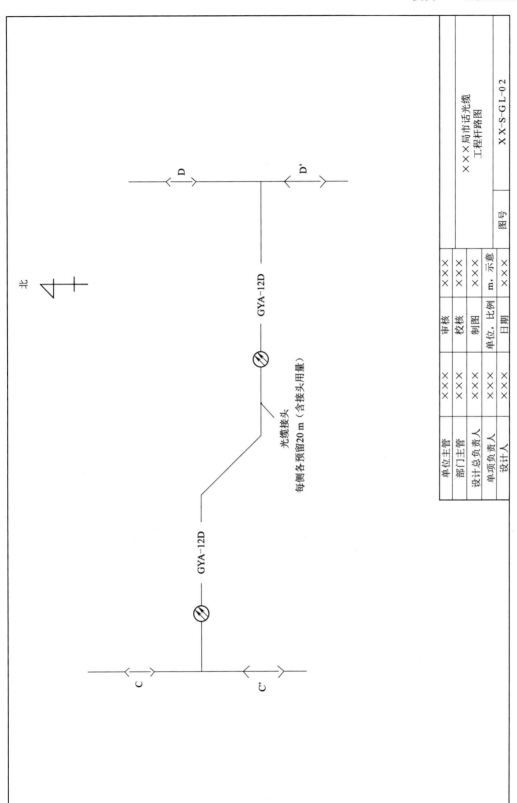

图 2-24 架空光缆线路杆路图 (2)

单位主管	×××	审核	×××
部门主管	×××	校核	×××
设计总负责人	×××	制图	×××
单项负责人	×××	单位，比例	m，示意
设计人	×××	日期	×××

×××局市话光缆
工程杆路图

图号 ＸＸ-Ｓ-ＧＬ-０２

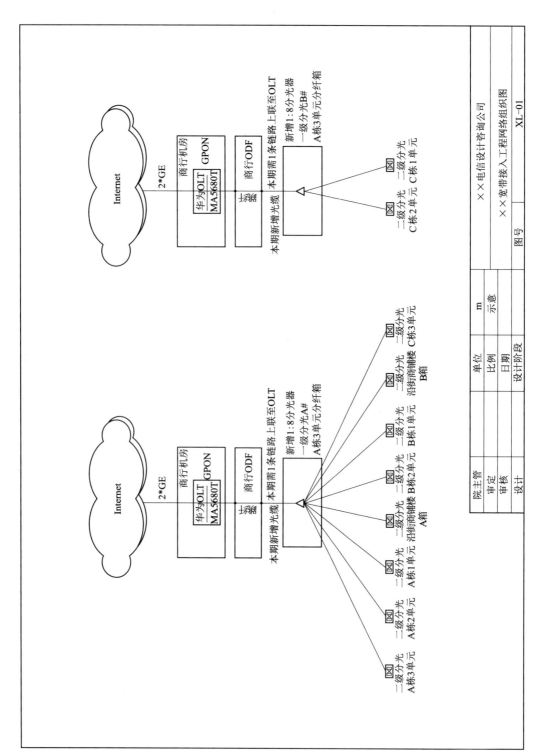

图 2-25　案例 1：宽带接入工程网络组织图

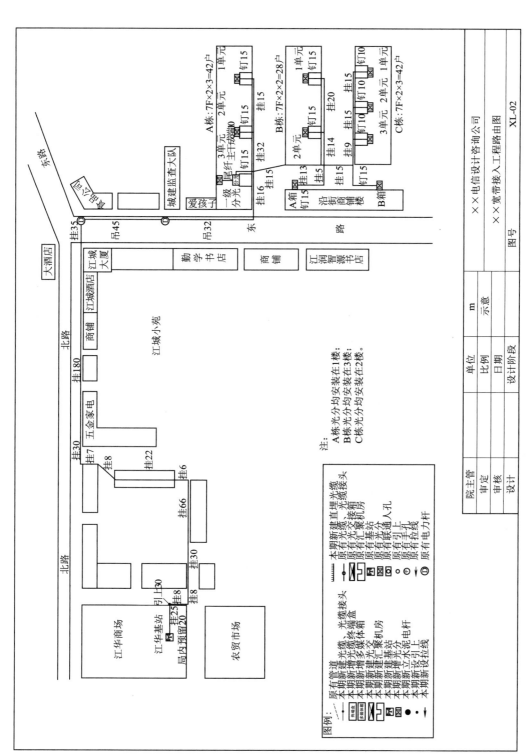

图 2-26　案例 1：宽带接入工程路由图

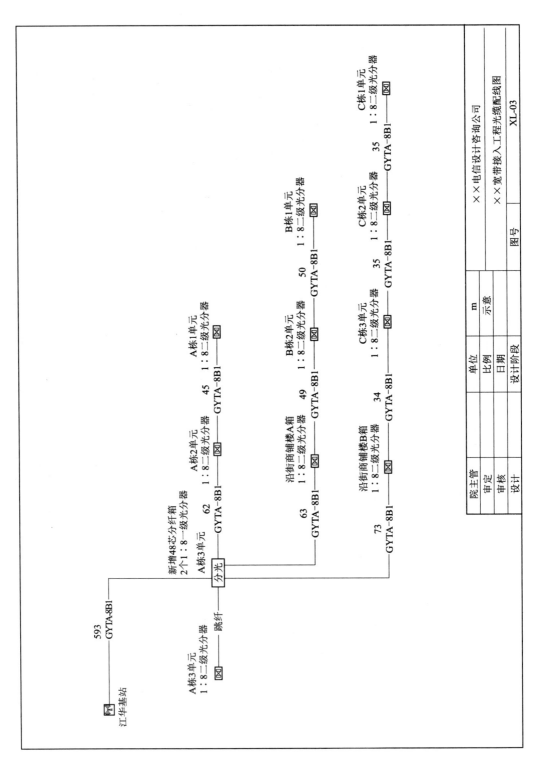

图 2-27 案例 1：宽带接入工程光缆配线图

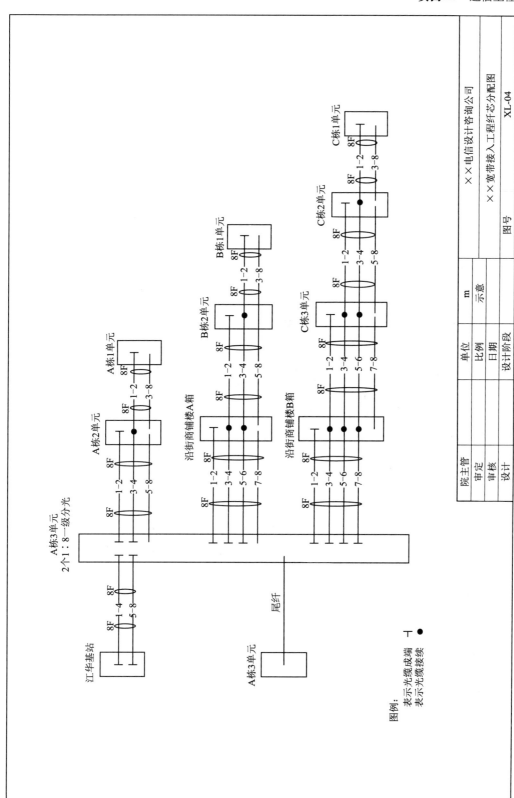

图 2-28 案例 1：宽带接入工程纤芯分配图

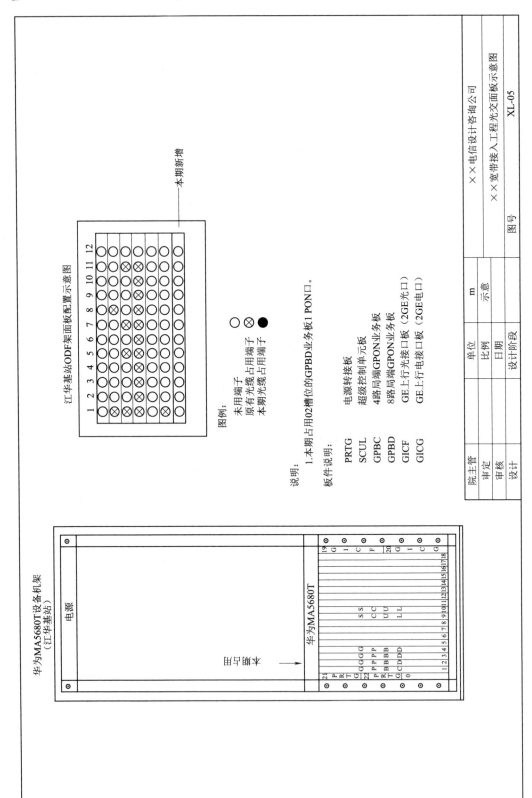

图 2-29 案例 1：宽带接入工程光交面板示意图

1. 网络组织图

用于描述二级分光器→一级分光器→上游节点→最终至核心网(Internet)的逻辑连接关系。

①二级分光器→一级分光器→上游节点之间的路径信息,依据路由图获得。

②上游节点→最终至核心网(Internet),利旧原有线路,依据工程勘察时的信息获得,因此图纸中只需阐明跳线路由即可。

③本项目中,依据路由图可知有 10 个二级分光器,因此需要设置 2 个 1∶8 的一级分光器;两个一级分光器均安装在 A 栋 3 单元,因此在网络组织图中用 A#和 B#加以区分。

④设置在相同位置的多个一级分光器,下联二级分光器时,通常按编号顺序将前面的分光器满配,所有空余端口均留置在最后一个分光器。因此本项目中的两个一级分光器采用了 8＋2 的配置,而没有采用相对负荷均衡的配置方式,如 5＋5。

2. 路由图

该图的内容根据勘察信息确定,是整套施工图纸中需要最先确定的图纸,后续图纸均是据此设计。

①用于描述二级分光器、一级分光器和上游节点的位置,以及它们之间若用光缆连接时的路径。

②二级分光器数量的确定规则:

鉴于宽带接入工程建设总是基于中国电信、中国移动或中国联通等某个具体电信运营商,考虑到该电信运营商的市场占有率,无须满配;如某栋 6 层楼的一个单元有 12 户住户,此时通常配 1 个 1∶8 的二级分光器就足够了;因为 12 户住户不一定全部都安装宽带,更主要的是,这 12 户住户不可能全部都安装同一个运营商的宽带。

③本图反映出来的信息如下:

● 本期工程是给东路右侧的小区设计其宽带接入系统,根据勘察信息发现,距离该小区最近的"江华基站"有上联核心网的光缆线路,因此选定其作为本项目的上游节点。

● 根据勘察结果,小区均是多层(7 层以下)的住宅楼,一梯两户的结构,因此在每个单元设置一个 1∶8 二级分光器,共 10 个二级分光器。

● 一级分光器同样采用 1∶8,下接 10 个二级分光器,因此需要 2 个,均放置在小区 A 栋 3 单元。

● 图中粗线条表示光缆路径。

比如,需要布放一条从 C 栋 1 单元→A 栋 3 单元的光缆时,其路径只能是:C 栋 1 单元→经 C 栋 2 单元→经 C 栋 3 单元→吊挂至 B 栋→沿 B 栋左侧外墙吊挂→吊挂至 A 栋→A 栋 3 单元;此时的光缆径路长度为:C 栋 1 单元钉 10→挂 15→挂 15→挂 9→挂 15→挂 13→挂 15→钉 15 至 A 栋 3 单元。

3. 光缆配线图

根据路由图设计而成,用于描述二级分光器→一级分光器以及一级分光器→上游节点之间的光缆配线。主要描述该段光缆的型号、敷设方式和长度等信息。

4. 纤芯分配图

根据配线图设计而成,用于描述二级分光器→一级分光器以及一级分光器→上游节点之间的各段光缆的纤芯分配关系。

5. 光交面板示意图

根据勘察信息获取,用于描述上游节点即江华基站中 ODF 架上端子占用情况。

【工程实例2】 ××市二基地小区宽带接入工程,相应的施工图纸包括网络组织图、路由图、楼层示意图、配线图、纤芯分配图以及光交面板示意图等,分别如图 2-30 ~ 图 2-39 所示。该套图纸展示的重点在于:

①同种图纸超过一张时,图纸中联系紧密处需要接图标识;图号也需要有一目了然的标识。

②路由图中,当该区域较大时,一级分光器可采用分区设置的方式以节省光缆线路资源;本项目中,在 3 栋 1 单元和 13 栋 A 单元分别设置 3 个一级分光器。

③楼层示意图,当小区中的楼宇为 7 层以上(即用户较多)时或单层住户较多时,通常一个单元需要设置 1 个以上分光器;此时俯视视角下的路由图无法表达,需要用到楼宇侧面视角所构建的楼层示意图。本项目中的 13#楼,8 层 3 个单元每层 16 户,所以在每个单元中每隔一层设置一个二级分光器,如 A 单元设置的 4 个二级分光器分别为 13 栋 A、13 栋 2A、13 栋 3A 和 13 栋 4A。

实训项目

实训项目 2-1:根据给定已知条件,完成以下实训任务。

(1)根据给定实际工程项目的路由图(见图 2-40)完成如下任务:

①将路由图照原图用 CAD 绘制成电子版。

②根据路由图,设计并绘制配套的配线图。

③根据配线图,设计并绘制配套的网络组织图【仅反映出二级分光器→一级分光器→上游节点→核心网(Internet)之间的路径信息即可】。

④根据配线图和拓扑图,设计并绘制配套的纤芯配置图。

(2)根据给定实际工程项目的路由图(见图 2-41)完成如下任务:

①将路由图照原图用 CAD 绘制成电子版。

②根据路由图,设计并绘制配套的配线图。

③根据配线图,设计并绘制配套的网络组织图【仅反映出二级分光器→一级分光器→上游节点→核心网(Internet)之间的路径信息即可】。

④根据配线图和拓扑图,设计并绘制配套的纤芯配置图。

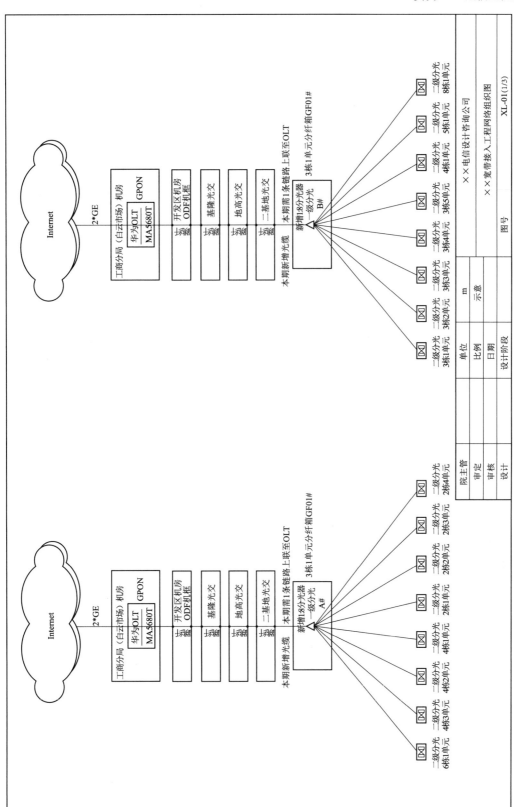

图 2-30 案例 2：宽带接入工程网络组织图 (1)

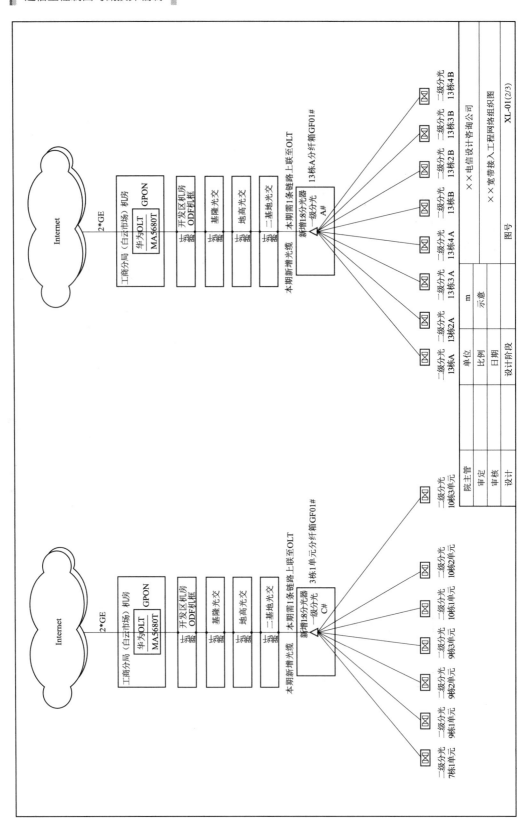

图 2-31 案例 2：宽带接入工程网络组织图 (2)

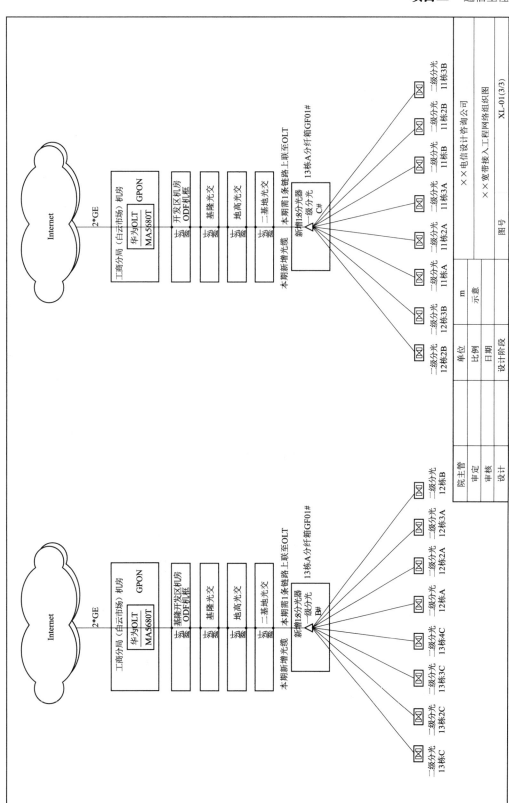

图 2-32　案例 2：宽带接入工程网络组织图 (3)

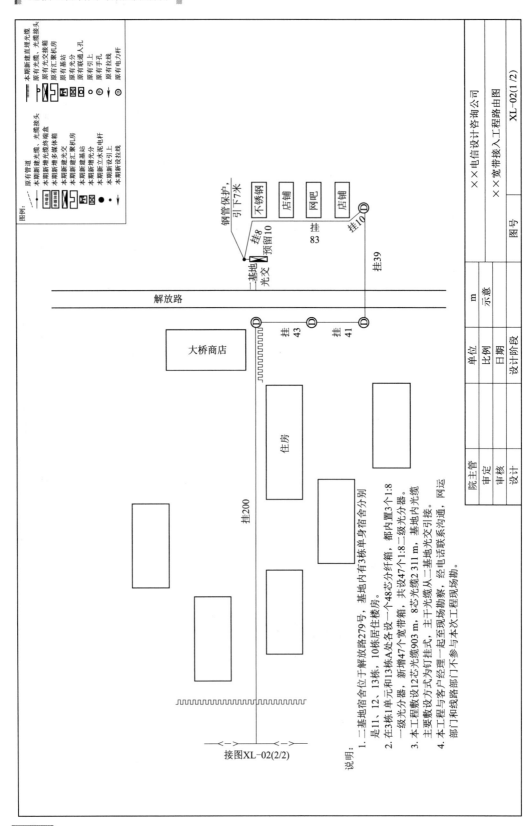

图 2-33 案例 2：宽带接入工程路由图 (1)

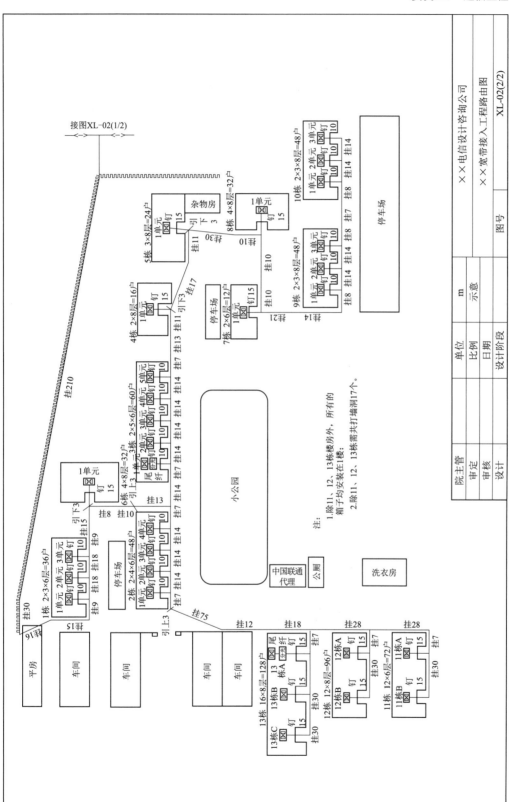

图 2-34 案例 2：宽带接入工程路由图（2）

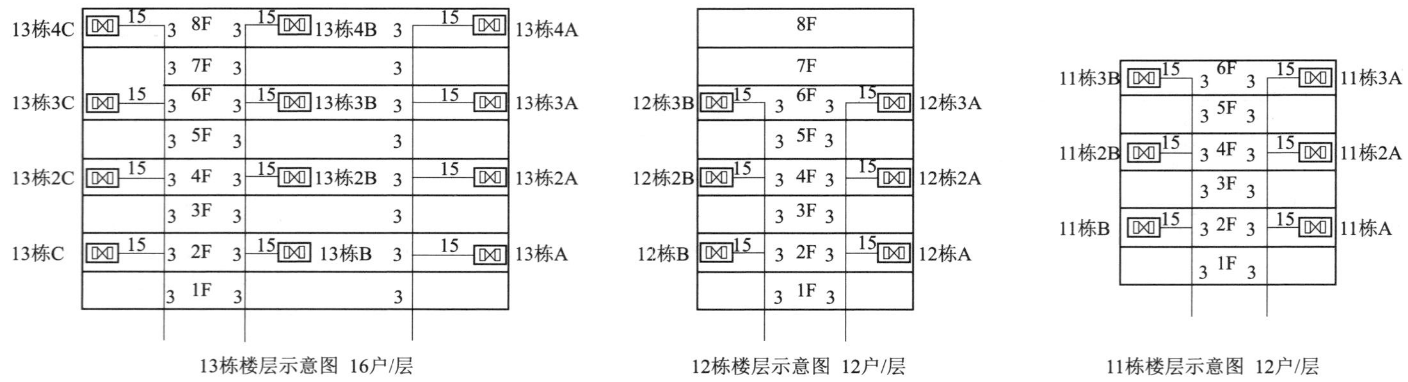

院主管		单位	m	××电信设计咨询公司	
审定		比例	示意	××宽带接入工程楼层示意图	
审核		日期			
设计		设计阶段		图号	XL-03

图 2-35 案例 2：宽带接入工程楼层示意图

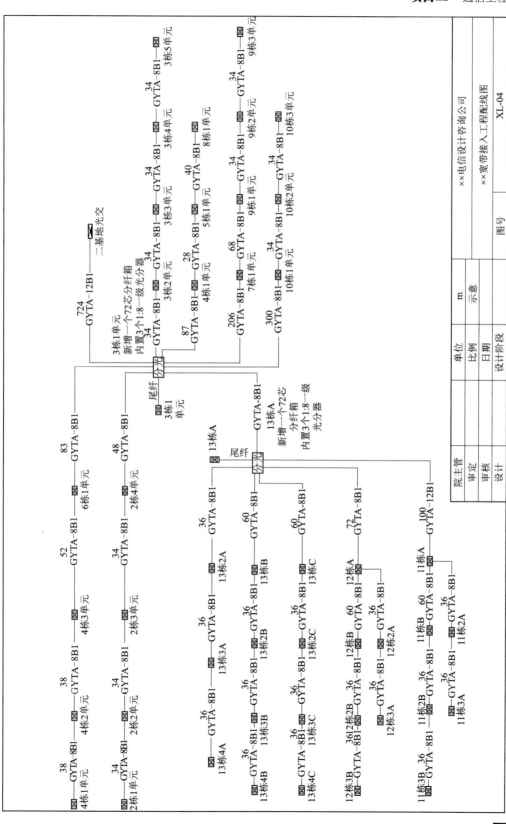

图 2-36 案例 2：宽带接入工程配线图

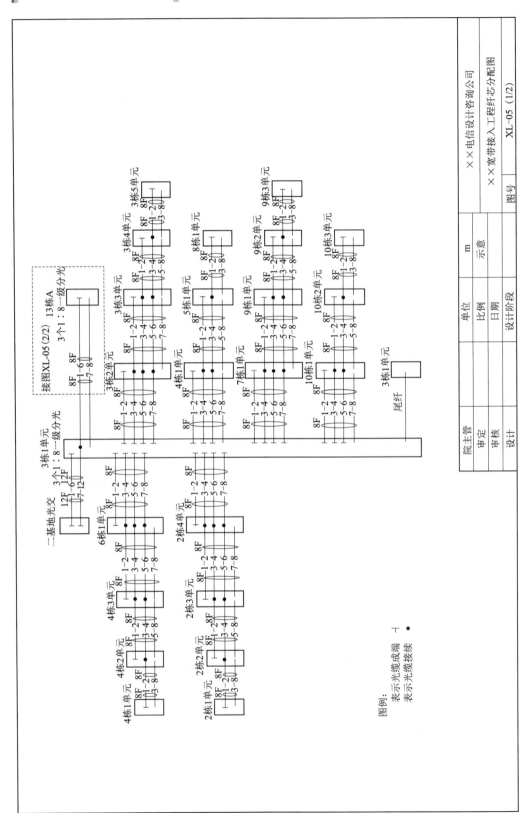

图 2-37　案例 2：宽带接入工程纤芯分配图（1）

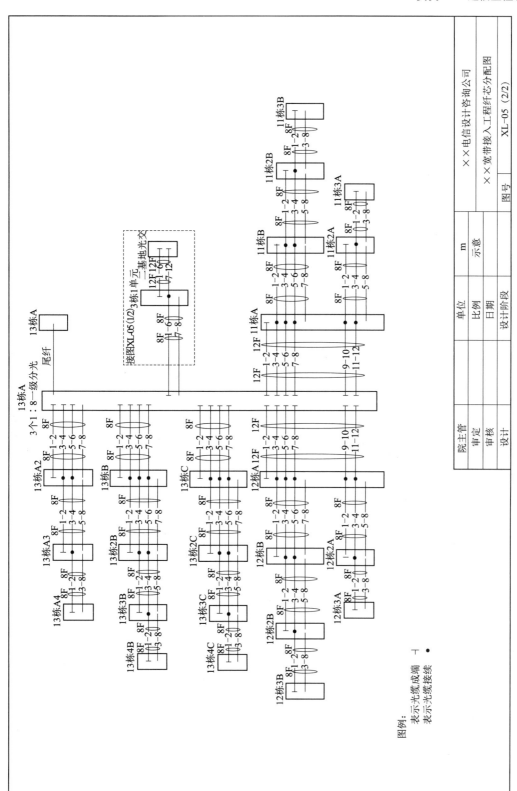

图 2-38 案例 2：宽带接入工程纤芯分配图（2）

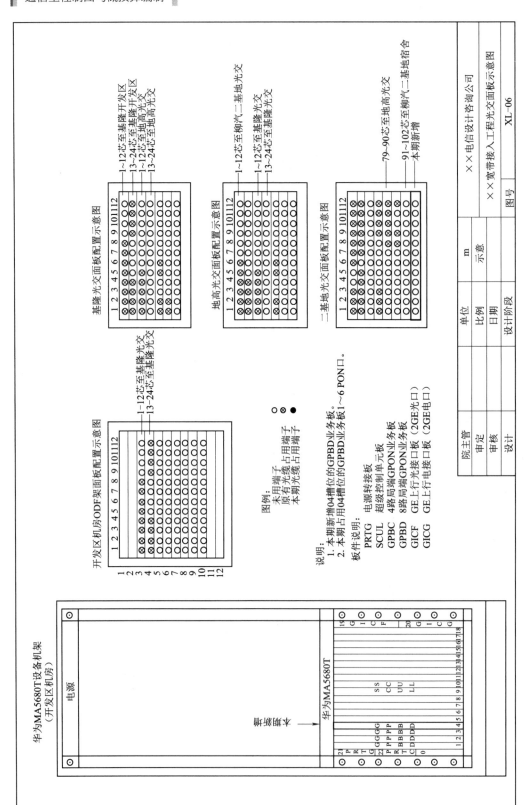

图2-39 案例2：宽带接入工程光交面板示意图

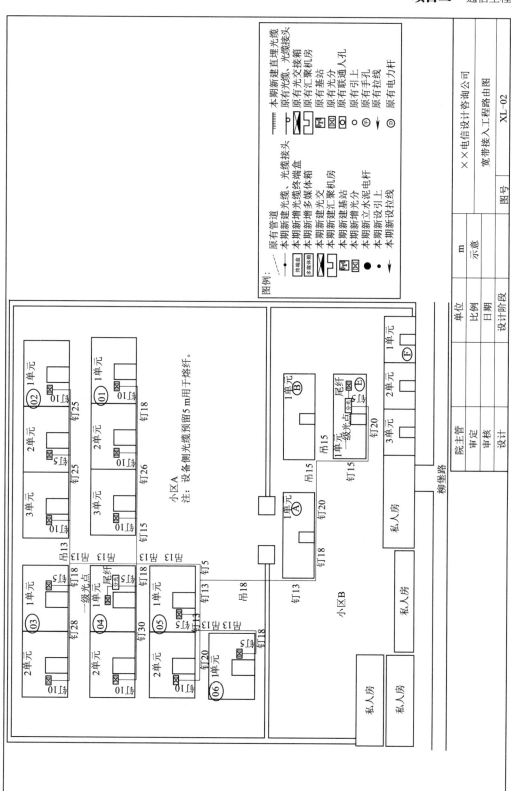

图2-40 实训题图1：宽带接入工程路由图

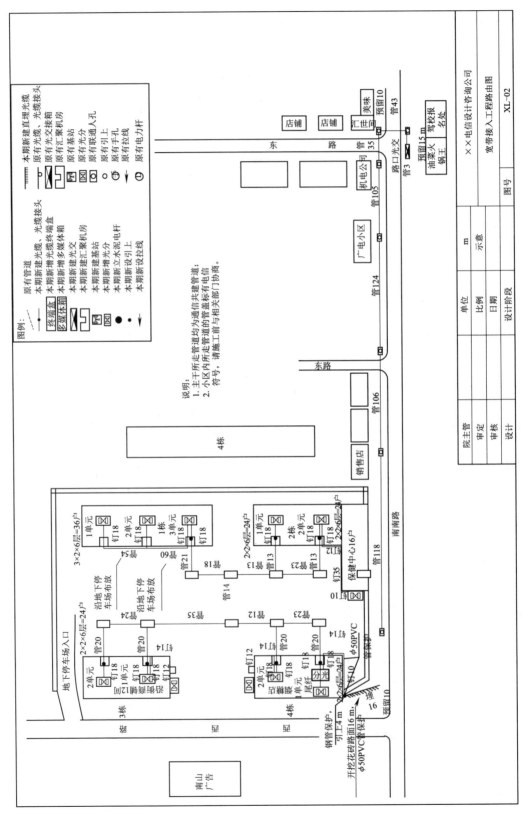

图 2-41 实训题图 2：宽带接入工程路由图

任务 2-2　有线通信设备安装工程勘察与施工图设计

有线通信设备安装工程按照专业类别可划分成传输设备、交换设备和数据通信设备安装工程等三类,下面仅以传输设备安装工程为例介绍其工程勘察与施工图设计。

任务指南

一、任务工单

项目名称	2-2:有线通信设备安装工程勘察与施工图设计	目标要求	1. 熟悉传输设备安装工程勘察流程与要求; 2. 具备依托 CAD 平台设计并绘制传输设备安装工程图纸的能力
项目内容(工作任务)			(一)任务背景 　设计指定机房传输安装工程的施工图;均假设各机房无传输设备,在机房中新增传输设备负责本机房通信设备之间的互连并且要求配备不低于 155 Mbit/s 的上联端口;上联端口配置至机房 ODF 即可。本次任务执行时划分成六个小组,各小组选定的机房分别为学校 C5 实训楼的交换技术实训室、传输技术实训室、GSM-R 实训室、TD-SCDMA 实训室、华为网院和思科网院。 　(二)工作内容和时间安排 【2 学时】熟悉工具仪表操作使用,熟悉传输设备安装工程勘察设计流程和规范; 【2 学时】完成指定机房的勘查、绘制草图、填写勘查报告【参考教材格式】; 【4 学时】完成整套施工图纸的设计。 　(三)作品提交内容与要求 　(1)草图;(2)勘察报告;(3)成套施工图纸;(4)考核标准与评分表【小组自行填写组别信息、记录执行情况】
工作要求			1. 小组合作完成;2. 执行过程考核与根据提交的作品考核相结合;3. 在开展下次任务之前提交有形作品
备注			提交作品要求:1. 所有图纸放入一个 CAD 文件;2. 命名:班级 + 组号

二、作业指导书

项目名称	2-2:有线通信设备安装工程勘察与施工图设计	建议课时	8
技术指标	勘查过程中工具仪表使用的规范程度;勘查过程中信息收集的详尽程度;草图绘制的规范性;施工图纸的规范性		
仪器设备	激光测距仪,电流钳表,草图绘制工具等;计算机,CAD 制图平台		

项目名称	2-2:有线通信设备安装工程勘察与施工图设计	建议课时	8
相关知识	传输设备安装工程勘察的流程和规范要求;传输设备安装工程设计的规范要求;传输设备安装工程图纸的规范与要求;传输设备安装工程成套图纸的组成		
注意事项	"安全第一、预防为主","团队一体、协同作业"		
项目实施 环节 (操作步骤)	(一)勘察准备 1. 知识积累:掌握传输设备安装工程勘察和设计的规范要求,理解传输设备安装工程勘察的程序和流程,掌握仪器仪表的操作使用方法; 2. 资料准备:机房原有设备布置图、走线架和线缆布放图; 3. 工具准备:激光测距仪、电流钳表、绘图板、铅笔、A4 纸; 4. 前期组织:小组召开会议,确定勘察计划,人员分工可参考如下配备: 容量规划组(2~3 人)、机房布局勘察组(1~2 人)、线缆组(1~2 人)、协调联系组(1 人),可视具体情况适当增减人员配置。 (二)实地勘察 1. 各分组的工作内容 (1)容量规划组:负责调查机房现有设备对传输速率的需求,进而确定传输设备容量和型号以及配套配线架的容量和型号。 (2)机房布局勘察组:调查了解机房现有设备情况,绘制机房设备平面布置草图,并配合容量规划组确定新增设备的安装位置。 (3)线缆组:调查了解机房现有线缆和走线架情况,绘制相应图纸,并配合前述两组,完成新增走线架和线缆的布放计划。 (4)协调联系组:负责整个项目组的协同作业。 2. 技术细节 (1)传输系统属于通信网络"大动脉",组网规划时应考虑网络自愈。 (2)勘察过程中不能对现有在运行设备造成影响。 (3)注意各环节的安全防护,特别是勘察设备时的触电防护。 (三)施工图绘制 1. 整理勘察记录与草图,形成勘察报告。 2. 再次研讨、论证、确认工程方案,绘制施工图。 3. 小组归纳总结,按要求提交各环节资料。
参考资料	教材相关章节,《本地网光缆波分复用系统工程设计规范(YD/T 5166—2009)》《SDH 本地网光缆传输工程设计规范(附条文说明)(YD/T 5024—2005)》《基于 SDH 的多业务传送节点(MSTP)本地网光缆传输工程设计规范(附条文说明)(YD/T 5119—2005)》《SDH 光缆通信工程网管系统设计规范(附条文说明)(YD/T 5080—2005)》

三、考核标准与评分表

项目名称		2-2:有线通信设备安装工程勘察与施工图设计			实施日期		
执行方式	小组合作完成	执行成员	班级			组别	
考核标准	类别	序号	考核分项	考核标准		分值	考核记录（分值）
	职业技能	1	执行过程考核	工具、仪器仪表的操作是否准确规范，是否注意对其保养和爱护；任务执行过程中协同作业情况		20	
		2	草图	内容翔实程度和图纸规范程度		15	
		3	勘察报告	内容翔实程度和图纸规范程度		15	
		4	施工图纸	内容的完整性、图形符号的规范性、技术细节的准确性		40	
	职业素养	5	职业素养	无违反劳动纪律和不服从指挥的情况		10	
	总　　分						
执行记录	填写要求:(包括执行人员分工情况、任务完成流程与情况、任务执行过程中所遇到的问题及处理情况)						

相关知识

一、工程勘察流程

工程勘察流程如图 2-42 所示。

1. 工程勘察准备

①目的:明确勘察目的,熟悉勘察内容。

②责任人:工程设计人员。

③输出文件:工程勘察进度表。

④操作内容:a. 接到《合同》签定通知后,需查阅《合同》与《技术协议书》,明确《合同》的配置和技术要求,了解工程条款及工期安排;然后联络当地办事处及用户,了解现场情况,参考合同要求,预计勘察期限,与用户商定勘测日期,拟订工程勘察进度表及工程勘测任务单,由本部门领导确认。b. 准备必要的工具,包括万用表、卷尺、防静电手环、地阻仪等,携带相关设备的《工程勘察报告》抵达现场。

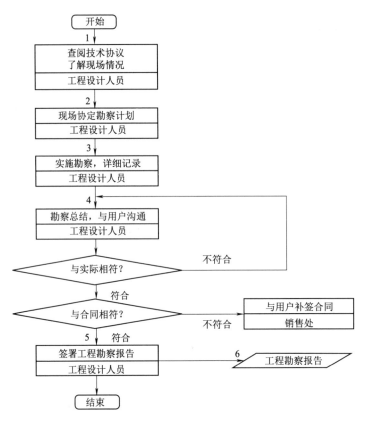

图 2-42　勘察流程图

2. 协定勘察计划

①目的:与用户协定勘察的内容,使勘察顺利进行。

②责任人:工程设计人员

③输出文件:工程勘察计划

④操作内容:a. 赴现场向用户提交工程勘察进度表,落实局方配合人员。b. 与用户商议制订出工程勘察计划,着手工程勘察。

3. 实施工程勘察

①目的:实施工程勘察,采集数据。

②责任人:工程设计人员。

③操作内容:在局方人员参与下,参照《工程勘察报告》中的项目进行现场勘察,并按要求详细记录。

4. 勘察结果总结

①目的:进行勘察结果整理、总结。

②责任人:工程设计人员。

③操作内容:a. 勘察完毕,整理结果,拟定工程界面划分图,认真填写《工程勘察报告》。b. 发现与实际情况不符合应及时与用户沟通进行协商处理,征求意见,达成共识,重要事宜列入个别事项备忘录。c. 若用户提供的保证设备正常运行的环境条件等有不符合的地方,

则建议用户尽快进行工程改造,改善设备运行环境。

5. 勘察结果与合同进行核查

①目的:进行勘察结果与合同对照,及时补签合同。

②责任人:销售处。

③操作内容:发现勘察的结果与《合同》不符合时,则应及时与销售处联系,由销售处与用户沟通,补签《合同》。

6. 签署工程勘察报告

①目的:双方确认勘察结果。

②责任人:工程设计人员。

③输出文件:工程勘察报告。

④操作内容:a. 双方对勘察结果达成共识后,双方负责人在《工程勘察报告》上签字盖章确认。b. 提交《工程勘察报告》给相关产品事业部、综合计划部用于指导生产。

二、现场勘查

(一)机房环境勘查

①记录机房所在楼栋的名称、楼层以及房间号或位置;

②确认本期新增设备所在机房楼板平均负荷:

厂家需求:＿＿＿＿＿＿kN/m^2,机房实际负荷:＿＿＿＿＿＿kN/m^2。

③核实机房平面尺寸,在图中标注相关数据:

● 核实柱位:柱的数目、间距、大小;

● 外墙、间墙的位置,设备的位置;此时的位置数据通常选择机房内的某个柱子作为参考点,若机房内没有柱子,再选择外墙、间墙、某设备等作为参考点。

④测量机房净空。新机房及需要增加走线架的扩容机房一定要有详细记录,主要记录信息如表2-7所示。

表2-7　机房净空记录表

位置	天花下	小梁下	大梁下	空调管下	消防系统下	活动地板
高度/mm						

⑤记录大梁、小梁的走向和数量。

⑥记录空调管主管及支管的走向、宽度、风口位置,设备避免放在风口的正下方。

⑦记录采用何种消防,消防管最低点的分布位置等信息。

⑧记录机房装修、照明、空调是否完备等信息。

(二)机房走线勘查

1. 新机房勘察

①需要明确走线方式,定下各种走线架的路由。主要的考量点包括"三线分离"原则,即交流电源线、直流电源线和信号线一定要分开,即通过不同的走线架走线,避免交叉等;如果有尾纤,考虑尾纤槽的建设。

②如果采取下走线方式,还需要为设备制作底座。

③如果采取上走线方式,则需要在现场初步确定走线路由,并观察机房内可提供的走线架安装条件,如风管的遮挡可能使走线架无法做吊顶,如果其他加固条件无法提供则走线架需要另找地方架设。

2. 扩容机房勘察

①核实图纸上的各种走线架是否与现场情况一致,包括高度、宽度、走信号线还是电源线等信息,这些信息对于需要新增走线架的情况是至关重要的。

②原有走线架是否有足够空间布放本期的新增电缆,若不够则需另外架设新走线架。

③原走线架是否有足够的下线位置,若不够则可能要改路由或另想办法。

④如果没有现成的图纸,则要现场描绘。

(三)机房敷设设施

1. 对活动地板的勘察记录

①记录活动地板离地高度。

②活动地板尺寸规格。

③需要增加设备处及附近的地板支撑点情况。

④记录地板下的信息,包括走线架及其路由、风口位置以及地线排的设置情况等。

2. 机房地线排的勘察记录

①记录机房地线排的位置,一般安装在柱子上或者墙上,记录其离地面的高度。

②核实地线排是否有充足的接线端子。

3. 对各种孔洞的勘察记录

①标明各走线洞孔的位置、尺寸和用途,即该走线洞孔中是交流电源线、直流电源线或者信号线。

②上、下线孔是否够用。

③如孔洞不够用,要求设计并填写表2-8。

表 2-8　孔洞信息记录表

新增墙洞或下线孔:是□;否□	扩大墙洞或下线孔:是□;否□
新开墙洞的墙面里外是否有障碍物:是□;否□	扩大的墙洞里外是否有障碍物:是□;否□
新开地洞的下方是否有其他设备的吊顶或支撑:是□;否□	扩大的地洞下方是否有其他设备的吊顶或支撑:是□;否□
孔洞尺寸:＿＿＿＿＿＿＿＿＿＿＿＿＿	孔洞原有尺寸:＿＿＿＿＿＿＿＿＿＿＿ 扩大后尺寸:＿＿＿＿＿＿＿＿＿＿＿

(四)设备安装的勘查

1. 新增主设备的安装

①预先考虑好安装位置,主要考虑各种线缆路由是否最优。

②设备的正面。

③安装位置是否符合厂家要求。

④在现场观察安装点的情况:a. 地板是否有裂痕;b. 天花、墙是否有渗水;c. 上方是否有空调风口。

⑤设备安装位置的走线路由是否理想。

⑥与建设单位确认机架安装位置。

⑦确定维护终端以及告警设备的位置。

2. 新增数据设备的安装

①一般数据设备都要放到网络机柜中,网络机柜的安装勘察基本与前面一样,大多用交流供电,记录网络机柜的型号、规格、尺寸。

②路由器、以太网交换机、服务器等要确认放到哪些机柜中,机柜的位置是否够用,电源插座是否够用等。

③网络机柜内高,网络设备高度一般按 U 计算,1U = 44.45 mm。

④熟悉本期工程的网络结构,落实网络结构中各物理连接的走线路由,此时需要注意的是网线不能超过 100 m,交流电缆要与信号电缆、直流电缆分开布放;落实网络中各端口的位置,重点记录原有的端口占用情况。

⑤网络设备的空余端口、空余槽位情况。

⑥落实本期工程需求的 IP 地址。

⑦注意小型机等设备和机柜的供电方式,落实交流配电柜的端子和 UPS 的容量。

⑧如果利旧原有机柜,要注意比较新增设备尺寸和机柜的内空。

⑨注意机柜列间的宽度,例如 HP 小型机正面要有 1 m 的维护空间。

(五)配线架的勘查

1. 配线架的勘察要点

①机房内配线架的情况:型号、规格、配置、数量、容量等,填写记录表2-9。

表 2-9　配线架记录表(_____上填写,□内勾选)

DDF	
1	型号(通常为 MPX＊＊):_____
2	阻抗:□75 Ω,□120 Ω
3	规格(尺寸,单位 mm),(常用为 H×W×D = 2 000/2 200/2 600 ×300 ×240 等): H:_____　W:_____　D:_____
4	容量(如96 系统/架):_____系统/架
5	数量:_____架
ODF	
1	型号(通常为 GPX＊＊):_____
2	熔配一体化:□一体化,□非一体化
3	规格(尺寸,单位 mm),(常用为 H×W×D = 2 000/2 200/2 600 ×840 ×300 等): H:_____　W:_____　D:_____
4	容量(如288 芯/架):_____芯/架
5	数量:_____架

②核实或记录配线架的行、列号。

③使用配线架的模块、单元、端子顺序(排列)。

④端子的接线方式、收发方向。

⑤配线架的空端子情况,根据新增中继接口数及空端子情况,计算需要增加多少个架,并确认新增架的规格、位置。

⑥确定模块排列的方式,通常有两种方式,如图 2-43 所示。一般习惯从最下面的模块/单元开始使用,但也有建设单位习惯从最上面的模块/单元开始使用,现场可以问清楚建设单位的运维习惯。

⑦端子排列说明:同一个模块可有多种排列方式,如图 2-44 所示。

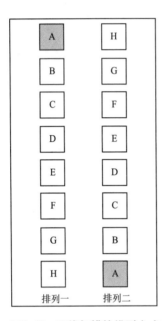

图2-43　配线架模块排列方式

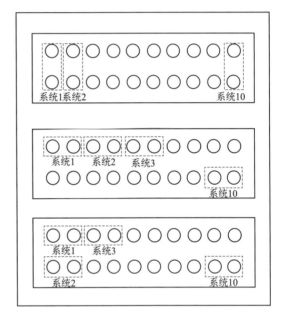

图2-44　配线架端子排列方式

2. 空端子的勘察

①75 Ω DDF:确认端子背面是否有接线,用手摸摸端子背面就可以确认。

注意:不要以为标签是空的,端子就为空;不要以为标签有记号或某端 X、Y 有接头,端子就已被占用。

②120 Ω DDF:从正面看接线位就知道端子是否被占用。

注意:如果被占用的是设备端,则端子不能使用;如果被占用的只是跳线端,一般可以使用,施工时拆除跳线端即可。

③ODF:非熔配一体化 ODF 一般在正面就可看出;熔配一体化的,在正面可以看出是否接了设备,另外需要搞清楚背面是否与光缆做好了接头。

3. 新增配线架

①确认新增配线架的型号、规格等是否与现有设备保持一致,否则采用其他。

②确认新增配线架的位置(DDF、ODF)。

③注意走线路由的要求(交流、直流、信号线分开、不交叉)。

④注意配线架离主设备的距离不要超过定长电缆的长度,否则只能改变位置或重新订

购电缆。

⑤注意 DDF 以及 ODF 的保护地线连接方式。

(六)电缆的勘查

1. 电缆

①常用的电力电缆:RVVZ-600 V/1 kV-25/35/120 mm²。

②常用双绞线:以太网线 UTP-5。

③常用射频电缆:

● 75 Ω 射频同轴电缆包括 SYV、SYKV、SFYV 等系列,如常用的 SYV – 75 – 2 – 2 × 2,其各字段的含义如图 2-45(a)所示。

● 120 Ω 对称射频电缆包括 SEYVP(V)、SEBEZ 等系列,如常用的 SEBZ – 120 – 0.4 (7.4-8P),其各字段的含义如图 2-45(b)所示。

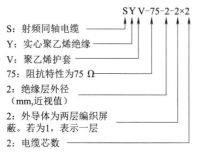

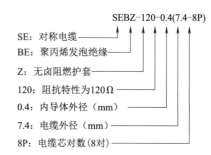

（a）SYV-77-2-2*2各字段的含义　　　　（b）SEBEZ-120-0.4 (7.4-8P) 各字段的含义

图 2-45　常用射频电缆

2. 电缆勘察注意事项

①勘察时需要记录现场使用的配套电缆型号,并与建设方确认本次工程是否用现有型号电缆。

②确认厂家发货的电缆长度是否够长、型号与 DDF 是否匹配。

③确认工程配套电缆的长度需求、型号等。

④勘察时一定要跟着走线路由看一遍:

● 走线路由是否符合要求;

● 走线是否通畅(走线架及走线架的上下线位置、楼板、墙洞的下线孔);

● 注意有没有 ⌐ ⌐ 走线情况,会多消耗电缆;

● 注意尾纤的现场测量尽量准确,因为尾纤的两端接头在出场时已做好,如果过长,要盘大量纤。

三、草图绘制及勘察报告填报

(一)勘查信息记录与填报

填写表 2-10 所示的勘察记录表。

表 2-10　有线通信设备安装工程勘察记录表

机房名：_____,所属区县：_____,日期：_____,查勘人：_____

序号	勘察项目名称	勘察信息选项(_____处填写,□处勾选)
1	室内条件	机房净空_____m,梁下净空_____m;需要:□扩建,□装修,□改造,□无须改动
2	走线架	距地(地板)高度_____m;需新建长度_____m
3	室内地排	共_____块,可用_____孔,需新增_____块
4	市电引入方式	□10 kV,□380 V,□220 V,□其他_____;市电引入线径_____
5	交流配电箱	型号_____,生产厂家_____; 总空开_____,已用空开_____,空余空开_____(容量×数量)
6	−48 V 开关电源	厂家_____,型号_____,输出电压_____V,输出负荷_____A; 整流模块型号及容量_____;已用_____块,现有_____块,满配_____块; 直流输出分路:(容量×数量) 已用熔丝端子_____,空余熔丝端子_____; 已用空开端子_____,空余空开端子_____; 二次下电:□有,□无; 已用熔丝/空开端子_____,空余熔丝/空开端子_____
7	蓄电池	厂家_____,型号_____,出厂日期_____,容量_____(Ah×组); 陈列方式:□单层、□双层、□单列、□双列、□立式、□卧式; 需要调整位置:□是,□否
8	空调	型号_____,厂家_____,数量_____(台)

(二)草图绘制的规范要求

1. 机房平面布置与设备排列

(1)机房平面布置要求

①应近远期结合,既要考虑便于维护又要考虑适于远期的发展。

②使设备之间的各种布线距离最短,同时便于走线。

③应便于维护、施工和扩容。

④有利于提高机房面积利用率。

⑤适当考虑机房的整齐和美观。

(2)设备排列要求

①应便于抗震加固。

②设备机架间宜采用面对面或面对背的单面排列方式。在原有机房装机,应充分结合原机房设备布置方式。新建机房根据设备情况,在楼的荷载允许条件下可采用背靠背双面排列方式。

③主设备应排列在同一列内或相对集中,DDF 和 ODF 宜单独成列或相对集中,整个机房的安排应根据走线路由最短、减少路由迂回和交叉为原则,不严格要求开辟单独的设备区和配线区。

④机房设备列之间以及走道的宽度应根据机房荷载、设备重量以及维护空间要求决定。

2. 设备安装

①根据工程情况,设备安装可采用上走线和下走线方式,新建机房应采用上走线方式。

②机房内走线架和走线槽可按区域安装,但应满足工程近期需要。高度应根据设备高度设计,列架与设备架顶宜相距 50 mm。

③机架的安装必须进行抗震加固。

3. 布线要求与线缆选择

①机房交流电源线、直流电源线、光纤、通信线应按不同路由分开布放。如通信电缆与电力电缆相互之间距离较近,亦应保持至少 50 mm 以上的距离。

②布线距离要求尽量短而整齐,且应考虑不影响今后扩容时设备的安装及线缆布放。

③软光纤应尽量沿专用的槽道布放,与其他通信线共槽道或走线架布放时应采取保护措施。

④应避免跨机房布放软光纤,机房之间有光纤连接需求时应采用光缆。

⑤布线电缆应满足传输速率、允许衰减、特性阻抗、串音防卫度和耐压等指标的要求,并应有足够的机械强度。

⑥同轴电缆线对的外导体或高频对称电缆线对的屏蔽层应在输出口接地,但如果需要,在输入口也可接地。

⑦应选择适合设备连接器特点的线缆

连接器和线缆在机械尺寸上应完全匹配,以保证良好的物理连接,减少连接损耗;阻抗为 120 Ω 的连接器、对于每个系统要求单独接地的连接器,应选择具有单独地线的对绞型射频对称线缆,对于在一个单元上多个系统共用一个接地点的连接器,应选择有总接地线的星绞型射频对称线缆。

⑧告警信号线宜选用音频塑料线。

4. 电源系统

①直流供电系统应满足以下要求:

● 传输设备宜采用 -48 V 直流供电,其输入电压允许变动范围为 -40 V ~ -57 V。

● 传输机房宜采用电源分支柜方式供电。

● 传输设备的直流供电系统,应结合机房原有的供电方式,采用按列辐射方式馈电,在列内通过列头柜分熔丝按架辐射至各机架。

● 禁止两只小负荷熔丝并联代替大负荷熔丝使用。

②电源线截面的选取应根据供电段落所允许的电压降数值确定。

③传输设备所需的 -48 V 直流电源系统布线,从电力室直流配电屏引接至电源分支柜、由电源分支柜引接至列柜、再至传输设备机架均应采用主备电源线分开引接的方式。

④列柜的选用应满足以下要求:

● 列柜的容量以及负荷应按整列进行配置。

● 应根据传输设备满配置耗电量的 1.5 ~ 2 倍核算列柜的每个二级熔丝的容量。

● 带电更换列柜二级熔丝时应不影响列柜中其他电源系统的工作。

⑤交流 220 V 应满足以下要求:

交流 220 V 供仪表以及网络管理设备使用;配置网络管理设备的局站应采用不间断电

源(UPS)供电系统或逆变器供电系统供电。

⑥地线符合以下要求：

● 数字传输机房的工作接地、保护接地和防雷接地宜采用分开引接的方式；

● 工作地线应接至列头柜或电源分支柜引接至列头柜，列柜通过列头柜辐射至各机架；

● 保护地线宜采用电力电缆从电力室地线排或适当接地点直接引接至列头柜，或由电源分支柜地线排引接至列头柜，列内采用树干式 T 接至各机架；

● 终端光缆的金属构件应接防雷地线，防雷地线应单独从最近的防雷接地体引入，并可靠的与 ODF 架绝缘；

● 数字分配架应具有良好的保护接地，DDF 架内同轴外导体和机架外壳均应接保护地，DDF 架上的接地端子可直接与相邻列头柜的保护地端子相接，同机房内 DDF 架和 ODF 架之间的保护地线可复接或 T 接。

5. 主设备

工程若为新增传输设备机架，则需设计设备机架的安装位置。注意以下几点：

(1)机房整体规划

新机房的传输设备安装位置要符合机房的整体规划，安装在有源传输设备区。

在现有机房内新增传输设备时，要结合机房现有的传输设备安装情况。按照设备网络层次结构合理地设计设备安装位置。

(2)整齐和美观

在工程勘察设计中要适当考虑机房的整齐和美观，相同尺寸、相近颜色的设备机架在不影响工程施工、设备维护等方面的情况下尽量安装在同一区域。

(3)设备的安装

通信设备均需要做抗震加固安装，对于部分机房铺有防静电活动地板，在安装设备机架时需要安装抗震底座，因此工程设计人员在勘察时需要测量地板的上表面高度。此外还要查看地板下是否有影响安装的线缆、管道等。

若工程是在原有机架内新增传输设备子架，勘察人员还需要注意机架内是否还有新增子架的空间；对于在现有的传输设备中扩容板件的情况，勘察人员在勘察时要绘制设备面板图，注意是否有空余槽位供扩容板件使用。如果机架内没有空余的空间或没有足够的空余槽位，要及时反馈信息，以便做方案修改。

6. 配套设备及材料

(1)数字配线架(DDF)

根据工程需要配置数字配线架，在勘察时需要注意以下几点：

①机房采用数字配线架的类型。目前使用较为广泛的配线架类型有三种：仿 AT&T 型、仿西门子型和仿富士通型。

②机房采用数字配线架的阻抗类型，分为 75 Ω 和 120 Ω 两种。

③数字配线架的尺寸、颜色、规格以及地板上表面高度(底座)。

④根据工程需要，以及 DDF 的面板端子规划，来计算需要配置的架数以及每架配置的系统数。

⑤根据所采用的同轴电缆的线径大小来配置配线架 2 M 连接器的类型。

⑥根据建设方的需要注意一些细节性的问题：如是否配置带测试孔的插头、配置仿

AT&T 配线架的锁弯插头或单弯插头、配置仿富士通配线架的高端端子板和低端端子板等。

　　⑦对于在原有数字配线架上扩容端子板的情况,在勘察时还需要记录原有配线架的厂家、型号、端子板的颜色、孔距等信息。

　　(2)光纤配线架

　　根据工程需要配置光纤配线架,在勘察时需要注意以下几点:

　　①光纤配线架的类型,是光缆成端配线架还是中间业务光跳架。

　　②新增光纤配线架的尺寸、颜色、规格、进出线方式等,在配置时一般参考机房现有配线架的规格型号。

　　③根据工程实际需要,并考虑一定的富余量配置光纤配线架的芯数/子框数(因光纤配线架的容量比较大,一般情况下不会满配置光纤配线架,而是根据实际情况配置)。

　　④对于在现有光纤配线架中扩容 ODF 子框的情况,在勘察时还需要特别注意现有光纤配线架的厂家和型号。因为不同厂家生产的 ODF 架内部结构不同,所采用的子框不兼容,在扩容子框时还需要采购原厂家的设备。

　　⑤光缆成端配线架的 ODF 熔接盘中需要配置束状或带状尾纤。

　　⑥根据建设方的需要配置。如因机房空间不足,需要定制非标准的尺寸;熔接、配线、贮纤是否分离等。

　　⑦勘察时还要注意到光纤配线架的保护接地问题。

　　(3)传输光电综合配线柜

　　根据工程实际需要配置综合配线架,在勘察时需要注意以下几点:

　　①配置综合配线架的用途,在架内要配置哪些设备和材料。

　　②是否在架内放置有源设备,若放置有源设备则需要配置电源模块。是否需要配置散热装置(如散热风扇),是否配置网孔门,配置的风扇采用交流还是直流供电等。

　　③综合配线柜的尺寸、颜色、进出线方式等。

　　④是否需要配置隔板以及需要配置的隔板数量。

　　⑤综合配线柜柜门的规格,如双开门、内嵌门、外开门等。

　　⑥根据放置设备的尺寸来确定配置综合配线柜内立柱的孔距以及内立柱与门的距离。

　　⑦配置的电源模块的规格。

　　⑧配置的光纤配线单元的规格。

　　⑨配置的数字配线单元的规格。

　　(4)直流电源列头柜

　　根据工程实际需要配置列头柜,在勘察时需要注意以下几点:

　　①列柜的容量和负荷是按照满足整列设备的电源需求进行配置的。对于单列设备较少的机房,在设计列柜时可按满足相邻的 1~2 列设备需求设计。

　　②配置列柜的尺寸、颜色、进出线方式。

　　③配置列柜的规格。进线容量、路数,出线容量、路数。对于对输出路数需求较多的机房,可配置双面列柜。

　　④在配置列柜时,尽量配置采用熔断器的电源柜,且柜子的深度不低于 300 mm。

　　⑤输出端子采用空气开关的头柜,在工程设计中尽量不要更换其空开。

　　⑥输出端子采用熔断器的头柜,在工程设计中确实需要更换熔丝的,需注意列柜中与

熔断器相连的电源引出线是否满足更换熔断器后的安全载流量需求。

（5）走线架/走线槽/光纤槽道

在配置机房走线架/走线槽时需注意以下几点：

①走线架/走线槽的类型。目前常用的走线架有两种：铝合金和冷轧钢。

②走线架/走线槽的用途。在传输工程设计中，绝大部分是因为新增设备安装在新启列，从而需要配置走线架/走线槽。在这种情况下，勘察人员只要按照机房现有走线架/走线槽的情况配置信号线缆走线架或电力电缆走线架。如果传输设备是安装在新启用的机房中，这就需要根据机房规划，来设计新增的走线架/走线槽，要考虑包括三线分离等因素。

③走线架的规格。是否是双层走线架，要测量双层走线架的层高等。

④走线架/走线槽的安装方式。要勘察走线架的安装方式，若是采用吊挂的安装方式，还要测量吊挂的高度。

在配置机房光纤槽道时需注意以下几点：

①光纤槽道的颜色、尺寸（宽×高）、厂家型号。

②需要配置的下纤口数量。

③需要配置的转弯、三通等的基本数量。

④光纤槽道的安装方式。目前常用的安装方式有：吊挂、机架架顶固定和走线架固定三种安装方式。

⑤因光纤比较脆弱，所以在设计光纤槽道时要尽量靠近设备机架。

7. 线缆路由

对于地板下走线的机房，在勘察设计时要特别注意其地板下的走线路由，这样才能准确地计算线缆长度。

此外在设计地板下走线路由时，要沿着列面设计，不能占用设备的规划安装位置。

8. 端口分配

随着工程设计的深度不断提高，需要在勘察设计时分配、指定设备的端口以便更好地指导工程施工。

（1）线路侧光配线架

在干线和本地网中继层面建设传输工程项目，在工程可研阶段一般都会对光缆进行测量以确定并预占纤芯。在勘察中，设计人员要根据测量表在光配线架上指定纤芯端口。

在本地网接入层面的传输工程项目，在工程勘察时要和建设方在勘察现场确定并做预占用。勘察人员在勘察时要注意相邻站点的纤芯端口要一致。

（2）光调度用光配线架

在干线或本地网层面的传输项目中，若存在光业务的上下一般都会配置光调度用光配线架。因此在工程设计中要对光配线架端子进行规划分配，端子分配要遵循便于维护但又不能浪费资源的原则进行。可根据光业务上下方向分配配线架端子，并根据工程实际情况作出端子预留。

（3）数字配线架

在实际的工程应用中，一般以传输系统来划分数字配线架区域，如传输北环和传输南环的电路上下在不同的配线区域。但一个传输系统内部（如传输北环内部）的配线架端子分配，则根据设备配置的板件来划分，一般在配线架上不做预留。

（4）电源柜

在制定电源柜端子时,要注意查看端子是否已被占用。对于双路供电的设备,还需分清电源柜的主备系统,预占其主用和备用端子,避免预占的两路均在电源柜的主用或备用电路上。

（三）工程勘察总结和结论

在工程勘察完毕后,有必要对整个勘察过程做一个全面的总结,主要是对勘察的各项结果做个精简的描述,对不符合要求的项目定出整改措施和进度。

最后在勘察总结的基础上对此次勘察做出结论。

①经勘察(测量)后,对收集到的资料进行归纳整理,向建设单位主管部门和工程负责人作详细汇报,有些问题要通过会议并让建设单位确认。

②勘察工作结束后,除向建设单位汇报外,应向处主管、工程负责人作详细汇报,并将各方面提出的有关特殊要求及与设计任务书出入较大的问题进行研究讨论,必要时向院领导及总工汇报、审查和批准。

任务实施

一、图纸内容与要求

1. 机房平面布置图

机房平面布置图,图中应反映出机房各设备的准确尺寸、位置和距离,与甲方协调定出设备的预留位置并标注清楚;在标注尺寸、位置和距离时应认真仔细测量,位置一经双方确定后不得轻易更改,否则会造成安装设计更改,影响安装施工进度,更改较大更会造成电缆长度有误,延误工期、造成损失;当用户因特殊原因要更改时须提前进行书面通知,勘察时此点应对用户说明清楚。

2. 机房电缆布置图

机房电缆布置图,图中应反映出各种电缆的具体走线路径和走线方式,应详细画出走线设施(如走线架、槽道等);当电缆走线路径和方式一经双方确定后不得轻易更改,否则会造成安装设计更改,影响安装施工进度;当用户因特殊原因要更改时须提前进行书面通知,勘察时此点应对用户说明清楚。当走线设施未就绪到位时,应协同甲方确定其安装位置并应同样画出草图。

3. 双方工程界面图

双方工程界面图,此图为双方工程施工中的分工界面图;该界面图是逻辑示意图,并非实际工程图,主要是通过此示意图表示双方的分工界面。具体方法是在图中属于设备提供商施工责任的设备和设施用笔将虚线描成实线,其余虚线部分为用户界面,工程界面主要是指工程安装界面。

4. 布线计划表

此表主要用来填写所需各种线缆名称、走线路由、规格、长度和数量。

二、工程案例

本工程属扩容工程,为某传输机房新增一台传输设备及两块光板,其施工图纸如图 2-46 ~ 图 2-50 所示。

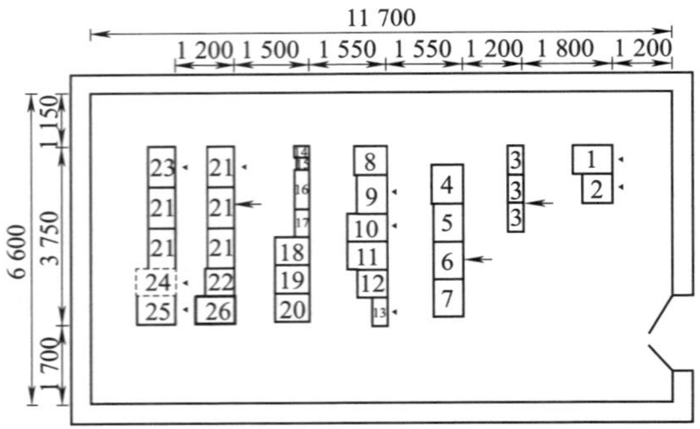

设备表

序号	设备名称	型号	规格尺寸/mm 宽×深×高	单位	数量	备注
1	DSLAM	ZX 9210	600×800×2 000	架	1	相关
2	DSLAM	华为5300	600×600×2 200	架	1	相关
3	DDF		600×300×2 200	架	3	原有
4	柳北OLT	ZX OLTB	800×650×2 000	架	1	原有
5	柳北端局交换机	ZX J10B	800×600×2 000	架	1	原有
6	程控交换机	ZX J10	800×600×2 000	架	1	原有
7	柳北端局交换机	ZX J10B	800×600×2 000	架	1	原有
8	ATM交换机	ZX B10-AX	600×650×2 000	架	1	原有
9	柳北DSLAM2	ZX A10-8220	800×600×2 100	架	1	相关
10	宽带交换机	S8016	600×800×2 200	架	1	相关
11	智能网服务器	C&C08	600×800×2 000	架	1	原有
12	PDH		600×600×2 200	架	1	原有
13	ODF	GPX97	600×300×2 200	架	1	原有
14	ODF架	世纪人	250×300×2 200	架	1	原有
15	DDF架	世纪人	250×250×2 200	架	1	原有
16	ODF架	世纪人	800×300×2 200	架	1	原有
17	DDF架		600×300×2 200	架	1	原有
18	城域网SDH	ZX SM-10G	600×700×2 000	架	1	相关
19	SDH扩	ZX SM-330	600×700×2 000	架	1	相关
20	柳北二关互联SDH	Metro 2000	600×700×2 000	架	1	相关
21	智能网交换机	C&C08	850×550×2 100	架	5	原有
22	华为MA5680T	C&C08	600×600×2 200	架	1	原有
23	直流配电柜	C&C08	850×550×2 100	架	1	相关
24	BAS设备	中兴10800E	600×800×2 000	架	1	相关
25	路由交换机	ZX R10 8908	600×800×2 000	架	1	相关
26	路由交换机	ZX R10 8908	600×800×2 200	架	1	新增

主管		审核		单位，比例	mm，1：100	××通信科技有限公司
设计总负责人		制图				××运营商IP城域网优化工程竣工图
单项负责人		日期				××机房平面布置图
设计				图号		01/05

说明：1. 机房高3 550 mm；机房所在楼层：2层。
2. 机房采用下走线方式,防静电地板高300 mm。
3. 本期工程新增1台中兴8908，新增2块中兴10800E光板。

图例：☐ 新增设备 ☐ 扩容设备 ▼ 相关设备 ☐ 原有设备 → 设备正面

图2-46 机房平面布置图

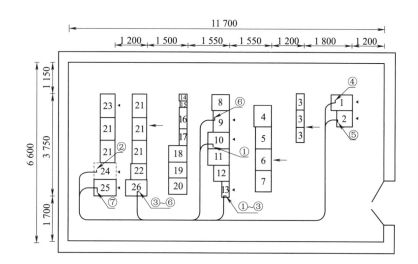

说明:1.机房高3 550 mm;机房所在楼层:2层。

2.机房采用下走线方式,防静电地板高300 mm。

3.图中所示为逻辑走线路由,实际走线路由根据防静电地板下现有线缆走线方式布放。

4.通信电缆和电力缆线相互之间距离较近时,应保持相隔至少50 mm以上。

5.图中带圈标号及实线表示通信布线。

6.图中 ┏━ 及序号表示设备线缆起始地点及走线路由。

通信电缆布线计划表

序号	布线用途	设备名称线缆程式	柳州柳北机房								电缆数量/条	电缆平均长度/m	电缆总长度/m	备 注
			10号柜 S8016	24号柜 中兴10800E	13号柜 ODF	26号柜 中兴8908	1号柜 中兴ZX9210	2号柜 华为5300	9号柜 中兴8220	25号柜 中兴8908				
1	单模尾纤	LC/PC-FC/PC	●———●								4	15	60	建设单位供料并负责施工
2	单模尾纤	LC/PC-FC/PC		●———●							8	20	160	建设单位供料并负责施工
3	单模尾纤	LC/PC-FC/PC			●———●						8	15	120	建设单位供料并负责施工
4	以太网电缆	五类线				●———●					1	25	25	建设单位供料并负责施工
5	以太网电缆	五类线					●———●				1	25	25	建设单位供料并负责施工
6	以太网电缆	五类线					●————●				2	20	20	建设单位供料并负责施工
7	单模尾纤	LC/PC-FC/PC							●———●		2	20	40	建设单位供料并负责施工

主管			审核		××通信科技有限公司	
设计总负责人			制图		××运营商IP城域网优化工程竣工图 ××机房通信电缆走线路由图及布线计划表	
单项负责人			单位、比例	mm、1:100		
设计			日期		图号	02/05

图 2-47 机房通信电缆走线路由图及布线计划表

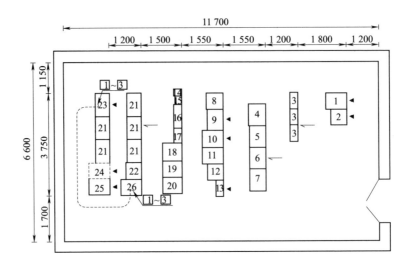

说明：1. 机房高3 550 mm；机房所在楼层：2层；
2. 机房采用下走线方式，防静电地板高300 mm。
3. 图中所示为逻辑走线路由，实际走线路由根据防静电地板下现有线缆走线方式布放。
4. 通信电缆和电力缆线相互之间距离较近时，应保持相隔至少50 mm以上。
5. 图中带方框标号及虚线表示电源布线。
6. 图中 ⌐ 及序号表示设备线缆起始地点及走线路由。

电力电缆布线计划表

序号	布线用途	设备名称 线缆程式	柳州柳北机房		电缆数量/条	电缆平均长度/m	电缆总长度/m	备注
			26号柜 中兴8908	23号柜 直流配电柜				
1	-48 V电源线	RVVZ1×25 mm²	●——●		2	20	40	厂家供料建设单位负责施工
2	工作地线	RVVZ1×25 mm²	●——●		2	20	40	厂家供料建设单位负责施工
3	保护地线	RVVZ1×35 mm²	●——●		1	20	20	厂家供料建设单位负责施工

主管		审核		××通信科技有限公司
设计总负责人		制图		××运营商IP城域网优化工程竣工图 ××机房电力电缆走线路由图及布线计划表
单项总负责人		单位、比例	mm、1：100	
设计		日期		图号 02/05

图 2-48　机房电力电缆走线图及布线计划表

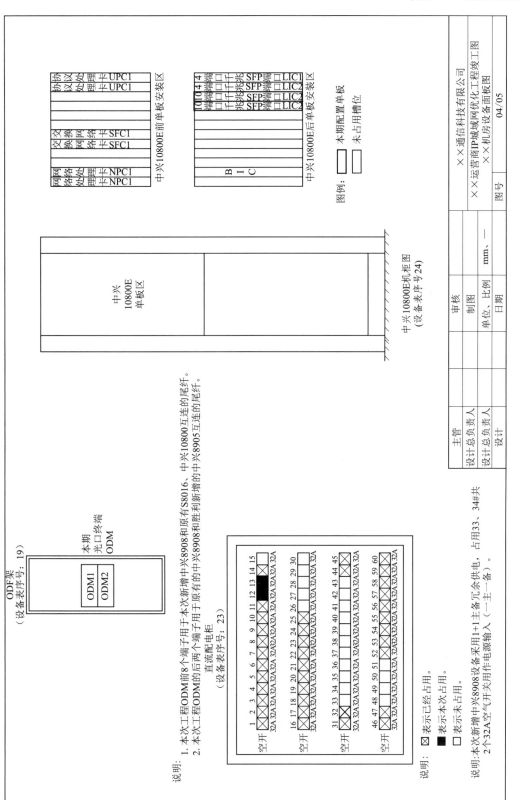

图 2-49 机房设备面板图 (1)

139

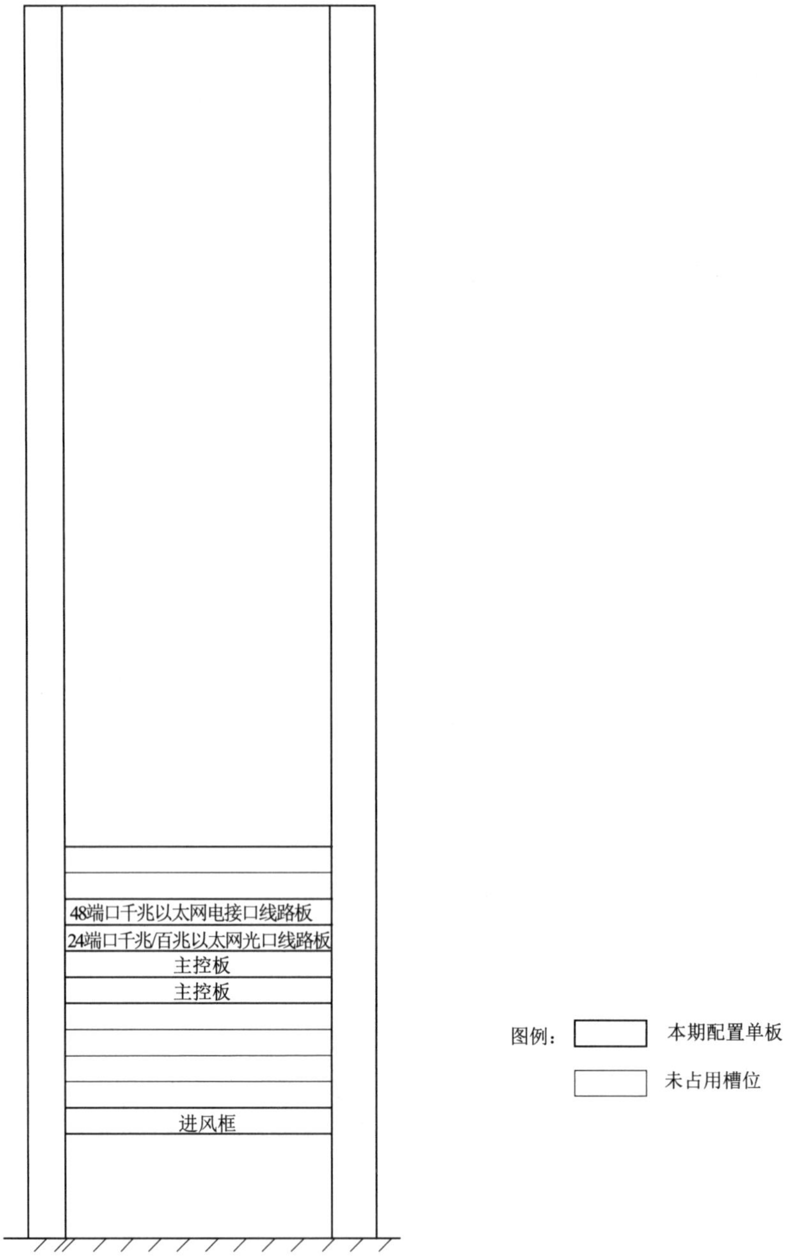

48端口千兆以太网电接口线路板
24端口千兆/百兆以太网光口线路板
主控板
主控板

进风框

图例：

本期配置单板

未占用槽位

ZX8908机柜图
(设备表序号26)

主管			审核		××通信科技有限公司	
设计总负责人			制图		××运营商IP城域网优化工程竣工图	
单项总负责人			单位、比例	mm、—	××机房设备面板图	
设计			日期		图号	05/05

图 2-50　机房设备面板图（2）

实训项目

实训项目2-2：在 15 m × 10 m × 3.5 m（长×宽×高）的空白机房中（机房两端贴墙各有一处宽 2 m 的双开门），建设如图 2-51 所示的传输网络，试设计其整套施工图纸。要求：

1. 进行环网保护。

2. 每个站点能上下 2 个 34 M 和 21 个 2 M业务。

3. 机房采用上走线方式，接地、电源、空调不属于本次设计范畴。

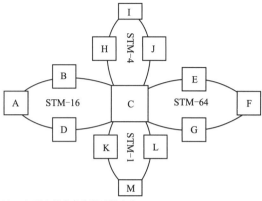

注：各环上的业务为顺时针方向。

图 2-51　传输系统结构图

任务 2-3　无线通信设备安装工程勘察与施工图设计

任务指南

一、任务工单

项目名称	2-3：无线通信设备安装工程勘察与施工图设计	目标要求	1. 熟悉无线通信设备安装工程勘察流程与要求； 2. 具备依托 CAD 平台设计并绘制基站设备安装工程图纸的能力
项目内容（工作任务）	（一）任务背景 　设计指定区域新建基站工程的施工图。均采用 GSM 900 MHz 制式、系统模式为 S2/2/2，并假设该区域无 GSM 覆盖。本次任务执行时划分成六个小组，各小组的指定区域分别为党校、一职校、二职校、城职院、铁职院和鹿山学院；要求根据覆盖需求选定基站站址，并以此为基础设计其施工图。 （二）工作内容和时间安排 【2 学时】熟悉工具仪表操作使用，熟悉新建基站工程勘察设计流程和规范要求； 【2 学时】完成区域站点的勘查，绘制草图，填写勘查报告【参考教材格式】； 【4 学时】完成整套施工图纸的设计。 （三）作品提交内容与要求 (1)草图；(2)勘察报告；(3)成套施工图纸；(4)考核标准与评分表【小组自行填写组别信息、记录执行情况】		
工作要求	1. 小组合作完成；2. 执行过程考核与根据提交的作品考核相结合；3. 在开展下次任务之前提交有形作品		
备注	提交作品要求：1. 所有图纸放入一个 CAD 文件；2. 命名：班级＋组号		

二、作业指导书

项目名称	2-3:无线通信设备安装工程勘察与施工图设计	建议课时	8
质量标准	勘查过程中工具仪表使用的规范程度;勘查过程中信息收集的详尽程度;草图绘制的规范性;施工图纸的规范性		
仪器设备	激光测距仪,罗盘,GPS,草图绘制工具等;计算机,CAD 制图平台		
相关知识	基站设备安装工程勘察的流程和规范要求;基站设备安装工程设计的规范要求;基站设备安装工程图纸的规范与要求;基站设备安装工程成套图纸的组成		
注意事项	"安全第一、预防为主","团队一体、协同作业"		
项目实施环节（操作步骤）	(一)勘察准备 1. 知识积累:掌握基站设备安装工程勘察和设计的规范要求,理解基站设备安装工程勘察的程序和流程,掌握仪器仪表的操作使用方法; 2. 资料准备:区域平面图、选定站点建筑物结构图; 3. 工具准备:激光测距仪、罗盘、照相机、GPS、绘图板、铅笔、A4 纸; 4. 前期组织:小组召开会议,确定勘察计划,人员分工可参考如下配备: 站点规划组(2~3 人)、机房布局勘察组(1~2 人)、线缆组(2~3 人)、协调联系组(1 人),可视具体情况适当增减人员配置。 (二)实地勘察 1. 各分组的工作内容 (1)站点规划组:负责基站站址选取,并且确定基站机房所需设备的类型和型号;空调无须考虑,属动力专业辖区; (2)机房布局组:在站点规划组的配合下,完成基站机房的勘查,并确定设备的平面布局,形成机房平面布局草图; (3)线缆组:勘查并确定天线安装位置和安装方式,勘查并确定馈线走线方式和走线路由,形成天馈系统草图; (4)协调联系组:负责整个项目组的协同作业。 2. 技术细节 (1)无线通信面临最大的问题是干扰,需要适当注意天线的朝向; (2)传输部分以基站机房 ODF 或 DDF 为界,配线架至上游站点侧无须考虑,属传输专业责任范围; (3)注意各环节的安全防护,特别是天馈系统的勘查。 (三)施工图绘制 1. 整理勘察记录与草图,形成勘察报告; 2. 再次研讨、论证、确认工程方案,绘制施工图; 3. 小组归纳总结,按要求提交各环节资料。		
参考资料	教材相关章节,《数字蜂窝移动通信网 900/1 800 MHz TDMA 工程设计规范(YD/T 5104—2015)》《边远地区 900/1 800 MHz TDMA 数字蜂窝移动通信工程无线网络设计暂行规定(YD/T 5161—2007)》《电信机房铁架安装设计标准(YD/T 5026—2005)》《移动通信直放站工程设计规范(YD/T 5115—2015)》《移动通信工程钢塔桅结构设计规范(YD/T 5131—2005)》《通信局(站)防雷与接地工程设计规范(YD 5098—2005)》		

三、考核标准与评分表

项目名称		2-3：无线通信设备安装工程勘察与施工图设计			实施日期	
执行方式	小组合作完成	执行成员	班级		组别	

	类别	序号	考核分项	考核标准	分值	考核记录（分值）
考核标准	职业技能	1	执行过程考核	工具、仪器仪表的操作是否准确规范，是否注意对其保养和爱护；任务执行过程中协同作业情况	20	
		2	草图	内容翔实程度和图纸规范程度	15	
		3	勘察报告	内容翔实程度和图纸规范程度	15	
		4	施工图纸	内容的完整性、图形符号的规范性、技术细节的准确性	40	
	职业素养	5	职业素养	无违反劳动纪律和不服从指挥的情况	10	
			总　　分			
执行记录	填写要求：（包括执行人员分工情况、任务完成流程与情况、任务执行过程中所遇到的问题及处理情况）					

相关知识

一、工程勘察

（一）新建站或搬迁站的勘察

考察站点的地理位置，了解周围基站的建站情况、该站的建站目的。

1. 站址的选择

①站址应有安全环境，不应选择在易燃、易爆的建筑物和堆积场附近。

②站址应选在地形平坦、地质良好的地段。应避开断层、土坡边缘、古河道和有可能塌方、滑坡和有开采价值的地下矿藏或古迹遗址的地方。

③站址不应选择在易受洪水淹灌的地区。如无法避开时，可选在基地高于要求的计算洪水水位 0.5 m 以上的地方。

④当基站需要设置在飞机场附近时，其天线高度应符合机场净空高度要求。

⑤不宜在大功率无线发射台、大功率雷达站、高压电站和有电焊设备、X 光设备或产生强脉冲干扰的热和机、高频炉的企业或医疗单位设站。

2. 机房的查勘

（1）机房选择的强制要求

①机房面积应充分考虑设备排列、维护空间，其面积建议为：对于标准站，自建机房面

积要求不小于 20 m²，以 20 m² 为主，净面积(使用面积)为 5 m×4 m×3 m(长×宽×高)；租用机房净面积不小于 6 m×3.5 m×3 m(长×宽×高)，若达不到该面积标准，可考虑租赁两间，单独用一间摆放蓄电池组，另一间摆放设备；但宏基站的机房面积不能小于 9 m²(3 m×3 m)。最后，房间的平面形状为长方形时比正方形的利用率要高，因此优先选择长方形的房间。

②机房应尽量靠近天面所在地。

③一般机房净高应不低于 2.7 m，加固机房房屋净高应不低于 2.8 m。

④机房楼板荷重必须满足设备的承重要求。

(2)机房环境

①租赁机房应无漏雨、无渗水，并保证墙壁及地面充分干燥。

②租赁机房原则上应将内部水暖器材、管道和阀门全部拆除，用防火泥将其封堵；如遇特殊情况管道无法拆除的，应做铁制品堵漏处理。

3. 关于机房数据的填写

(1)机房需询问数据的填写

①填写基站的站名、具体站址、设备运输条件、基站的配置、选用的设备；

②了解机房的租金，如未定，应及时向建设单位了解；

③了解机房是框架结构、还是砖混结构，可向物业或建筑所查勘人员了解；

④了解该楼房层数、机房所在的位置、有无电力室，在几层。

(2)机房相关数据的测量

①机房的形状，尺寸(长、宽、层高、梁下净高)。

②机房门和窗户的位置、尺寸，窗户下沿离地高。

③在机房内测量机房的走向，偏北几度。

④根据建设单位提供的站型初步考虑设备的摆放位置，特别要考虑蓄电池的摆放；设备摆放位置通常选取比较容易加固的地方。

⑤确定走线架的安装方式，即确定走线架安装是吊挂式还是支撑式。

● 吊挂式用于机房无天花板、上层楼板可承受一定重量的场景；

● 支撑式用于机房有吊顶或机房屋面为彩钢板、水泥瓦等不能打膨胀螺钉、不能承受重量的场合。

⑥初步确定机房馈线洞的位置，最终需结合屋面馈线的布放来确定。

⑦初步确定穿墙洞的位置，最终需结合屋面地线引下线的位置来确定。馈线洞和穿墙洞位置确定的一般原则是，即便于走线、又不妨碍建筑的整体外观。

4. 屋面的查勘

屋面的查勘是基站查勘的一个重点。

①需将屋面的形状、尺寸、隔热层高度、有无阻挡物、屋面层数、是否有女儿墙、是否有避雷带等信息记录下来；若无避雷带，则需确定新增避雷带以及引下线位置。

②需与建设单位人员配合，合理地确定天线安装的位置、天线辅助杆的高度、天线的方位角、下倾角；如 C1 天线朝向为 100°、下倾 8°、安装在 3 m 高的支撑杆上，则可在查勘草图上表示为：C1/100°/8°/3 m。

- 要求天线主瓣方向 100 m 范围内无明显阻挡;
- 应保证空间分集距离不小于 3 m,即同一扇区的两根分集天线之间的距离不小于 3 m;
- 和其他系统天线不能相互遮挡,影响对方系统的正常收发;
- 为了避免和其他系统相互干扰,必须保证两系统之间要垂直隔离 2 m 以上;
- 基站中不同频率的发射天线相邻时,应保持一定的水平或垂直间距,间距的大小按照隔离度要求确定;
- 当两系统天线非平行放置时,不允许两天线指向交叉,应使两天线背面相对;
- 除了无线空间隔离外,在有条件的情况下,应当充分利用楼顶建筑物使两个系统天线相互隔离。

③新增屋面立杆需立在框架柱顶、框架梁端或承重墙上。

④测量基站的经度、纬度。

⑤根据网络规划优化要求,并与建设单位人员一起确定使用的天线型号。

⑥确定屋面馈线的布放方式。

- 有女儿墙,馈线沿女儿墙布放;
- 没有女儿墙或女儿墙很矮、分段不连续,可考虑用屋面馈线走道;并且确定屋面馈线走道的位置,不得妨碍屋面上人的正常走动,馈线走道宽度不超过 300 mm。

⑦结合机房的情况确定馈线引入机房的位置。

⑧室内外地排引下线引下的位置以及入地点的位置。

5. 关于铁塔的查勘

(1)地面自立塔的选址要求

地面自立塔可以根据需要建为房边塔、落地房上塔和房上塔,一般塔高≥40 m 时才考虑建落地房上塔。建设地面自立塔所需场地的大小取决于塔脚根开大小、基础形式、场地地形和周边环境,通常采用桩基时需要的场地比浅基小。另外,考虑到基础施工时可能需要放坡开挖和临时堆土,征地时不宜太紧凑,否则设计时基础选型可能会受限并影响后期基础的施工。自立塔的根开大小详情见表 2-11。

表 2-11 自立塔的根开大小

塔高/m	根开 A/m	最小征地宽度 B_1/m	理想征地宽度 B_2/m	山头站点考虑边坡稳定的场地最小宽度 B_3/m	
				桩基础	浅基础
20	4×4	8	10	11.5	13
25	4.5×4.5	8.5	10.5	12	14
30	5×5	9	11	12.5	15
35	6×6	10	12	13.5	16
40	7×7	11	13	14.5	17
45	7.5×7.5	11.5	13.5	15	17.5
50	8×8	12	14	15.5	18

注:表中自立塔根开是设计常用值,个别站点须根据风压、地形地貌等条件进行调整。

房上塔或落地房上塔的征地大小及场地平面布置可参考图 2-52。房边塔的征地应考虑机房的大小以及机房与铁塔的相对位置,场地平面布置可参考图 2-53。

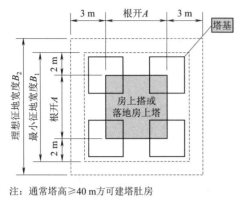

注:通常塔高≥40 m方可建塔肚房。

图 2-52 房上塔或落地房上塔示意图

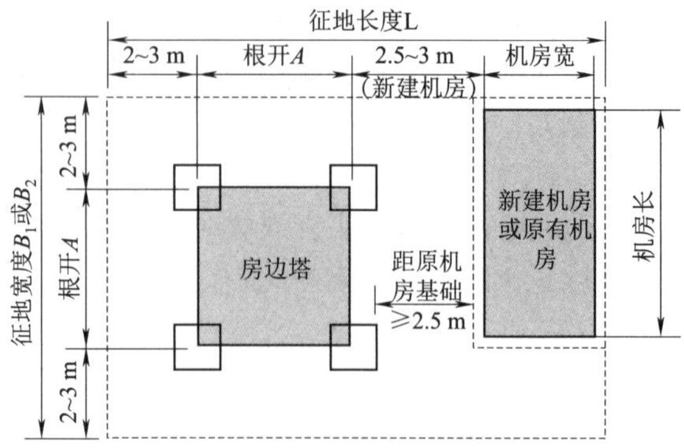

图 2-53 房边塔示意图

除征地要求外,地面自立塔选址尚应注意以下问题:

①若铁塔建于山头,要求塔基外边缘距山坡顶边不小于 3 m,山坡坡度不宜太陡(≤60°),且植被发育良好,地质结构稳定,如图 2-54 所示。

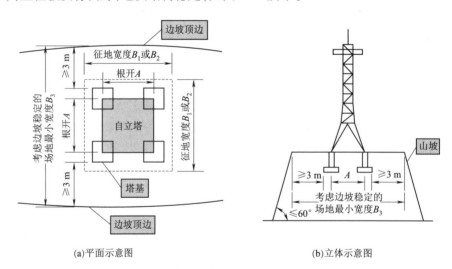

(a)平面示意图 　　　　　　　　　　(b)立体示意图

图 2-54 山头站点地面自立塔场地示意图

②塔基外边缘距邻近原有建筑物(构筑物)基础外边缘、河道、水塘等不宜小于 3 m;当原有机房体量较小时,新建铁塔基础外边缘距原有机房基础外边缘也不宜小于2.5 m。

③塔身外边缘与邻近的电线的净距离应满足通信工艺及铁塔安装的最低要求,一般要求离低压电线不小于 5 m,距高压电线不小于 15 m。

(2)单管塔的选址要求

单管塔(仅房边塔)本身占地面积不大(2 m² 左右),建设单管塔所需场地的大小主要取决于基础形式,采用单桩基础时需要的场地比多桩基础小,少数情况会考虑圆形独立基础或带圆形承台的岩锚基础,所需场地大小与多桩基础相近,详情见表2-12。

表 2-12　单管塔的征地宽度

基础形式	平地最小征地宽度/m	山头站点考虑边坡稳定的场地最小宽度 B_3/m
单桩	5(B_1)	8
多桩或浅基	8(B_2)	10

注:山头站点通常地质情况较好,绝大多数站点可采用单桩基础。

由表2-12可知,单管塔的理想征地宽度 B_2 为 8 m,最小征地宽度 B_1 为 5 m。

单管塔均为房边塔,征地时除了铁塔,尚应考虑机房的大小以及机房与铁塔的相对位置。单管塔平面布置可参考图2-55。

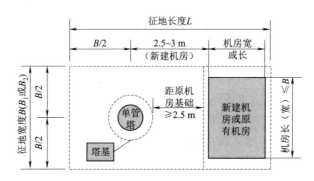

图 2-55　单管塔场地示意图

除征地要求外,单管塔选址尚应注意以下问题:

①由于单管塔塔段长,质量大,对运输及安装条件要求较严格,因此建塔场地宜选择在交通便利的地方,大车能到达现场,尽量避免建于山上。

②若单管塔建于山上(满足运输及安装条件),拟征场地平整后宽度应不小于 8 m,且塔基外边缘距山坡顶边不小于 3 m,山坡坡度不宜太陡(宜≤60°),且植被发育良好,地质结构稳定,如图 2-56 所示。

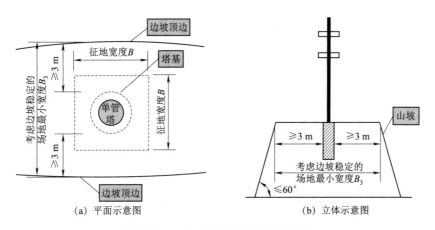

（a）平面示意图　　　　　（b）立体示意图

图 2-56　山头站点单管塔场地示意图

③塔基外边缘距邻近原有建筑物(构筑物)基础外边缘、河道、水塘等不宜小于3 m;当原有机房体量较小时,新建铁塔基础外边缘距原有机房基础外边缘也不宜小于2.5 m。

④单管塔与邻近的电线的净距离应满足通信工艺及铁塔安装的最低要求,一般要求离低压电线不小于5 m,高压电线不小于15 m。

(3)H形杆的选址要求

在山区、公路等区域设置的微蜂窝、射频拉远等基站可以采用H形杆的方式架设天线。H形杆的主杆可以采用水泥杆制作,也可以采用钢管制作。前者伸出地面高度通常不大于10 m;后者可以视为拉线塔的一种,其高度通常不超过18 m。采用H形杆占地面积小,投资低,是快速建站的一种方式。

H形杆拉线与水平面的夹角应小于65°,拟征场地应有足够的宽度可供拉线展开,征地面积可参考表2-13,其场地布置可参考图2-57。

表2-13 H形杆的征地面积

H型杆伸出地面高度/m	8			10		
平面布置参数/m	A	A_2	L_2	A	A_2	L_2
	2.3	2.3	3.8	2.3	4.1	5.5
征地大小 $L \times B$/m	10.6 ×6.3			14 ×7.1		
全面征地面积/m²	67			100		

注:①8 m和10 m高H形杆的水泥杆长度分别为10 m和12 m;

②条件允许时,征地可仅征水泥杆基础面积(每个用地约4 m²),拉锚基础可不用征地,仅作青苗赔偿,从而大幅度减少征地面积;

③L_1、L_2、A_2应根据山高、风压、地形进行调整,征地大小应相应调整。

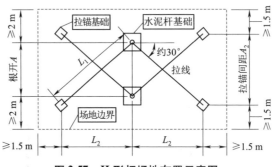

图2-57 H形杆场地布置示意图

除征地要求外,拉线塔选址还应注意以下问题:

①若H形杆建于山上,要求水泥杆基础外边缘距离边坡顶边不小于3 m,即平整后场地宽度应不小于7 m×10 m。

②若拉锚基础建于山坡上,要求山坡的坡度不宜大于45°,且植被发育良好,地质结构稳定。

③H形杆杆身及拉线与邻近电线的净距离应满足通信工艺及H形杆安装的最低要求,一般要求离低压电线不小于5 m,距高压电线不小于15 m。

6. 其他情况

①了解市电引入情况,当地电压是否稳定。如是自建机房还需了解是否需新增变压器、当地电压是否稳定。宏蜂窝基站交流供电系统,就近引入一路较可靠的 380 V 市电电源。微蜂窝、直放站和射频拉远基站一般采用交流供电方式,就近引入一路较可靠的 380 V 或 220 V 市电电源。根据负载的实际功耗需求,一般来说室内基站市电引入容量不宜小于 20 kVA,室外基站不宜小于 10 kVA。

②部分宏基站与微蜂窝基站采用 220 V 供电,应向建设单位提出基站的用电需求,由其与业主沟通电源的引入点,并记录交流引入线路由。

③了解中继使用情况,现场无法确定,设计时需及时了解。

④关于地阻,如局方有要求测量的就用,如无要求的则在设计中提出地阻要求。

(二)扩容站、替换站和改型站

1. 机房的查勘

①查勘前需查找原有设计资料,打印好与查勘表格订在一起。如无原有设计资料,则在机房查勘时画出原有设备及排列位置。

②现场查勘时,先在查勘表格上填写扩容站站名、站号、站址,扩容规模,经纬度等资料。

③机房内是否有活动地板,活动地板高度,原有设备是否有加固。

④了解机房内现有设备的情况与原设计图纸的差别,机房的走向,偏北几度。

- 各设备的摆放位置与原图纸是否吻合;
- 基站主设备的型号、站型、原有合路器、每架设备的载频数与信道板数;
- 高频开关电源设备的厂家、型号、容量、模块的使用情况、空开的使用情况;
- 蓄电池的厂家、型号、容量以及使用时间;
- 交流挂箱或交直流屏的型号、各空开的使用情况,与 PS、AC 等设备的连接情况。

⑤了解机房内走线架与原设计图纸的差别

- 主走线架的位置、走线架的宽度、离地高度;
- 辅助走线架的位置、走线架的宽度、离地高度;
- 垂直走线架的位置、走线架的宽度;
- 馈线洞、穿墙洞的位置。

⑥机房内室内地排的位置、离地高度、地排孔位是否已占满。

⑦机房内各线料的布放路由。

⑧考虑新增设备的摆放位置,是否需要土建加固,对于机房内的替换设备应做好替换阶段的设备割接。

2. 屋面的查勘

①房屋的走向(偏北方向的夹角)。

②屋面立杆的情况。

- 屋面的形状、尺寸与原有图纸是否吻合;
- 屋面原有立杆的位置、杆高;
- 馈线的布放方式、路由;
- 室外地排的位置及其孔位是否已占满;

- 现有天线方位角、下倾角;
- 有新增立杆或抱杆,考虑新增杆的安装位置,与建设单位人员一起确定天线方位角、下倾角、杆高(新增屋面立杆或抱杆的要求参见新建基站)。

③铁塔的情况

- 铁塔与机房的相对位置;
- 铁塔的高度、有几层平台,各平台的天线安装情况;
- 铁塔馈线走道的宽度、与机房的相对位置。

3. 其他情况

①了解市电引入情况,如变压器容量不足需向建设单位提出扩容。

②了解中继使用情况,现场无法确定,设计时需及时了解。

③填写完整查勘表,交于建设单位人员确认。

二、规划设计

(一)机房

1. 机房环境

①机房应安装外开防盗门,门洞宽不小于 0.9 m,高不小于 2 m,自建机房门上应设雨篷。门槛加高并做防水处理。

②机房内墙面应采用白色涂料,不掉灰,不起尘,外墙面采用清水墙。

③自建机房不设窗户;租赁机房如有窗户,应有遮光措施。

④机房应无漏雨、无渗水,并保证墙壁及地面充分干燥。

⑤租赁机房原则上应将内部水暖器材、管道和阀门全部拆除,如遇特殊情况管道无法拆除的,应做铁制品堵漏处理。

2. 机房供电系统标准

①机房配备专用交流配电箱。一个 100 A(供市电引入使用)、一个 63 A(供开关电源使用)与两个 32 A 的三相空开(供空调使用),另外配电箱必须具备两路市电转换装置,方便油机接入。

②机房应设照明用灯,材料使用 2 盏 40 W 日光灯,日光灯不宜安装在设备的正上方,并设置 1 个开关,开关置于进门顺手处。

③机房应配备 220 V 电源插座,适于日常维护和夜间抢修。

3. 机房承重

①机房楼板荷重必须满足设备的承重要求,如机房荷重不满足设备的承重要求,需请专业人员对其进行加固设计。

②蓄电池必须尽量靠近框架梁或大的次梁放置。

(二)基站设备

①设备机架安装需以不影响主设备扩容和维护为原则。

②设备安装时应留有足够的操作维护空间:

- 机架背面和墙之间不小于 100 mm,如需要背部操作,距离应不小于 600 mm;

- 机架侧面和墙之间不小于 100 mm;
- 机架之上不小于 300 mm;
- 机架前方不小于 800 mm。

③主机柜和扩展机柜须可靠互连,机柜叠放须防震加固安装,保证牢固、可靠。

④根据不同设备类型对电流的需求,接至适宜的空气开关或熔断器。

⑤设备保护接地:

- 每个机架保护地必须独立与室内接地排相连,不能复接;
- 设备机架或金属外壳保护接地导线必须是不小于 35 mm² 的多股铜导线,导线颜色应为黄绿线;
- 接地线应避免不必要的绕路和拐直角。

(三)室内走线架、馈线窗以及地排

1. 室内走线架

①走线架的安装位置、安装高度在满足正常高度要求下,走线架的高度应不低于2 200 mm。

②走线架宽度应不小于 400 mm。

③两列走线架之间连接时,须加列间走线架。

④室内所有走线包括馈线、跳线、电源线、电池线、传输线必须经走线架。

⑤走线架末端应与馈线孔相连,并与馈线孔下沿持平或相适应。

⑥走线架应与室内接地铜排可靠连通,接地线应采用不小于 35 mm² 的黄绿色铜导线。

2. 馈线窗

馈线窗位置下沿应与室内走线架持平或高于室内走线架 100 mm,大小与封洞板适配。如有特殊情况(如房屋较低等)也可安装于走线架下方。

3. 地排安装标准

基站室内外铜排原则上需要 2 个(内外各一个),室内地排应安装于距配电箱小于 1 m 的位置。室内铜排下沿应高出走线架 150 mm,室外铜排上沿应低于走线架 200 mm;铜排与墙面应用黄色绝缘子隔离安装。

(四)机房空调

1. 机房空调配置要求

机房空调容量按设备发热量参数以及机房面积等因素确定,具体配置参照表2-14。

表 2-14　机房空调配置表

机房面积/m²	设备耗电量	空调机配置	空调机类型
A≤10	≤2 000	1.5P	冷风型舒适性空调机
	>2 000	2P	
10<A≤20	≤2 000	2P	
	>2 000	3P	

2. 室内机

①室内机安装位置应与通信设备保持一定距离。

②壁挂空调不能安装在设备顶部。

③室内机安装的位置应有利于通信设备的冷却及冷热风的交换。

④空调电源应在交流配电箱中设置独立空开,电源线走线整齐统一,明线应外加 PVC 套管。

3. 室外机

①室外机与室内机之间的距离应尽量短,以利于发挥空调的效率。

②室外机应根据机房的实际情况选择安装方式,以保证冷凝水的安全排放。

③室外机安装必须保证维护方便。

- 室外机正前方散热空间应大于 1 500 mm;
- 两台室外机之间的距离应不小于 450 mm;
- 柜机空调室外机固定于墙面时应使用专用支架,离墙面距离应在 200 ~ 400 mm。

④室外机必须安装在高于地面 300 mm 以上的铁架上。

(五)电源

移动通信基站供电设备正常不带电的金属部分、避雷器的接地端均应作保护接地,严禁作接零保护。

1. 交流电的引入

①自建基站交流供电线路进机房前采用套钢管埋地的方式引入机房,埋地长度 15 m 以上;有困难的基站,也可以采用铠装电缆埋地引入方式。

②购置机房、租赁机房基站市电引接一般分为两种:一种大楼低压电力室供电满足基站需求,直接从大楼电力室交流配电屏上引电;另一种大楼低压电力室供电不满足基站需求,需要从附近足够容量的变压器上引接。

③交流电缆不宜从馈线窗引入,应在配电箱侧就近打孔引入,穿墙孔应用防火泥密封。

2. 交流配电箱标准

交流配电箱固定于馈线窗所在的墙面上,交流配电箱下沿距离地面高于 1.4 m。

3. 三相电要求

①应使用绝缘护套颜色为黑色的三相五线制铜芯阻燃聚氯乙烯普通软电缆或三相五线制铜芯黑色铠装阻燃聚氯乙烯绝缘护套软电缆。

②电力电缆三相线线径应不小于 25 mm^2,中性线不小于 10 mm^2。具体进站电缆材料截面配置如表 2-15 所示。

表 2-15 电缆材料截面配置

交流配电箱	规格型号	截面积/mm^2	备 注
输入 100 A 开关	RVVZ	4 × 35 + 1 × 10	引入距离大于 800 m
输入 100 A 开关	RVVZ	4 × 25 + 1 × 10	引入距离小于 800 m

③电涌保护器:

- 电力电缆在进入基站机房后,按照实际需求在交流配电箱输入端加装电涌保护器。城区租赁、购置机房基站一般不单独设置电涌保护器设备,只在交流配电屏中新增限压型、标称通流量为 25 kA 避雷模块;高山上基站考虑单独设置电涌保护器,要求是限压型、标称通流量为 60 kA。

● 电涌保护器的安装位置固定于馈线窗所在的墙面上,电涌保护器下沿距离地面高于 1.4 m,必须保证各接线柱引线最短,并保证通风、防潮。

4. 电源线

①交流电源线、直流电源线、射频线、地线、传输线、控制线应分开敷设,避免在同一线束内,不要互相缠绕,要平行走线,其间隔尽可能大,应至少预留 100～150 mm 空间。布线整齐,尽量直角弯曲。

②交流电源线和直流电源线不能交叉。

5. 接地线

①电源工作地线和保护地线与交流中性线应分开敷设,不能相碰,更不能合用。

②设备接地线连接越短越好。

③接地线不应与电缆线并排。

(六)桅杆与室外走线架

1. 桅杆

楼顶采用桅杆安装天线时,新增屋面桅杆需立在梁柱位上,每根桅杆应分别就近接至楼顶避雷带。

2. 室外走线架

①室外走线架位置正确,应在馈线窗下沿。室外走线架宽度,应大于 400 mm。

②从铁塔和桅杆到馈线窗之间必须有连续的走线架。

③室外走线架路径合理,便于馈线安装并满足馈线转弯半径要求。

(七)馈线

1. 强制要求

馈线进入机房后与通信设备连接处应安装馈线避雷器,以防来自天馈线引入的感应雷。带有接地端子的馈线避雷器,接地端子应就近引接到室外馈线入口处接地排上。

2. 馈线的布放

①馈线不能悬空布放,必须沿女儿墙或室外馈线走道布放。

②严禁天线与 7/8 英寸或 1-5/8 英寸馈线直接相连,应先与 1/2 英寸跳线连接,再连接 7/8 英寸或 1-5/8 英寸馈线。

③馈线的尾部入室前要作出一个回水弯,以防止雨水顺馈线流入基站机房。

3. 馈线卡子

①馈线卡子使用二合一或三合一。

②馈线水平安装时建议用馈线卡子每隔 800～1 000 mm 固定。

③馈线垂直安装时建议用馈线卡子每隔 600～800 mm 固定。

4. 馈线避雷接地

①馈线长度在 10 m 以内需一点接地,直接与馈线窗外接地排可靠连接。

②馈线长度在 10～20 m 以内需两点接地,两点分别在靠近天线的馈线汇接处和靠近馈线窗处,分别与接地扁铁和接地排可靠连接。

③馈线长度在 20～60 m 以内需三点接地,三点分别在靠近天线的馈线汇接处、馈线下

塔拐弯处和靠近馈线窗处,分别与接地扁铁和接地排可靠连接。

④馈线长度在 60 m 以上需四点接地,四点分别在靠近天线的馈线汇接处、垂直馈线中部、馈线下塔拐弯处和靠近馈线窗处,分别与接地扁铁和接地排可靠连接。

⑤馈线接地不能复接。馈线接地线的方向应与避雷带引下方向一致。

⑥室内馈线与跳线接头处馈线避雷器有接地端子的,接地线必须引接到室外接地排。

(八)避雷与接地标准

1. 强制要求

①基站防雷与接地的要求按照信息产业部颁布的《通信局(站)防雷与接地工程设计规范 YD 5098—2005》执行。

②通信局站的建筑物(或铁塔)应安装既能防直击雷又可抑制二次雷击效应的防雷装置。

③移动通信基站应按均压、等电位的原理,将工作地、保护地和防雷地组成一个联合接地网。各类接地线应从接地汇集线或接地网上分别引入。各类接地线应短、直,确保泄放路径最短。

2. 性能指标

①宏蜂窝基站机房、边际站接地电阻: < 10 Ω。

②当地网的接地电阻值达不到要求时,可扩大地网的面积,即在地网外围增设 1 圈或 2 圈环形接地装置。环形接地装置由水平接地体和垂直接地体组成,水平接地体周边为封闭式,水平接地体与地网宜在同一水平面上,环形接地装置与地网之间以及环形接地装置之间应每隔 3 ~ 5 m 相互焊接连通一次;也可在铁塔四周设置辐射式延伸接地体,延伸接地体的长度宜控制在 10 ~ 30 m 以内。还可以使用化学降阻剂法、换土法等。

3. 接地系统

基站应采用联合接地系统,铁塔、桅杆地网、变压器地网应与机房地网作两点以上的可靠焊接,如图 2-58 所示。

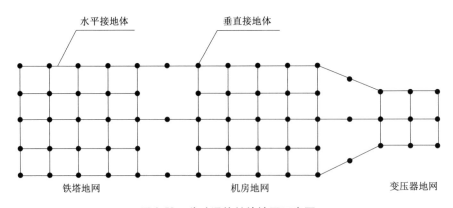

图 2-58 移动通信基站地网示意图

(1)机房地网

机房应在机房建筑物散水点以外设环形接地装置,并利用机房建筑物基础横竖梁内两根以上主钢筋共同组成机房地网。机房建筑物基础有地桩时,应将地桩内两根以上主钢筋与机房地网焊接连通;机房设有防静电地板时,应选用截面积不小于 50 mm² 的铜导线在地板下围绕机房敷设闭合的环形接地线,并从接地汇集线上引出不少于两根截面积为 50 ~ 75 mm² 的铜质接地线与引线排的南、北或东、西侧连通,参见图 2-59。

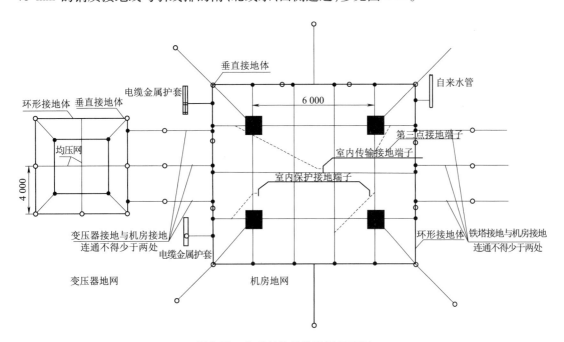

图 2-59　自建基站接地装置示意图

（2）铁塔地网

通信铁塔位于机房旁边时,铁塔地网应延伸到塔基四脚外 1.5 m 远的范围,网格尺寸不应大于 3 m×3 m,其周边为封闭式,并利用塔基地桩内两根以上主钢筋作为铁塔地网的垂直接地体,铁塔地网与机房地网之间应每隔 3 ~ 5 m 相互连通一次,连接点不应少于两点;通信铁塔位于机房屋顶时,铁塔四脚应与楼顶避雷带就近不少于两处焊接连通,并在机房地网四角设置辐射式接地体,参见图 2-59。

（3）变压器地网

电力变压器设置在机房内时,其地网可合用机房及铁塔地网组成的联合地网;电力变压器设置在机房外,且距机房地网边缘 30 m 以内时,变压器地网与机房地网或铁塔地网之间,应每隔 3 ~ 5 m 相互焊接连通一次(至少有两处连通),以相互组成一个周边封闭的地网,参见图 2-59。

接地体宜采用热镀锌钢材,钢管（φ50 mm,壁厚不应小于 3.5 mm）、角钢（不应小于 50 mm×50 mm×5 mm）、扁钢（不应小于 40 mm×4 mm）;接地系统所有焊点均应作好防腐、防锈处理,参见图 2-60。

租赁民房或其他建筑作基站机房的,基站地网应与建筑物的主钢筋作两点以上的可靠连接;另设基站地网确有困难的,在确定建筑物的楼顶避雷带与建筑物主钢筋连接可靠、接地电阻符合要求的前提下,可从建筑物钢筋上分别以两点以上焊接引到基站的室外和室内接地排,作为基站的接地系统。在不了解大楼设计、施工情况时,不能利用机房内建筑钢筋作接地引入。在可能的情况下,接地网应与大楼水管、排污管等可靠连接。对于利用屋面避雷带作为馈线接地的,要求在设计查勘和施工前测试避雷带地阻,如不符合规范的则必须进行整改;针对租赁房屋面没有避雷带情况,应在屋面新增避雷带。

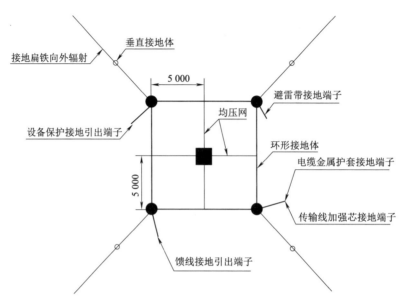

图 2-60　边际站接地装置示意图

4. 接地排及引线要求

①基站室外应在馈线入室口设置室外接地铜排,并与室外走线架、铁塔塔身和基站建筑物等保持绝缘;接地铜排应采用不小于 95 mm² 黄绿色铜导线或 40 mm×4 mm 的热镀锌扁铁就近与基站地网作可靠连接。

②基站室内接地排接地引入线长度不宜超过 30 m,接地引入线应采用不小于 95 mm² 黄绿色铜导线或 40 mm×4 mm 的镀锌扁铁。

③考虑到基站室内外地排接地引接线经常被盗情况,室外接地线可以采用 40 mm×4 mm 热镀锌扁铁两根引上,引出扁铁出地面 3 m,非自建房基站扁铁离地 3 m 处需钢管套装;引出扁铁与接地铜排之间连接采用 95 mm² 黄绿色铜导线,最大长度不超过 30 m,在铜铁相连处应作铜铁转换焊接。

④室外接地排和室内接地排在地网上的引出点距离应不小于 5 m。

三、勘察信息记录与填报

(一)勘察记录表

详见附录3(【素材】附录3:基站工程勘察记录表)。

(二)勘察报告填报

填写表 2-16 所示的勘察报告表。

表 2-16 **Site Survey Report 基站现场勘察报告**

Project:项目				
Site Name:现场名称		ID No: ID 号	Type: 类型	
Site Survey Made:现场勘察执行者		Date: 勘察日期		
Building and Equipment Room 楼房及机房情况描述:				
(楼房和房间的状态:地板、天花板、楼顶等;配线架及其端口,空调及其通风,电源、接地、防雷、照明等;进入路径、安保情况、围墙、设备搬运(电梯尺寸、门的尺寸等)、设备存储等) ······				
Antenna Installation 天线安装:				
(天线安装位置、配线架及端口等) ······				
Shortcomings 缺陷:				
(列出所有的缺陷) ······				
Results Opinion 建议:				
(对房间、天线、铁塔等的建议;设备安装现场是否适合预安装设备,或者是需要改进,若需要,列出所有需要改进的清单;若不适合,列出所有原因;明确的勘察结论) ······				
Signature of customer responsible: 客户代表签字		Date: 日期		
Signature of Nokia responsible: 公司代表签字		Date: 日期		

任务实施

一、图纸绘制

机房布置应按优先等级递减顺序,遵循以下原则:

1."安全第一"原则

(1)租用机房

①观察该楼房是否稳固结实、有无明显裂纹。

②城区基站机房内设备的安装必须考虑承重问题。设备列安装走向必须与预制板走向相垂直,以保证设备重量分摊在多块预制板上;机房在一楼可不考虑承重问题。机房在二楼及以上,蓄电池安装必须考虑采用槽钢加固。

(2)屋顶新建活动机房

观察活动机房安装位置附近楼房屋面的梁、柱体、墙体、墙体交叉等情况,详细准确地记录机房安装点的位置及尺寸。

2. 严格遵循电力电缆与信号电缆走线不交叉的原则

弄清并仔细绘制所有设备线缆的起止点、走线路由,严格做到线缆不交叉,保证给监理、施工方提供明确的信息。

3. 考虑工程施工方便性

根据门和馈线窗位置、房间长宽分布、预制板走向等因素合理安排设备在机房内的布置。如进门处须留出能方便搬运 2 000 mm×600 mm×600 mm 机架的较宽敞空间,交流配电箱前无设备阻挡、下缘距地 1 500 mm,安装、设备机架前后至少需留有 600 mm 的空间以方便施工操作。

4. 其他要求

①所有字体统一为"宋体",字高通常不小于 2.5,具体要求以打印后能看清楚为准。

②每个站点的图纸存为一个文件,以方便交流和审阅。

二、图纸内容与要求

(一)基站传输组织图(可选)

基站传输组织图为可选图纸,以客户具体要求为准。

(二)基站机房设备平面布置图(必选)

1. 重要性

机房设备平面布置图是机房走线架布置图、机房设备走线路由示意图等两张图纸的基础,机房内设备合理布局至关重要。

新机房的设备平面布置图,就是机房的整体布局规划。设计人员要基于责任心,向客户提供专业、可扩展性强、操作性强的方案,反应在图纸上要求整齐、不凌乱。

①所有城区站都必须先绘制出该图,交由项目组指定负责人审核通过后,才能进行后续图纸的绘制,以避免不必要的人工浪费。

②对于农村站,应先根据围墙开门、铁塔位置,确定机房的开门方向、馈线窗位置。

2. 图纸布局说明

机房设备平面布置图大体分为左右两部分:

①右边是设备表和说明,每个基站均需根据具体情况进行描述,其他需特别注明的情况也要在文字说明中体现。

②左边是机房内设备平面布置图,其中图标部分相对统一。

3. 机房内设备布置要求

①确定馈线窗在墙体的安装位置。

②根据机房内预制板走向,确定设备列走向、蓄电池安装走向、槽钢安装位置。

③根据勘察情况(开门位置、窗户位置、机房四周情况、馈线窗位置等)确定机房的分区,通常分为电源区、设备区两部分。

电源区:

a. 开关电源:无线基站机房中,设备馈线通过馈线窗往外布放到楼顶天面。考虑到将来扩容的需求,电源区应尽量设置在机房靠里、远离馈线窗的位置。

b. 蓄电池、交流配电箱:蓄电池、交流配电箱等只与开关电源有电源线缆连接,均布置在开关电源附近,共同形成相对独立的电源区。上述设备之间的连接线缆不会离开该区域,将来机房扩容,电源线与信号线也不会发生交叉。

根据避免强、弱电电缆交叉的原则,交流配电箱需安装在开关电源旁的侧墙上。室外交流引入线通过交流引入孔进入机房后,穿 PVC 管沿墙体上行到交流配电箱、与开关电源就近连接。

c. 交流引入孔、地线引入孔:交流引入孔、地线引入孔一般布置在蓄电池所在侧的外墙。但交流引入位置不同,可能导致交流引入孔在机房其他位置。如楼内引电,业主同意在楼内走线,则交流引入孔就可布置在交流配电箱侧的墙体上。

设备区:考虑机房的可扩展性,机房布置时需预留 1~2 个扩容机柜位置。对于超小型机房,需保证一个预留机柜位。

④地排、馈线窗、空调位置。联合接地排、馈线孔均需安排在走线架的正中位置。

4. 图纸绘制要求

(1)机房

①尺寸及比例:机房必须按照实际尺寸绘制,原则上绘制比例为 1:50。对于尺寸较大利旧机房,可先按照实际尺寸比例绘制完机房后,再把图框、图签、说明、图例等按照一定比例放大,以保证打印后整张图纸的比例和其他普通机房相一致。

②墙体:机房要求横长竖宽,四面墙体统一为 240 mm 厚,特殊材料、需处理部分(如新隔墙、彩钢板、120 mm 薄墙等)均需要特别注明。

③窗:窗户统一为蓝色、中部加一横线标注,并标注窗至两侧墙体的距离。

④门:门统一绘制为外开、1 000 mm 宽,开门方向以方便设备搬运为宜。

⑤机柜预留位:用虚线绘制机柜预留位置,给客户提供设备扩容后的机房布局。

(2)标注线

①标注线与字体高度接近、长度相当。

②同一排标注线高度须完全一致,同一区域内标注线的斜线应大致平行。

③标注线与墙体线、设备边缘线间距离为 100 mm,保证图纸美观协调。

(三)基站机房走线架布置图(必选)

绘制此图时,需要注意以下要点:

①和设备列平行的走线架,其前缘应平齐开关电源前缘正上方安装。

②竖走线架右缘平齐开关电源左缘安装。

③删掉无用信息,只保留和走线架相关的信息,如走线架、爬梯的标注,走线架相对于墙体距离的标注等。

(四)基站机房设备走线路由示意图(必选)

绘制此图时,需要注意以下要点:

①除蓄电池抗震支架保护地与蓄电池直流输入线可在爬梯处有交叉外,其他所有线缆均不得交叉。

②删除设备上方及附近走线架的短横线,以清晰体现所有线缆。

③线缆之间、线缆与设备边缘、线缆与走线架之间保持间隔一致,以打印后能清楚区分所有线缆为准。

④标注密集处,采用样图右侧的标注方法,保持整齐美观。

⑤所有线缆两端均需有箭头标注。

⑥绘图完成后,仔细检查所有线缆是否绘制齐全。

（五）基站机房电缆布放计划表（必选）

绘制此图时的主要要点包括：

①需仔细检查每根线缆的起、止点是否正确。

②计算线缆长度时，应注意加上线缆在转弯处的长度、走线架到地面的高度，各机柜需计算到底部并作适当预留。

③负责人只抽查主要线缆长度，不可能仔细核算电缆布放计划表中每根线缆的长度；设计人应在绘图时仔细核算，杜绝出现计划线缆长度短缺的情况。

（六）基站总体平面布置图（必选）

绘制此图时的主要要点包括：

①市区站标明楼房附近主要街道信息，并在各个方向大致标注附近主要的机关单位、宾馆、路口、重要建筑物等覆盖区信息。

②农村站需按方位标注附近主要村庄、公路、山脉的信息。

③培养良好的方位感，对每个基站附近的地理信息要分方位明确记录；便于后期做仿真或遗忘信息时，通过勘察记录在地图上分析勘察现场情况。

（七）基站天馈系统平面布置图（必选）

绘制此图时的主要要点包括：

①先按照楼房实际尺寸绘制出整体框架结构，再缩小到适应于图框的尺寸，放置在图框中，保持所有图框大小统一。

②正北方向、三个扇区方向方位角的信息标注。注意每个扇区的角度标注均以正北为起点按顺时针方向旋转计算。

③反映楼面的主要信息，包括移动、联通支撑杆、铁塔的相对位置、炮台等信息。

④绘制走线架路由、爬梯安装位置，并标注其段落长度。长度精确到 1 m，不足 1 m 按 1 m 计。

⑤用虚线绘制机房、机房开门、馈线窗的相对位置。

⑥绘制铁塔、每根抱杆的安装位置。

⑦绘制馈线第一、第二、第三接地点的位置。

⑧绘制 GPS 天线的安装位置。

⑨本图中只反映平面的角度信息，如正北方向、各扇区的方位角。天线挂高、下倾角等信息在侧视图中反映。

⑩天线机械下倾角，需根据勘察的实际情况，并结合规划的角度来确定。

（八）基站天馈系统安装侧视图（必选）

绘制时，以地面至天线底部位置计算天线挂高，准确标注天线挂高、下倾角及抱杆高度。

（九）基站机房装修示意图（可选）

此图为可选图纸，以客户具体要求为准。

三、工程案例

本工程为新建基站工程，其施工图纸如图 2-61 ~ 图 2-66 所示。

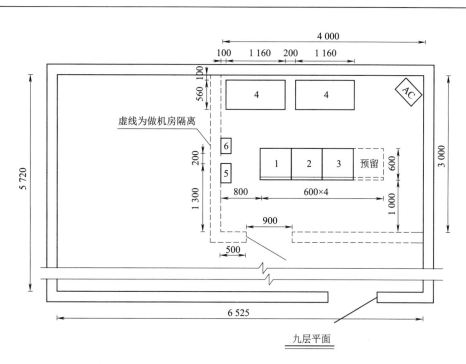

设 备 表

序号	设备名称	尺寸（宽×深×高，mm）	单位	数量	备注
1	开关电源	600×600×2 200	架	1	新增设备
2	传输综合架	600×600×2 200	架	1	新增设备
3	C网BTS设备机架	600×600×850	架	1	新增设备
4	蓄电池	1 160×560×1 000	组	2	新增设备
5	交流引入箱		个	1	自带油机市电转换开关新增设备,壁挂安装
6	防雷箱		个	1	新增设备,壁挂安装
7	2匹柜式空调		台	1	新增设备

注:
1. 本期工程新增交流引入箱、防雷箱安装在离地1 500 mm的墙上，安装时设备下沿须对齐。
2. 壁挂设备如无壁挂安装固件，可采用铁皮圈稳再用膨胀螺钉在铁皮上对墙加固。
3. 新增DDF单元、ODF单元和SDH设备均安装在传输综合架内。

图例：☐ 新增设备 ⌐ ⌐ 发展设备 ━━ 双线表示设备正面

总 经 理		单项负责人		××通信工程责任有限公司		
设计主管		审 核				
总工程师		校 核		××基站机房设备平面布置图		
设计总负责人		设 计				
所 主 管		单位，比例	mm，1：50	日 期	图 号	01/06

图2-61 案例：基站机房设备平面布置图

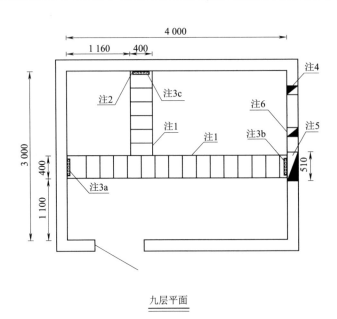

九层平面

注:

1. 新增水平走线架,高为2 300 mm,宽为400 mm,总长6 m。横向水平走线架在中央用1组吊挂对
   房顶加固。纵向水平走线架与横向水平走线架间用角钢加固,走线架接驳处使用铜线连接,走
   线架应良好接地。

2. 新增垂直上线爬架,宽为400 mm,总长2.3 m。

3. (a)交流防雷接地排;(b)室外接地排;(c)室内接地排;各接地排安装在离地2 350 mm处。
   位于走线架上方。

4. 空调外机孔洞,由空调厂商在安装空调时确定位置并开凿,本图位置仅供参考。

5. 馈线引入孔洞,规格为3×4孔馈线窗,大小为(宽)510 mm×(高)380 mm,窗底部距地面高
   2 300 mm,外沿向外倾斜5°。

6. 光缆引入孔,离地面高2 300 mm。此孔洞位置应由光缆接入工程确定,本图位置仅供参考。

7. 对于开设的孔洞在设备安装完成后用防水泥封堵。

总 经 理		单项负责人		××通信工程责任有限公司		
设计主管		审 核				
总工程师		校 核		××基站机房走线架路由图		
设计总负责人		设 计				
所 主 管		单位,比例	mm,1:50	日 期	图 号	02/06

图 2-62 案例:基站机房走线架路由图

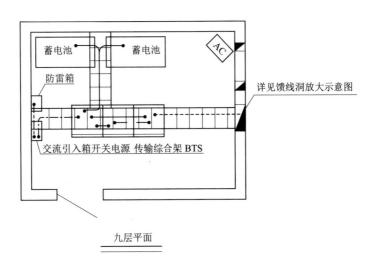

<u>九层平面</u>

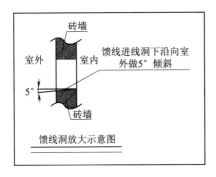

<u>馈线洞放大示意图</u>

图例:

———————— 直流电力电缆

—·—·—·—·— 交流电力电缆

—··—··—··— 中继电缆

- - - - - - - 馈线

注:
1. 光缆的屏蔽层和加强芯在进入终端盒前做好接地,接至室外接地排上。

2. 连至机房的电力线禁止架空直接进入,应穿入金属管理埋地后进入机房,电缆的相线加装户外跌落式
   低压避雷器。

3. 机房的电池架体、走线架、BTS设备机架、综合架、开关电源等设备均应接在室内接地汇集排上;
   馈线与光缆加强芯进入机房后需与室外接地排接地;防雷器、交流引入箱等设备需与交流接地排
   良好接地。

4. 馈线在进机房前应按要求做好三点接地,在机房的馈线部分室内转接口部分安装相应的天馈防雷器,
   泄放来自天线接收的感应雷电波。

5. 本期新增电缆采用上走线方式,均在走线架上布放。

总 经 理		单项负责人						
设计主管		审 核						
总工程师		校 核						
设计总负责人		设 计						
所 主 管		单位,比例	mm,1:50	日 期		图 号	03	

图 2-63 案例:基站机房线路路由图

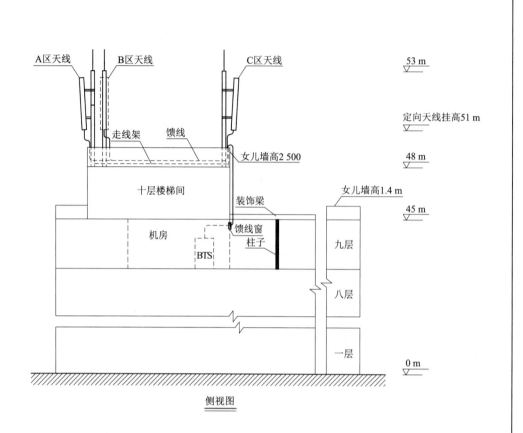

侧视图

注:

1. 如图所示,本期新增5 m的支撑杆3根,支撑杆底座对梁或柱加固。

2. 本期工程新增的3副定向天线,以图示安装在新立的5 m支撑杆上。

3. 本期每副定向天线需要新增2根7/8″馈线,共新增6根馈线,A区2根长31 m,B区2根长28 m,C区2根长26 m。馈线每隔1 m加固一次,馈线需要弯曲加固时,要特别注意馈线的弯曲半径应大于250 mm。

4. 新建室外走线架,宽为300 mm,共37 m。新增走线架对墙或对地加固。

5. 新增的3副定向天线方位角为70°、180°、295°,下倾角为3°、3°、3°。

6. 如图示,本期新增一副GPS天线,置于十层天面的女儿墙上。并新增一根GPS1/2″馈线,长为20 m。

7. 如图所示,馈线沿走线架经馈线窗后到BTS设备。

总 经 理		单项负责人		××通信工程责任有限公司
设计主管		审 核		
总工程师		校 核		××基站机房天馈系统侧视图
设计总负责人		设 计		
所 主 管		单位,比例	mm,1:50	日 期		图 号	04/06

图 2-64　案例:基站天馈系统侧视图

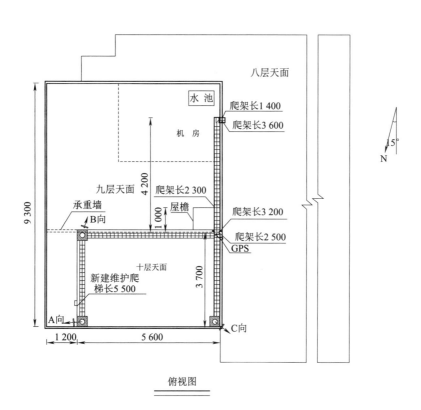

俯视图

注:

1. 如图所示,本期新增5 m的支撑杆3根,支撑杆底座对梁或柱加固。

2. 本期工程新增的3副定向天线,以图示安装在新立的5 m支撑杆上。

3. 本期每副定向天线需要新增2根7/8英寸馈线,共新增6根馈线,A区2根长31 m,B区2根长28 m,
   C区2根长26 m。馈线每隔1 m加固一次,馈线需要弯曲加固时,要特别注意馈线的弯曲半径应
   大于250 mm。

4. 新建室外走线架,宽为300 m,共37 m。新增走线架对墙或对地加固。

5. 新增的3副定向天线方位角为70°、180°、295°,下倾角为3°、3°、3°。

6. 如图示,本期新增一副GPS天线,置于十层天面的女儿墙上。并新增一根GPS1/2″馈线,长为20 m。

7. 如图所示,馈线沿走线架经馈线窗后到BTS设备。

总 经 理		单项负责人		××通信工程责任有限公司			
设计主管		审 核					
总工程师		校 核		××基站机房天馈系统俯视图			
设计总负责人		设 计					
所主管		单位,比例	mm,1:50	日 期		图 号	05/06

图 2-65 案例:基站天馈系统俯视图

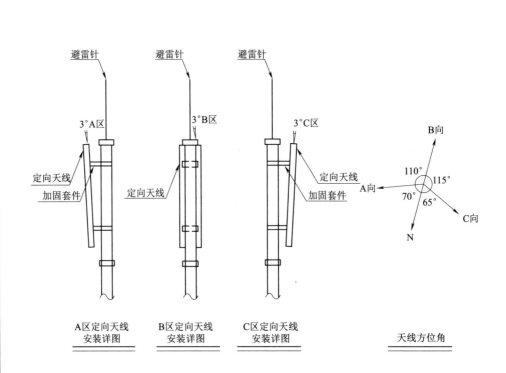

注:

1. 如图所示,本期新增 5 m 的支撑杆3根,支撑杆底座对梁或柱加固。

2. 本期工程新增的3副定向天线,以图示安装在新立的5 m支撑杆上。

3. 本期每副定向天线需要新增2根7 / 8英寸馈线,共新增6根馈线,A区2根长31 m,B区2
   根长28 m,C区 2 根长26 m。馈线每隔1 m加固一次,馈线需要弯曲加固时,要特别注意馈线的
   弯曲半径应大于250 mm。

4. 新建室外走线架,宽为300 mm,共37 m。新增走线架对墙或对地加固。

5. 新增的3副定向天线方位角为70°、180°、295°,下倾角为3°、3°、3°。

6. 如图示,本期新增一副GPS天线,置于十层天面的女儿墙上。并新增一根GPS1/2英寸馈线,
   长为20 m。

7. 如图所示,馈线沿走线架经馈线窗后到BTS设备。

总 经 理		单项负责人		××通信工程责任有限公司
设计主管		审 计		
总工程师		校 对		××基站机房天线安装详图
设计总负责人		设 计		
所 主 管		单位,比例	mm,1:50	日 期		图 号	06/06

图 2-66 案例:基站天线安装详图

实训项目

实训项目2-3: 设计指定区域室内分布系统的施工图。基于 TDD-LTE 制式,为该区域内的弱场区设计其室内分布系统,并能提供无线宽带接入。本次任务执行时划分成六个小组,各小组的指定区域分别为党校、一职校、二职校、城职院、铁职院和鹿山学院的图书馆。

实训指导: 室内分布系统是针对室内用户群、用于改善建筑物内移动通信环境的一种成功的方案,室内分布系统其原理是利用室内天线分布系统将移动基站的信号均匀分布在室内每个角落,从而保证室内区域拥有理想的信号覆盖,如图 2-67 所示。图 2-68 所示为室内分布系统结构图。

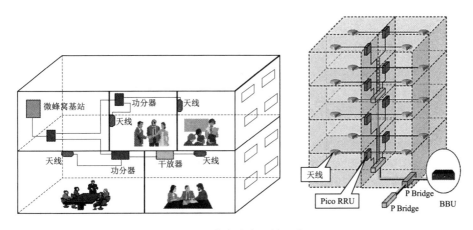

图 2-67 室内分布系统示意图

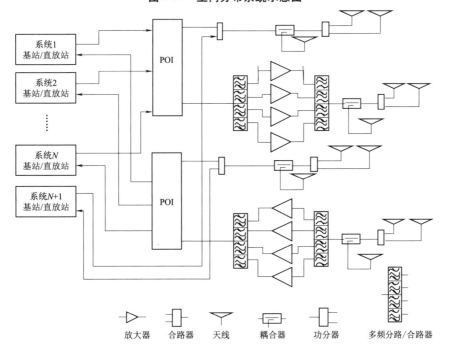

图 2-68 室内分布系统结构图

任务 2-4　通信电源设备安装工程勘察与施工图设计

任务指南

一、任务工单

项目名称	2-4：通信电源设备安装工程勘察与施工图设计	目标要求	1. 熟悉通信电源设备安装工程勘察流程与要求； 2. 具备依托 CAD 平台设计并绘制通信电源设备安装工程图纸的能力
项目内容 （工作任务）			（一）任务背景 　设计指定机房电源设备安装工程的施工图；均假设备机房无电源设备，在机房中新增电源设备负责本机房通信设备的供电。本次任务执行时划分成六个小组，各小组选定的机房分别为学校 C5 实训楼的交换技术实训室、传输技术实训室、GSM-R 实训室、TD-SCDMA 实训室、华为网院和思科网院。 （二）工作内容和时间安排 【2 学时】熟悉工具仪表的操作使用，熟悉通信电源设备安装工程勘察设计的流程和规范要求； 【2 学时】完成指定机房的勘察，绘制草图，填写勘察报告【参考教材格式】； 【4 学时】完成整套施工图纸的设计【均需配置 UPS】。 （三）作品提交内容与要求 （1）草图；（2）勘察报告；（3）成套施工图纸；（4）考核标准与评分表【小组自行填写组别信息、记录执行情况】
工作要求			1. 小组合作完成；2. 执行过程考核与根据提交的作品考核相结合；3. 在开展下次任务之前提交有形作品
备注			提交作品要求：1. 所有图纸放入一个 CAD 文件；2. 命名：班级 + 组号

二、作业指导书

项目名称	2-4：通信电源设备安装工程勘察与施工图设计	建议课时	8
质量标准			勘察过程中工具仪表使用的规范程度；勘查过程中信息收集的详尽程度；草图绘制的规范性；施工图纸的规范性
仪器设备			激光测距仪，电流钳表，草图绘制工具等；计算机，CAD 制图平台
相关知识			通信电源设备安装工程勘察的流程和规范要求；通信电源设备安装工程设计的规范要求；通信电源设备安装工程图纸的规范与要求；通信电源设备安装工程成套图纸的组成
注意事项			"安全第一、预防为主"，"团队一体、协同作业"
项目实施环节 （操作步骤）			（一）勘察准备 1. 知识积累：掌握通信电源设备安装工程勘察和设计的规范要求，理解通信电源设备安装工程勘察的程序和流程，掌握仪器仪表的操作使用方法； 2. 资料准备：机房原有设备布置图、走线架和线缆布放图； 3. 工具准备：激光测距仪、电流钳表、绘图板、铅笔、A4 纸；

项目实施环节 (操作步骤)	4. 前期组织:小组召开会议,确定勘察计划,人员分工可参考如下配备: 容量规划组(2~3人)、机房布局勘察组(1~2人)、线缆组(1~2人)、协调联系组(1人),可视具体情况适当增减人员配置。 (二)实地勘察 1. 各分组的工作内容 (1)容量规划组:负责调查机房现有设备的电源需求,进而确定电源设备容量和型号以及配套蓄电池组的容量和型号; (2)机房布局组:调查了解机房现有设备情况,绘制机房设备平面布置草图,并配合容量规划组确定新增设备的安装位置; (3)线缆组:调查了解机房现有线缆和走线架情况,绘制相应图纸,并配合前述两组,完成新增走线架和线缆的布放计划; (4)协调联系组:负责整个项目组的协同作业。 2. 技术细节 (1)蓄电池组的安装位置需要考虑楼面承重或做加强处理; (2)勘察过程中不能对现有在运行设备造成影响; (3)注意各环节的安全防护,特别是勘察设备时的触电防护。 (三)施工图绘制 1. 整理勘察记录与草图,形成勘察报告; 2. 再次研讨、论证、确认工程方案,绘制施工图; 3. 小组归纳总结,按要求提交各环节资料。
参考资料	教材相关章节,《通信电源设备安装工程设计规范(GB 51194—2016)》《通信电源集中监控系统工程设计规范(YD/T 5027—2005)》《电信设备安装抗震设计规范(YD 5059—2005)》

三、考核标准与评分表

项目名称		2-4:通信电源设备安装工程勘察与施工图设计				实施日期		
执行方式		小组合作完成	执行成员	班级			组别	
考核标准	类别	序号	考核分项	考核标准		分值	考核记录(分值)	
	职业技能	1	执行过程考核	工具、仪器仪表的操作是否准确规范,是否注意对其保养和爱护;任务执行过程中协同作业情况		20		
		2	草图	内容翔实程度和图纸规范程度		15		
		3	勘察报告	内容翔实程度和图纸规范程度		15		
		4	施工图纸	内容的完整性、图形符号的规范性、技术细节的准确性		40		
	职业素养	5	职业素养	无违反劳动纪律和不服从指挥的情况		10		
	总 分							
执行记录	填写要求:(包括执行人员分工情况、任务完成流程与情况、任务执行过程中所遇到的问题及处理情况)							

相关知识

一、勘察前的准备

现场勘察前的工作要点：明确需求、准备充分。

(一) 明确需求

对于所承接的工程设计任务，事先通过委托函或任务书（有时是口头委托）了解工程内容、弄清工程建设目标。查勘前与建设方充分沟通，达成共识，做到有的放矢。

1. 与建设方的沟通内容

与建设方工程管理员沟通，主要包括建设内容、建设规模、工程进度、其他具体要求、局方现场的联系人和电话等方面，必要时根据实际情况增加内容。

2. 与局方（本地网）的沟通内容

与局方联系人沟通，确认以下内容：

①根据工程进度要求协商确定查勘进度；

②落实局方查勘配合人员，同时与配合人员联系，确定具体查勘时间；

③了解本次勘察任务中各局（站）点的路况，以便安排合适的车辆。

3. 沟通纪要

沟通后形成详细的沟通记录，并根据沟通后达成的意见制定查勘进度计划。工程查勘前沟通纪要内容格式参见表 2-17。

表 2-17　工程查勘前沟通纪要

项目名称						
项目承接人员				承接项目时间	年　月　日　时	
建设方项目管理员		联系电话		沟通时间	年　月　日　时	
本地网项目管理员		联系电话		沟通时间	年　月　日　时	
查勘配合人员		联系电话		沟通时间	年　月　日　时	
工程进度要求						
初步建设方案	局（站）点	选用设备		建设规模	方案简述	
查勘进度计划	查勘局（站）点	时间安排		查勘线路	车辆需求	

(二)资料收集

查勘出发前准备好必要的资料,以节约查勘时间,提高查勘效率。主要包括如下资料:

(1)收集土建专业关于该局的土建图,以确定机房承重是否符合要求;

(2)该局(站)点机房规划图纸,包括各专业机房设备及其功耗的规划;

(3)收集主导专业新建设备的功耗及所需的供电方式;

(4)收集工程相关设备资料,熟悉设备的物理尺寸及安装方式、输入/输出端子的数量规格、供电方式、监控方式及厂家大致报价。

(三)查勘工具的准备

查勘出发前还需要准备下列查勘用工具,所备工具必须核准其可用性:

1. 必备工具

①测量工具:卷尺,最好配备长距离测量的卷尺;激光测距仪,用于测量机房净高。

②测试仪表:电流钳表、温度测试仪。

③黑色、蓝色、红色中性笔,以及不同颜色的记号笔,数量以满足当期工程查勘需要为准;资料夹,最好准备一个硬板夹用来现场查勘记录时垫在记录纸下;记录表格及记录纸若干。

2. 选备工具

主要包括:数码照相机及电池,并掌握所持相机使用方法;手电筒及电池;安全帽。

(四)查勘记录表的设计

查勘记录表的种类和数量由项目负责人根据不同工程的具体情况设计。包括以下内容:

1. 基本信息

所有查勘记录表都必须包括下列基本信息:

①题头信息:项目名称、查勘时间、查勘人员、记录人;

②查勘局(站)点基础信息:查勘局(站)点名称、机房名称、楼层、层高;

③机房现状:现有设备平面布置图;现有设备统计表,包括设备名称、型号、尺寸、数量、单位、备注等信息;机房地面:(□活动地板,高_____mm;□地砖,边长_____mm;□水磨石;□水泥地;□其他_____)。

④线缆布放路由图;布线方式(□上,□下);走线架(□新增,□原有;□三层,□双层,□单层)。

2. 常用信息

根据工程建设内容,通常包括下列信息:

①供电结构系统结构;新增配套电源设备;电源端子占用情况。

②主导新增设备需求;配套材料(走线架、电力电缆等);新建局房工艺方案。

3. 其他信息

根据具体工程的实际情况,可增加查勘记录的信息量。

二、现场勘察

现场勘察的工作要点:认真细致、全面到位、准确记录。

(一)新建局(站)点的勘察

新建局(站)点,查勘时主要包括以下几项内容:

1. 局(站)点机房现状

①测量并绘制机房现状图。

②记录机房所在楼层并核实承重。

③测量并记录机房走线孔洞位置及大小。

④测量并记录机房梁下层高或最低处层高。

⑤测量并记录机房现有配套情况,包括地沟、走线架、上线井等配套设施的信息。

⑥记录接地地排的位置。

⑦记录建筑梁、窗户、玻璃的位置。

2. 低压电力电缆引入

①新建局低压配电设备的位置,在机房草图上标示位置。

②了解并记录低压电力电缆的走线路由及走线方式。

③测量并记录市电引入电缆的长度。

3. 地线引入

①新建局房内如果已引入地线,在机房草图上标示位置。

②如果需要新引入地线,查勘地网敷设的位置,确定地线扁钢引入机房的孔洞并标示在草图上。

③了解并记录地线电力电缆的走线路由及走线方式。

④测量并记录地线电力电缆的引入长度。

4. 空调安装

①查勘并在草图上标示空调内机、外机安装位置。

②空调冷凝水排放位置,是否另需敷设沟槽或管道。

(二)扩容局(站)点的勘察

扩容局(站)点,查勘时主要包括以下几项内容:

1. 局(站)点机房现状

与新建局(站)点勘察时一致。

2. 设备布置

①机房内原有设备布置情况,绘出草图。

②测量设备安装位置尺寸,标示在草图上。

③记录各类设备名称、型号、尺寸(宽×深×高)、数量、容量等信息。

④记录本期工程相关的配电设备的输出端子占用情况。

⑤确定新扩设备安装位置,标示在草图上(需确定蓄电池组的安装方式)。

3. 走线方式

①记录机房内原有电缆是采用上走线还是下走线。

②如果机房内原采用上走线,需要进一步查勘下列内容:

● 是否安装有走线架或走线槽,若有,则在草图上标示安装位置;

● 是否安装有尾纤槽,若有,则在草图上标示安装位置;

● 是否安装有电缆爬梯,若有,则在草图上标示安装位置;

● 记录机房内走线架层数、规格(宽),走线槽规格(宽、深),爬梯规格(宽);

● 新扩设备处是否需要增扩走线架或走线槽,若是,则在草图上标示位置、规格。

③如果机房内原采用下走线,需要进一步查勘下列内容:

● 是否安装有活动地板,若有,则测量并记录地板高度;

● 地板下是否安装有走线槽,若有,则在草图上标示安装位置,走线槽规格(宽、深)。

④如果机房内原既采用了上走线,又采用了下走线,则查勘内容包括以上两方面。

4. 低压电力电缆引入

①是否需要从低压配电室引入电力电缆,如果需要,记录新建局低压配电设备的位置,在机房草图上标示位置。

②了解并记录低压电力电缆的走线路由及走线方式。

③测量并记录市电引入电缆的长度。

三、勘察信息记录与填报

勘察信息记录与填报,参考任务 2-2 中的记录表和本任务勘察实施环节中的描述,自行设计勘察记录表。

任务实施

一、施工图绘制的基本步骤

施工图绘制以机房设备平面布置图为基础,根据设备平面布置规划来确定机房工艺处理、走线架安装及电缆布放路由等,其基本思考步骤如下:

①根据查勘结果,规划机房设备平面布置。

②根据设备平面布置结果考虑机房工艺处理,包括:是否新开门及开门方向;是否开墙洞或楼板洞、地坑等,开在什么位置合适;机房照明灯具如何安装;是否新砌隔墙,从什么位置砌墙合适;等等。

③根据设备平面布置和信号电缆与电力电缆不交叉的原则,确定走线架和爬梯的安装位置,包括:安装位置、走线架规格,走线架是考虑单层还是双层,以及爬梯位置等。

④根据设备平面布置图和搭设的走线架来确定电缆的走向,严格遵循信号电缆与电力电缆不交叉、交流电缆和直流电缆不交叉的布线原则。

⑤根据实际情况增添供电系统图、电力电缆布放计划表等,以此共同组成一套完整的施工图。

二、施工图绘制的基本要求

(一)机房设备平面布置图

1. 机房内设备的规划布局

(1)统筹考虑、整体规划,方便扩容

在考虑机房设备布局时,应纵观全局,兼顾各专业设备,并且机柜的排列顺序应便于今后扩容。

(2)机位队列排,专业分区划,正面朝门看

机柜的排列应正面对齐;并且按专业划分区域,电源设备规划在同一区;机柜的正面正对门,即使不能正对门,也必须侧对门。

(3)主通道宽、间距合理、施工容易

机房进门一侧须留出主通道;每列设备的间距要合理,方便机柜门的开关和设备维护操作;墙挂设备的高度和正前方空间距离以方便人站在地面操作为宜;所有设备前均无妨碍施工、扩容和维护操作的阻挡物。

(4)规划布缆、路由清晰、电缆线短

考虑机房设备布局的同时,还要兼顾电缆的布放规划;设备的排列应能保证信号电缆与电力电缆、交流电缆和直流电缆不交叉,并且尽可能使布放的电缆线最短;同时,还需规划每类电缆布放的路由走向。

2. 机房设备平面布置图绘制要求

(1)布局规范

①图纸采用 A4 或 A3 图纸;比例根据机房大小设置 1∶50、1∶100 或 1∶200。

②图居版面的中上部;图例、说明和设备表位于版面的下部;说明位于左下部,图例位于右下部,设备表以机房设备图纸的左下边缘对齐放置。

(2)字体规范

图纸字体采用宋体,由于图纸绘制比例不完全一致,图纸中的字体原则上要求打印效果适宜。

(3)图例规范

①图例涉及原有设备、新增设备、相关设备及机架正面标示;

②图例中新增设备、原有设备采用相同线型不同的颜色来区分;原有设备采用白色,新增设备采用红色;在打印设置中,将红色线打印属性设置成黑色,线宽设置成 0.6 mm。

(4)说明规范

①本图为×××工程××××机房设备平面图。

②本次工程新增主设备描述:新增设备安装方式及安装位置、新增设备规格等描述。

③本次工程扩容设备描述:相关设备位置描述、本次扩容情况描述。

④本次工程新增/扩容机房配套描述:新增/扩容机房走线架、接地系统、穿墙打洞、承重加固等描述。

（二）走线架安装位置图

1. 复制修改

①复制机房设备平面布置图,图中设备参考后也须删除。

②根据机房设备平面布局来确定走线架和爬梯的安装位置,并在图上标出走线架和爬梯的安装定位标尺。

③走线架分为列走线架和主走线架;列走线架与每列设备平行并位于设备正上方,主走线架连接列走线架;此外,也可能还有一些分支走线架,或平行列走线架,或垂直列走线架,根据实际需要设置。

2. 走线架安装要求

根据机房层高及工程需求考虑设置单层、双层或三层走线架。

3. 单层走线架安装

当电缆所经路由只有同类电缆经过时,该路由方向可安装单层走线架,比如:只有电池电力电缆经过,则只安装下层走线架;只有空调电力电缆经过,则只安装上层走线架。

4. 爬梯安装

当电力电缆需要垂直上下较长一段路径时,均需安装电缆爬梯。

5. 走线架和电缆爬梯规格

①走线架和爬梯均根据实际需要确定规格,以宽度表示;一般情况下,机房采用600 mm宽的走线架和爬梯,对于只有少量电缆经过的路径,可采用300 mm宽的走线架和爬梯,如仅有交流电缆经过的路径。

②绘制走线架和爬梯时按实际规格尺寸绘制。

6. 布局和字体规范

参见设备平面图布局规范。

7. 图例规范

①图例涉及原有设备、新增设备、设备正面、机房走线架等标示。

②图例中设备、原有走线架、新增走线架采用不同线型不同的颜色来区分。

8. 说明规范

①本图为××××工程××××机房走线架平面图。

②本次工程新增走线架描述:新增走线架规格、安装高度、安装位置及用途等描述。

（三）电缆布放路由图

1. 复制修改

①复制机房设备平面布置图并删除《安装设备表》和设备定位标尺,再将走线架复制到图纸上,如以上例图所示。

②按计划的路由绘制出各类电缆的路由走向。

2. 布局和字体规范

参见设备平面图布局规范。

3. 图例规范

①图例涉及原有设备、新增设备、设备正面、机房走线架及电缆走线路由等标示。

②图例中设备、走线架、交流走线路由、直流走线路由及接地走线路由采用不同线型不同的颜色来区分。

4. 说明规范

①本图为××××工程××××机房电缆走线路由图。

②本次工程新增电力电缆走线路由描述：新增交流电力电缆、直流电力电缆、接地电力电缆布放方式、走线路由等的描述。

（四）电缆布放计划表

《电缆布放计划表》的绘制样式见后续例图。

其他要求如下：

①电缆布放路由图中需说明电缆布放的方式，电缆布放及编扎要求，标记要求等，其他与电缆布放无关的内容不要在此赘述。

②对于安装有双层走线架的机房，上层走线架用于布放交流电力电缆，下层走线架用于布放直流电缆。

（五）其他图纸

根据工程需要，可增加分工界面图、供电系统图等。

三、工程案例

1. 在原有机房中新增蓄电池

本工程属于扩容工程，在原有机房中新增两组蓄电池，其施工图纸如图 2-69 所示。

2. 在原有机房新增整流柜和接地铜排

本工程属于扩容工程，在原有机房新增 1 架整流柜和 1 块接地铜排，其施工图纸如图 2-70 和图 2-71 所示。

3. 在原有机房中新增直流供电系统

本工程属于扩容工程，在原有机房中新增一套直流供电系统，包括 1 架高频开关电源、2 组蓄电池、1 架交流配电箱和 1 个避雷箱，其施工图纸如图 2-72 ~ 图 2-75 所示。

4. 在原有机房中替换蓄电池

本工程属于改造工程，替换掉机房原有的 2 组蓄电池，其施工图纸如图 2-76 ~ 图 2-79 所示。

实训项目

实训项目 2-4： 在上述工程案例 4 所示项目中，新增 1 套 2 000 A/48 V 的开关电源，试修改图 2-76 ~ 图 2-79，形成新的整套施工图。

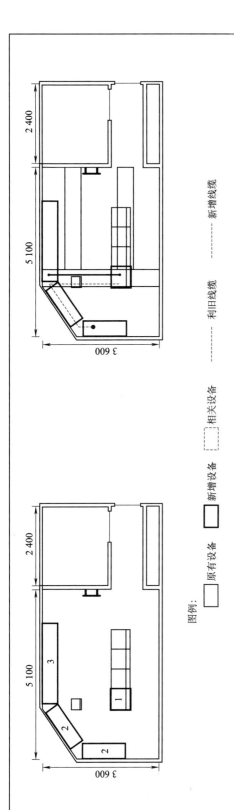

图例：
□ 原有设备 ■ 新增设备 ⬚ 相关设备

————— 利旧线缆 --------- 新增线缆

说明：
1.本期工程在机房新增2组300 Ah蓄电池，安装位置如图所示。
2.本机房为非专用通信机房，分建设单位必须委托有关土建设计部门核支本基站机房负荷。如不满足要求，需采取相应的加固措施，必须在满足设备负荷要求后方可安装设备。

主要设备表

序号	设备名称	设备型号	尺寸（宽×厚×高）	单位	数量	备注
1	高频开关电源	中兴ZXDU58W121	600×600×2 000	架	1	相关设备
2	蓄电池1	GFM-500	2 400×450×500	组	1	新增设备
3	蓄电池2	GFM-500		组	1	新增设备

布线计划表

编号	电缆名称	布线路由	条数	均长/m	总长/m	线缆型号	备注
1	电源线	蓄电池1—开关电源	2	13	26	RVVZ1 kV 1×95 mm²	本期布放
2	电源线	蓄电池2—开关电源	2	10	20	RVVZ1 kV 1×95 mm²	本期布放
1	电源线	蓄电池1—开关电源	2	13	26		本期拆除

审	核		××电信规划设计院有限公司
制	图		××机房设备平面布置和布线路由图
	单位，比例		图 号 1/1
	日 期		

主 管			
总负责人			
单项负责人			
阶 段			

图2-69 案例1：新增两组蓄电池工程施工图

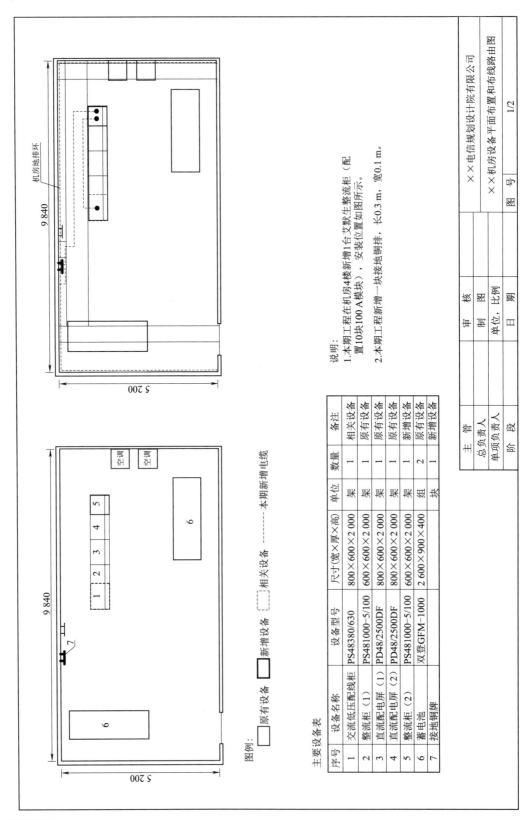

主要设备表

序号	设备名称	设备型号	尺寸(宽×厚×高)	单位	数量	备注
1	交流低压配线柜	PS48380/630	800×600×2 000	架	1	相关设备
2	整流柜 (1)	PS481000-5/100	600×600×2 000	架	1	原有设备
3	直流配电屏 (1)	PD48/2500DF	800×600×2 000	架	1	原有设备
4	直流配电屏 (2)	PD48/2500DF	800×600×2 000	架	1	新增设备
5	整流柜 (2)	PS481000-5/100	600×600×2 000	架	1	原有设备
6	蓄电池	双登GFM-1000	2 600×900×400	组	2	原有设备
7	接地铜牌			块	1	新增设备

图例：☐原有设备 ☐新增设备 ⬚相关设备 ------本期新增电缆

说明：
1.本期工程在机房4楼新增1台艾默生整流柜（配置10块100 A模块），安装位置如图所示。
2.本期工程新增一块接地铜排，长0.3 m，宽0.1 m。

××电信规划设计院有限公司		
××机房设备平面布置和布线路由图		
图 号		1/2

审 核		主 管	
制 图		总负责人	
单位、比例		单项负责人	
日 期		阶 段	

图2-70 案例2：＊＊扩容电力室设备平面布置和布线路由图

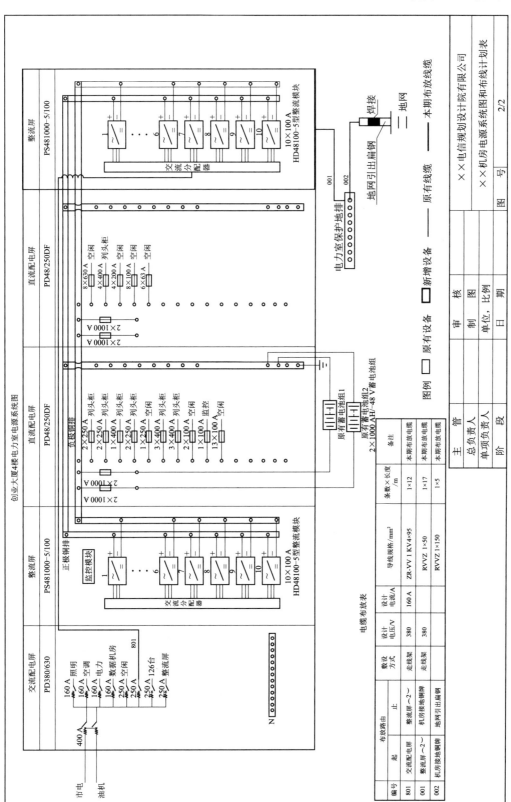

图2-71 案例2：**扩容电力室电源系统图和布线计划表

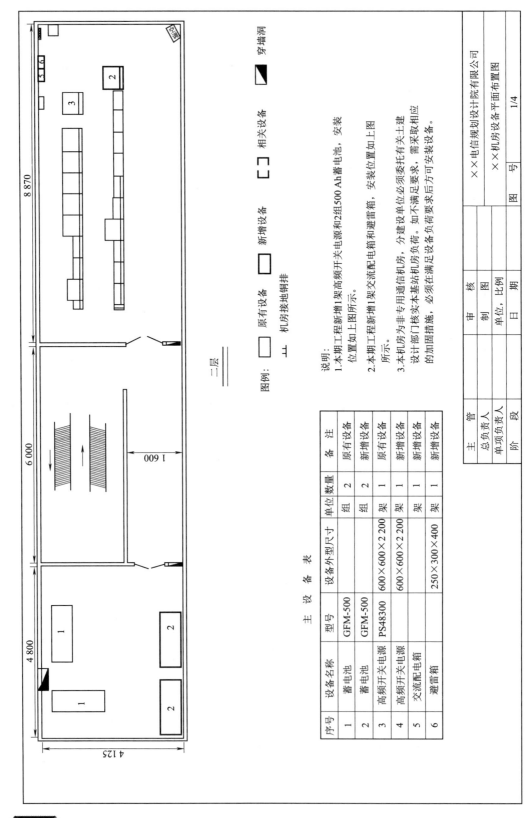

图 2-72 案例 3：机房平面布置图

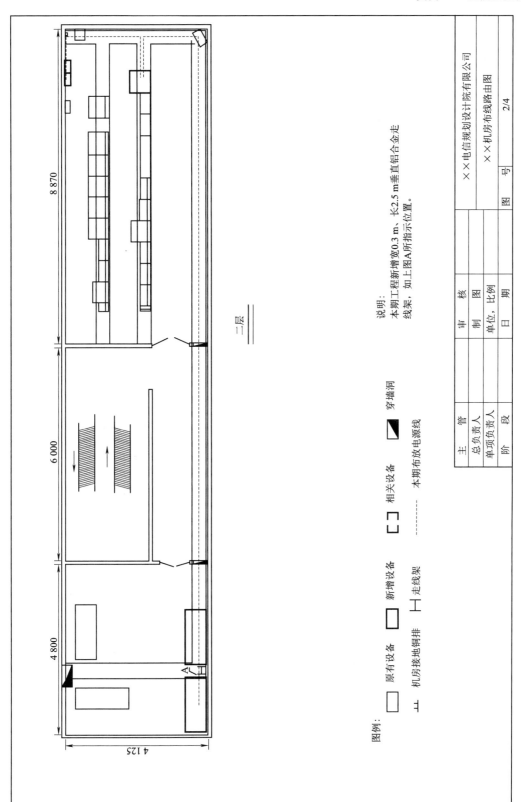

图例：

☐ 原有设备　☐ 新增设备　☐ 相关设备　◣ 穿墙洞
┴ 机房接地铜排　Η 走线架　------ 本期布放电源线

说明：
本期工程新增宽0.3 m，长2.5 m垂直铝合金走
线架，如上图A所指示位置。

主 管		××电信规划设计院有限公司
总负责人		
单项负责人		××机房布线路由图
阶 段		

审 核	
制 图	
单位，比例	
日 期	

图 号　2/4

图 2-73　案例 3：机房布线路由图

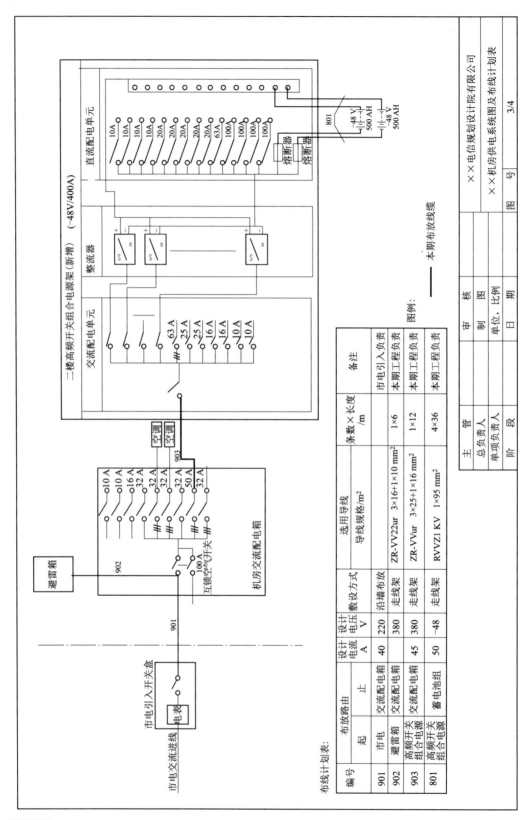

图 2-74 案例 3：机房供电系统图及布线计划表

布线计划表：

编号	布放路由 起	布放路由 止	设计电流 /A	设计电压 /V	敷设方式	选用导线 导线规格 /m²	条数×长度 /m	备注
901	市电	交流配电箱	40	220	沿墙布放			市电引入负责
902	避雷箱	交流配电箱		380	走线架	ZR-VV22ur 3×16+1×10 mm²	1×6	本期工程负责
903	高频开关组合电源	交流配电箱	45	380	走线架	ZR-VVur 3×25+1×16 mm²	1×12	本期工程负责
801	高频开关组合电源	蓄电池组	50	-48	走线架	RVVZ1 KV 1×95 mm²	4×36	本期工程负责

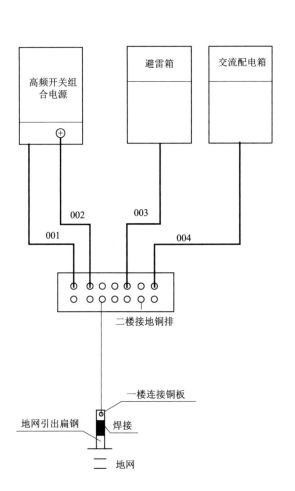

布线计划表:

编 号	导 线 布 放 路 由		选 用 导 线		备 注
	起	止	导线规格mm²	条×米	
001	高频开关组合电源	机房接地铜排	RVVZ 1 kV 1×95 mm²	1×13	本期工程负责
002	高频开关组合电源	机房接地铜排	RVVZ 1 kV 1×35 mm²	1×13	本期工程负责
003	避雷线	机房接地铜排	RVVZ 1 kV 1×35 mm²	1×5	本期工程负责
004	交流配电箱	机房接地铜排	RVVZ 1 kV 1×35 mm²	1×5	本期工程负责

主 管		审 核		××电信规划设计院有限公司	
设计总负责人		制 图		××机房底线系统图	
单项负责人		单位,比例			
设 计		日 期		图 号	4/4

图 2-75 案例 3:机房地线系统图

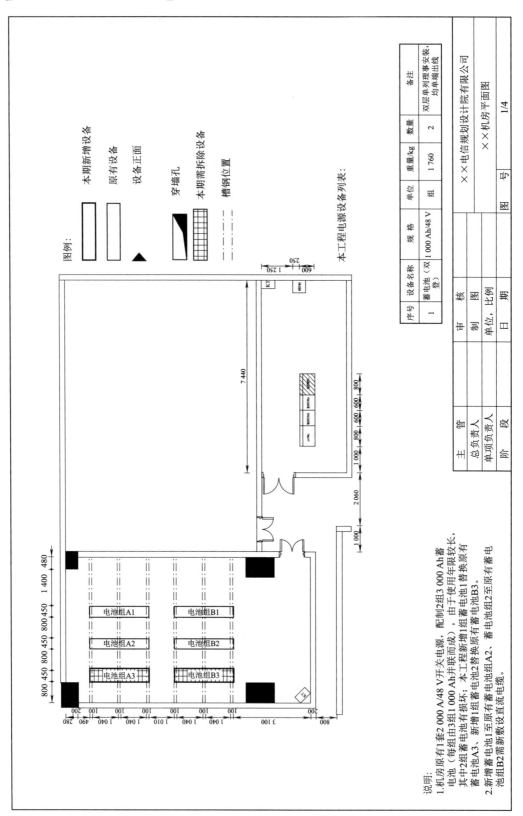

图 2-76 **案例 4：机房平面图**

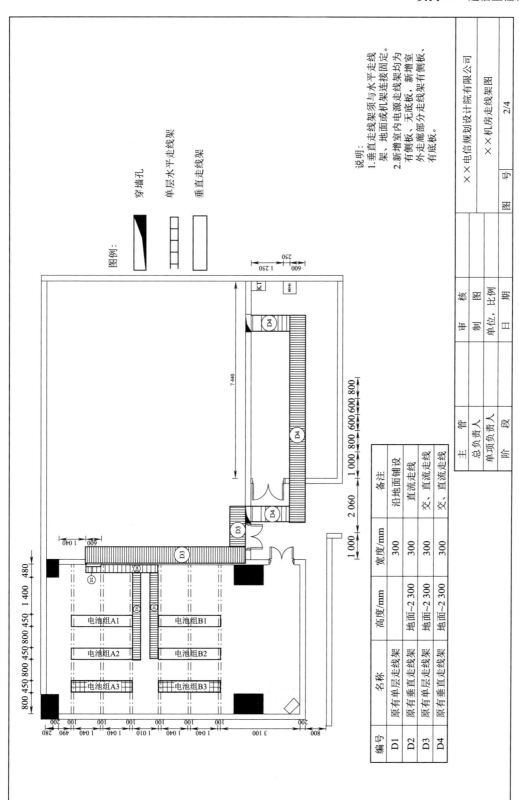

图2-77 案例4：机房走线架图

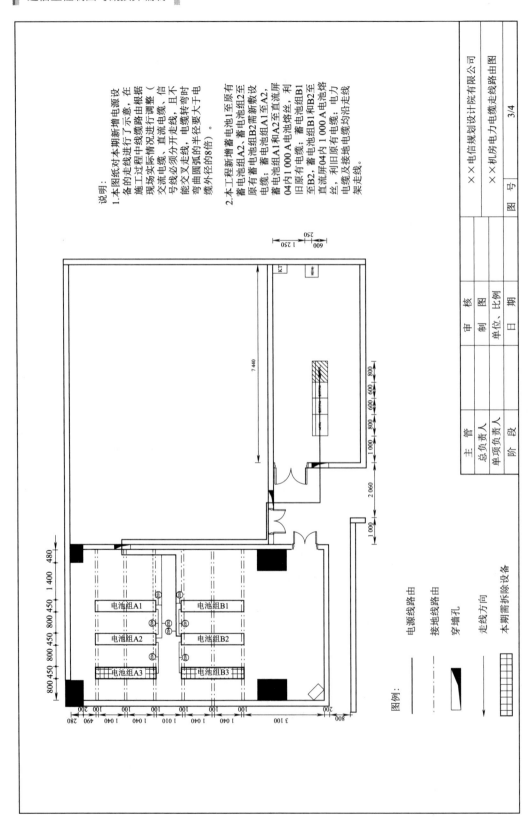

图2-78 案例4：电力电缆走线路由图

导线编号	导线路由		设计电压V	设计电流A	敷设方式	导线型号及数量					备注
	由	到				ZA-RVV 4×70/ mm^2	ZA-RVV 1×240/ mm^2	ZA-RVV 1×120/ mm^2	ZA-RVV 1×95/ mm^2	ZA-RVV 1×35/ mm^2	
Z01	蓄电池组A1	开关电源04直流屏电池熔丝	″	1 200	″		2×30				电缆利旧
Z02	蓄电池组A2	″	″	″	″		2×30				″
Z03	蓄电池组B1	″	″	″	″		2×30				″
Z04	蓄电池组B2	″	″	″	″		2×30				″
Z05	蓄电池组A1	蓄电池组A2	″	″	″			2×2			″
Z06	蓄电池组A2	蓄电池1	″	″	″			2×2			新增、红蓝各半
Z07	蓄电池组B1	蓄电池组B2	″	″	″			2×2			电缆利旧
Z08	蓄电池组B2	蓄电池2	″	″	″			2×2			新增、红蓝各半
	合计						240	8			

说明：
1.布线表电缆长度不作为下料依据，以施工现场实际测量长度为准。
2. Z01～Z08为直流走线。
3.本工程新增蓄电池组1至原有蓄电池组A2、新增蓄电池组2至原有蓄电池组B2需新敷设直流电缆。

主　管		审　核		××电信规划设计院有限公司
总负责人		制　图		××机房布线计划表
单项负责人		单位、比例		
阶　段		日　期		图　号　4/4

图 2-79　案例 4：布线表

项目三

概预算编制基础

任务指南

一、任务工单

●素材

附录4：
通信工程概
预算图

项目名称	3-1：初识通信工程概预算	目标要求	1. 理解信息通信工程概预算编制的概念和基本流程； 2. 掌握定额的基本概念和构成； 3. 熟悉 Excel 表格的操作与使用，重点是表格内及表格之间公式的实现
工作任务			1. 将通信工程概预算图（【素材】附录4：通信工程概预算图）与表格对应，填写到相应表格并提交； 2. 将下发的 Word 版概预算成套表格制作成 Excel 表格； 3. 练习 Excel 表格内及表格之间公式的操作与使用
工作要求			1. 个人独立完成；2. 根据提交的作品考核评分；3. 在开展下次任务之前提交作品
备注			提交作品要求：1. 所有表格放入一个 Excel 文件；2. 命名：＊＊班＊＊号＊＊＊

二、作业指导书

项目名称	3-1：初识通信工程概预算	建议课时	4
质量标准	Excel 表格排版布局合理；表格内和表格间的公式正确		
仪器设备	计算机，Office 平台		

相关知识	信息通信工程概预算编制的概念和基本流程;信息通信建设工程费用的构成;概预算编制整套表格的构成
项目实施环节 （操作步骤）	1. 概预算整套表格的构成与应用,找出各表格中所填写费用与费用构成图的关系; 2. 将每张表格复制到 Excel 表格中,然后调整格式; 3. 练习公式使用【重点是单元格相乘、求和以及表格之间公式】
参考资料	Excel 表格的操作与使用

三、考核标准与评分表

项目名称			3-1:初识通信工程概预算		实施日期	
执行方式	个人独立完成	执行成员	班级		组别	
	类别	序号	考核分项	考核标准	分值	考核记录（分值）
考核标准	职业技能	1	各费用单项与表格的对应	对应关系是否准确	20	
		2	概预算 Excel 表格的制作	(1)成套表格的完整性 (2)表格格式规范性和美观程度 (3)任务完成的时效性	50	
		3	公式的制作与使用	(1)表格内公式制作是否准确 (2)表格之间公式制作是否准确	20	
	职业素养	4	职业素养	随堂考察:规范、严谨求实工作作风;任务实施过程中协作互助	10	
总　分						

相关知识

一、信息通信建设工程概算、预算的概念

(一)概算、预算的含义

通信建设工程概算、预算是设计文件的重要组成部分,它是根据各个不同设计阶段的深度和建设内容,按照设计图纸和说明以及相关专业的预算定额、费用定额、费用标准、器材价格、编制方法等有关资料,对通信建设工程预先计算和确定从筹建至竣工交付使用所需全部费用的文件。

通信建设工程概算、预算应按不同的设计阶段进行编制:

①工程采用三阶段设计时,初步设计阶段编制设计概算,技术设计阶段编制修正概算,施工图设计阶段编制施工图预算。

②工程采用二阶段设计时,初步设计阶段编制设计概算,施工图设计阶段编制施工图预算。

③工程采用一阶段设计时,编制施工图预算,但施工图预算应反映全部费用内容,即除工程费和工程建设其他费之外,还应计列预备费、建设期利息等费用。

(二)概算、预算编制的依据

1. 设计概算编制的依据

①批准的可行性研究报告。

②初步设计图纸及有关资料。

③国家相关管理部门发布的有关法律、法规、标准规范。

④《信息通信建设工程预算定额》(目前信息通信工程用预算定额代替概算定额编制概算)、《信息通信建设工程费用定额》及其有关文件。

⑤建设项目所在地政府发布的土地征用和赔补费等有关规定。

⑥有关合同、协议等。

2. 施工图预算编制的依据

①批准的初步设计概算或可行性研究报告及有关文件。

②施工图、标准图、通用图及其编制说明。

③国家相关管理部门发布的有关法律、法规、标准规范。

④《信息通信建设工程预算定额》《信息通信建设工程费用定额》及其有关文件。

⑤建设项目所在地政府发布的土地征用和赔补费等有关规定。

⑥有关合同、协议等。

(三)概算、预算的作用

1. 设计概算的作用

设计概算是用货币形式综合反映和确定建设项目从筹建至竣工验收的全部建设费用。其主要作用有以下几点。

(1)设计概算是编制和安排投资计划、确定和控制建设项目投资、控制施工图预算的主要依据

建设项目需要多少人力、物力和财力,是通过项目的设计概算来确定的,所以设计概算是确定建设项目所需建设费用的文件,即项目的投资总额及其构成是按设计概算的有关数据确定的。因此,设计概算也是确定年度建设投资计划的基础,其编制质量将影响年度投资计划的编制质量。只有依据正确的设计概算编制出的年度投资计划,才能既保证建设项目投资的需要,又能节约建设资金。

经批准的设计概算是确定建设项目或单项工程所需投资的计划额度,是该工程建设投资的最高限额。在工程建设过程中应该严格按照批准的初步设计中的总概算进行施工图设计及其预算的编制,未经按规定的程序批准,施工图预算不应突破设计概算,以确保建设项目投资的有效控制。

实行三阶段设计的工程项目,在技术设计阶段应编制修正概算。修正概算所确定的投资额不应突破相应的设计总概算,如确需突破总概算时,应调整和修改总概算,并按规定程

序报经审批。

（2）设计概算是核定贷款额度的主要依据

建设单位根据批准的设计概算总投资额办理建设贷款、安排投资计划、控制贷款。如果建设投资额突破设计概算时，应在查明原因后由建设单位报请上级主管部门调整或追加设计概算总投资额。

（3）设计概算是考核工程设计技术经济合理性和工程造价的主要依据

设计概算是建设项目方案经济合理性的综合反映，可以用来对不同的设计方案进行技术和经济合理性比较，以便选择最佳的设计方案。

（4）设计概算是筹备设备、材料和签订订货合同的主要依据

设计概算一经批准，就作为对工程造价管理的各环节严格控制的重要依据。建设单位开始按设计提供的设备、材料清单，进行设备和主要材料的招标，按照设计要求和造价控制额对设备性能、价格及技术服务等进行分析比较，选择最优惠的厂家生产的设备，签订订货合同，进行建设准备工作。

（5）设计概算在工程招标承包中是确定标底的依据

建设单位在以设计概算进行工程招标发包时，应以设计概算为基础编制标底，并作为评标的依据之一。而施工承包企业为了在投标竞争中中标，须对初步设计进行详细了解，才能编制出合适的投标报价。

2. 施工图预算的作用

施工图预算是设计概算的进一步具体化，其主要作用包括以下几方面。

（1）施工图预算是考核工程成本，确定工程造价的主要依据

在施工图设计阶段，根据工程的施工图纸计算出实物工程量，然后按现行工程预算额、费用定额以及材料价格等资料，计算出工程的施工生产费用，即工程预算造价。这是设计阶段控制工程造价的重要环节，是考核施工图设计不突破设计概算的重要措施。

工程预算文件所确定的工程预算造价，只是建筑安装产品的预计价格，所以施工企业可以此为依据进行经济核算，以消耗最少的人力、物力和财力来完成施工任务，降低工程成本。

（2）施工图预算是签订工程承、发包合同的依据

建设单位与施工企业的经济费用往来，可以依据施工图预算和双方签订的合同。

对于实行施工招标的工程，施工图预算是建设单位确定标底的主要依据之一。

对于不实行施工招标的工程，可以采用施工图预算加系数包干的承包方式签订工程承包合同。即建设单位和施工单位双方经过协商，以施工图预算为基础，再按照一定的系数进行调整，以此作为确定合同价款的依据。

（3）预算是工程价款结算的主要依据

项目竣工验收点交之后，除按概算、预算加系数包干的工程外，都要编制项目结算，以结清工程价款。结算工程价款是以施工图预算为基础进行的，即以施工图预算中的工程量和单价，再根据施工中设计变更后的实际情况，以及实际完成的工程量情况编制项目结算。

（4）预算是考核施工图设计技术经济合理性的主要依据

施工图预算要根据设计文件的编制程序编制，它对确定单项工程造价具有特别重要的

作用。施工图预算的工料统计表列出的对各类人工和材料及施工机械的需要量等,是施工企业编制施工计划、做施工准备和进行统计、核算等不可缺少的依据。

二、工程定额概述

在生产过程中,为了完成某一单位合格产品,就要消耗一定的人工、材料、机具设备和资金。由于这些消耗受技术水平、组织管理水平及其他客观条件的影响,所以其消耗水平是不相同的。因此,为了统一考核其消耗水平,便于经营管理和经济核算,就需要有一个统一的平均消耗标准。

所谓定额,就是在一定的生产技术和劳动组织条件下,完成单位合格产品在人力、物力、财力的利用和消耗方面应当遵守的标准。它反映了行业在一定时期内的生产技术和管理水平,是企业搞好经营管理的前提,也是企业组织生产、引入竞争机制的手段,是进行经济核算和贯彻"按劳分配"原则的依据;它是管理科学中的一门重要学科,属于技术经济范畴,是实行科学管理的基础工作之一。

(一)定额的产生与发展

劳动定额成为企业管理的一门科学,始于 19 世纪末至 20 世纪初。当时,美国的经济正处于上升时期,工业发展很快,但由于依旧采用传统的、旧的管理方法,工人劳动生产率低,远远落后于当时科学技术成就所应当达到的水平,而且劳动强度很高,工人每周劳动时间平均在 60 小时以上。在这种背景下,美国工程师弗·温·泰罗(1856—1915)开始了对企业管理方法的研究,其目的是解决如何提高工人的劳动效率的问题。他进行了各种试验,努力把当时科学技术的最新成就应用于企业管理。他着重从工人的操作方法上研究工时的科学利用,把工作时间分为若干工序,并利用秒表来记录工人每一动作及其消耗的时间,制定出工时定额作为衡量工人工作效率的尺度。他还十分重视研究工人的操作方法,对工人在劳动中的操作和动作逐一记录分析研究,把各种经济、有效的动作集中起来,制定出最节约工作时间的所谓标准操作方法,并据以制定更高的工时定额。为了减少工时消耗,使工人完成这些较高的工时定额,泰罗还对工具盒设备进行了研究,使工人使用的工具、设备、材料标准化。

通过研究,泰罗提出了一整套系统的标准的科学管理方法,形成了著名的"泰罗制"。泰罗制的核心可以归纳为:制定科学的工时定额、实行标准的操作方法、强化和协调职能管理及有差别的计件工资。泰罗制给企业管理方法带来了根本性变革,使企业获得了高额利润,被人们尊为"科学管理之父"。

继泰罗制之后,企业管理又有许多新的发展,对于定额的制定也有许多新的研究。20世纪 40 年代到 60 年代,出现了所谓"管理科学"。一方面,管理科学从操作方法、作业水平的研究向科学组织的研究上扩展;另一方面,充分利用现代自然科学的最新成就——运筹学、电子计算机等科学技术手段,进行科学管理。20 世纪 70 年代又进入"最新管理阶段",出现了行为科学和系统管理理论。前者从社会学、心理学的角度研究管理,强调和重视社会环境、人的相互关系对提高工效的影响;后者把管理科学和行为科学结合起来,以企业为一个系统,从事物的整体出发,对企业中人、物和环境等要素进行定性、定量相结合的系统分析研究,选择和确定企业管理最优方案,实现最佳的经济效益。

（二）我国建设工程定额及其发展过程

建设工程定额是根据国家一定时期的管理体制和管理制度,根据不同定额的用途和适用范围,由指定的机构按照一定的程序制定的,并按照规定的程序审批和颁布执行。建设工程定额虽然是主观的产物,但是,它应正确地反映工程建设和各种资源消耗之间的客观规律。

我国建设工程定额管理,经历了一个从无到有,从建立到发展到被削弱破坏,又从整顿发展到改革完善的曲折道路。它的发展和整个国家的形势、经济发展状况息息相关。从发展过程来看,大体可以分为五个阶段。

第一阶段,1950 年至 1957 年,是建设工程定额的建立时期。国务院和国家建设委员会先后颁布了《基本建设工程设计和预算文件审核批准暂行办法》、《工业与民用建设设计及预算编制暂行办法》、《工业与民用建设预算编制暂行细则》和《关于编制工业与民用建设预算的若干规定》等四个重要文件,为概、预算制度的建立奠定了基础。

第二个阶段,1958 年至 1966 年年初,是工程建设定额的弱化时期。

第三个阶段,1966 年至 1976 年,是工程建设定额的倒退时期。

第四个阶段,1976 年至 20 世纪 90 年代初,是工程建设定额整顿和发展时期。1978 年9 月,国家建委、国家计委、财政部联合颁布了《关于加强基本建设概、预、决算管理工作的几项规定》。这一文件的颁发,是整顿、健全和发展概预算及定额管理制度的重要标志,为以后的工作奠定了一个较好的基础。

1985 年至 1996 年,国家计委陆续颁发了统一组织编制的两册基础定额和十五册《全国统一按照工程预算定额》。在这十五册定额中,第四册《通信设备安装工程》和第五册《通信线路工程》是由邮电部编制的,适用于通信工程。与此同时,1986 年邮电部发布邮部字〔1986〕629 号《通信建筑安装工程间接费定额及概、预算编制办法》,与这两册定额配套使用。

第五个阶段,从 20 世纪 90 年代至今,是工程建设定额管理逐步进行改革的时期。通信工程定额的变化就是一个最好的说明。

①1990 年,原邮电部根据建设部、中国人民建设银行〔1989〕建标字第 248 号《关于改进建筑安装费用项目划分的若干规定》以及中国人民建设银行总行〔1989〕第 4 号《关于〈建设工程价款建设结算办法〉的通知》,以邮部〔1990〕433 号文颁布了《通信工程建设概算预算编制办法及费用定额》和《通信工程价款结算办法》。虽然仍是与《通信设备安装工程》和《通信线路工程》两册预算定额及相应补充定额配套使用,但其费用定额和价款结算办法都较过去有所改进。

②1995 年,原邮电部根据建设部、中国人民建设银行建标〔1993〕894 号《关于印发〈关于调整建筑安装工程费用项目组成的若干规定〉的通知》,以邮部〔1995〕626 号文颁发了《通信建设工程概算、预算编制办法及费用定额》《通信建设工程价款结算办法》《通信建设工程预算定额》(共三册),贯彻了"量价分离""技普分开"的原则,使通信建设定额改革前进了一步。

③2005 年底,信息产业部根据财政部、建设部财建〔2004〕369《关于印发〈建设工程价款结算办法〉的通知》,以信部规〔2005〕418 号文颁发了新编的《通信建设工程价款结算办

法》。2008 年 5 月,工业和信息化部根据建设部、财政部建标〔2003〕206 号《关于印发〈建筑安装工程费用项目组成〉的通知》,以工信部规〔2008〕75 号文颁发了新编的《通信建设工程概算、预算编制办法》《通信建设工程费用定额》《通信建设工程施工机械、仪表台班费用定额》《通信建设工程预算定额》(共五册)。

④为适应营改增以及信息通信技术的发展,2016 年 12 月,工业和信息化部在工信部通信〔2016〕451 号文中,对 2008 年版定额进行了修订,形成了《信息通信建设工程预算定额》(共五册:第一册《通信电源设备安装工程》、第二册《有线通信设备安装工程》、第三册《无线通信设备安装工程》、第四册《通信线路工程》、第五册《通信管道工程》)、《信息通信建设工程费用定额》及《信息通信建设工程概预算编制规程》,并于 2017 年 5 月 1 日起施行。

目前,我国整体的技术发展周期逐渐缩短,工程建设定额管理应随技术的不断更新、升级,及时的进行改革与调整,以适应经济发展的需要。

(三)建设工程定额的分类

建设工程定额是一个综合概念,是工程建设中各类定额的总称。为了对建设工程定额能有一个全面的了解,可以按照不同的原则和方法对其进行科学分类。

1. 按建设工程定额反映的物质消耗内容分类

可以把建设工程定额分为劳动消耗定额、机械消耗定额和材料消耗定额三种。

(1)劳动消耗定额

简称劳动定额。在施工定额、预算定额、概算定额、概算指标等多种定额中,劳动消耗定额都是其中重要的组成部分。在这里,"劳动消耗"的含义仅仅是指劳动的消耗,而不是活劳动和物化劳动的全部消耗。劳动消耗定额是完成一定的合格产品(工程实体或劳务)规定活劳动消耗的数量标准。由于劳动定额大多采用工作时间消耗量来计算劳动消耗的数量,所以劳动定额主要表现形式是时间定额,但同时也表现为产量定额。

(2)材料消耗定额

简称材料定额,是指完成一定合格产品所需消耗材料的数量标准。材料是指工程建设中使用的原材料、成品、半成品、构配件等。材料作为劳动对象是构成工程的实体物资,需要数量大,种类繁多,所以材料消耗量多少、消耗是否合理,不仅关系到资源的有效利用,影响市场供求状况,而且对建设工程的项目投资、建筑产品的成本控制都起着决定性影响。

(3)机械(仪表)消耗定额

简称机械(仪表)定额,是指为完成一定合格产品(工程实体或劳务)所规定的施工机械(仪表)消耗的数量标准。机械(仪表)消耗定额的主要表现形式是时间定额,但同时也可以产量定额表现。

在我国机械(仪表)消耗定额主要是以一台机械(仪表)工作一个工作班(8 小时)为计量单位的,所以又称为机械(仪表)台班定额。和劳动消耗定额一样,在施工定额、预算定额、概算定额、概算指标等多种定额中,机械(仪表)消耗定额都是其中的组成部分。

2. 按照定额的编制程序和用途分类

可以把建设工程定额分为施工定额、预算定额、投资估算指标和工期定额五种。

(1)施工定额

它是施工单位直接用于施工管理的一种定额,是编制施工作业计划、施工预算、计算工料,向班组下达任务书的依据。施工定额主要包括:劳动定额、机械(仪表)台班定额和材料消耗定额等三部分。

施工定额是按照平均先进性原则编制的。它以同一性质的施工过程为对象、规定劳动消耗量、机械(仪表)工作时间(生产单位合格产品所需的机械、仪表工作时间,单位用台班表示)和材料消耗量。

(2)预算定额

它是编制预算时使用的定额,是确定一定计量单位的分部、分项工程或结构构件的人工(工日)、机械(台班)、仪表(台班)和材料的消耗数量标准。

每一项分部、分项工程的定额,都规定有工作内容,以便确定该项定额的适用对象,而定额本身则规定有:人工工日数(分等级表示或以平均等级表示)、各种材料的消耗量(次要材料亦可综合的以价值表示)、机械台班数量和仪表台班数量等几个方面的实物指标。全国统一预算定额里的预算价值,是以某地区的人工、材料和机械台班预算单价为标准计算的,称为预算基价,基价可供设计、预算比较参考。编制预算时,如不能直接套用基价,则应根据各地的预算单价和定额的工料消耗标准,编制地区估价表。

(3)概算定额

它是编制概算时使用的定额,是确定一定计量单位扩大分部、分项工程的工、料、机械台班和仪表台班消耗量的标准,是设计单位在初步设计阶段确定建筑(构筑物)概略价值、编制概算、进行设计方案经济比较的依据。它也可用来概略地计算人工、材料、机械台班、仪表台班的需要数量,作为编制基建工程主要材料申请计划的依据。它的内容和作用与预算定额相似,但项目划分较粗,没有预算定额的准确性高。

(4)投资估算指标

它是在项目建议书可行性研究阶段编制投资估算、计算投资需要量时使用的一种定额,往往以独立的单项工程或完整的工程项目为计算对象。它的概括程度与可行性研究阶段相适应,主要作用是为项目决策和投资控制提供依据。投资估算指标虽然往往根据历史的预、决算资料和价格变动等资料编制,但其编制基础仍然离不开预算定额、概算定额。

(5)工期定额

工期定额是指在一定的生产技术和自然条件下,完成某个单位(或群体)工程平均需用的标准天数;包括建设工期定额和施工工期定额两个层次。

建设工期是指建设项目或独立的单项工程在建设过程中所耗用的时间总量,一般以月数或天数表示。它指从开工建设时起,到全部建成投产或交付使用时为止所经历的时间,但不包括由于计划调整而停缓建所延误的时间。施工工期一般是指单项工程或单位工程从开工到完工所经历的时间。施工工期是建设工期中的一部分,如单位工程施工工期,是指从正式开工起至完成承包工程全部设计内容并达到验收标准的全部有效天数。

3. 按主编单位和使用范围分类

建设工程定额可分为行业定额、地区性定额、企业定额和临时定额四种。

(1)行业定额

它是各行业主管部门根据其行业工程技术特点,以及施工生产和管理水平编制的,在行业范围内使用的定额,如矿井建设工程定额、信息通信建设工程定额。

（2）地区性定额（包括省、自治区、直辖市定额）

它是各地区主管部门考虑本地区特点而编制的，在本地区范围内使用的定额。

（3）企业定额

它是指由施工企业考虑本企业具体情况，参照行业或地区性定额的水平编制的定额。企业定额只在本企业内部使用，是企业素质的一个标志。

（4）临时定额

它是指随着设计、施工技术的发展，在现行各种定额不能满足需要的情况下，为了补充缺项由建设单位组织相关单位所编制的定额。设计中编制的临时定额需要向有关定额管理部门报备，作为修改、补充定额的基础资料。

三、信息通信建设工程预算定额

（一）预算定额的作用

预算定额的作用主要有以下几个方面：

①预算定额是编制施工图预算，确定和控制建筑安装工程造价的计价基础。

②预算定额是落实和调整年度建设计划，对设计方案进行技术经济比较、分析的依据。

③预算定额是施工企业进行经济活动分析的依据。

④预算定额是编制标底、投标报价的基础。

⑤预算定额是编制概算定额和概算指标的基础。

（二）预算定额的编制程序

预算定额的编制，大致可分为五个阶段，如图 3-1 所示。

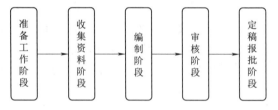

图 3-1　预算定额的编制程序

（三）现行通信建设工程预算定额的编制依据和基础

现行通信建设工程预算定额主要以以下文件和资料作为编制依据和基础：

①建设部、财政部建标〔2003〕206 号《关于印发〈建筑安装工程费用项目组成〉的通知》。

②国家及行业主管部门颁发的有关通信建设工程设计规范、通信建设工程施工及验收技术规范、通用图、标准图。

③原邮电部邮部〔1995〕626 号《关于发布〈共享建设工程概算、预算编制办法及费用定额〉等标准的通知》。

④建设部建标〔2000〕60 号《关于发布〈全国统一安装工程预算定额〉和〈全国统一安装工程预算工程量计算规则〉的通知》。

⑤有关省、自治区、直辖市的通信设计、施工企业及建设单位的专家提供的意见和资料。

（四）现行通信建设工程预算定额的编制的原则

现行通信建设工程预算定额的编制主要遵照以下几个原则。

1. 贯彻相关政策精神

贯彻国家和行业主管部门关于修订通信建设工程预算定额相关政策精神,结合通信行业的特点进行认真调查研究、细算粗编,坚持实事求是,做到科学、合理、便于操作和维护。

2. 贯彻执行"控制量""量价分离""技普分开"的原则

①控制量:指预算定额中的人工、主材、机械和仪表台班的消耗量是法定的,任何单位和个人不得随意调整。

②量价分离:指预算定额中只反映人工、主材、机械和仪表台班的消耗量,而不反映其单价。单价由主管部门或造价管理归口单位另行发布。

③技普分开:为适应社会主义市场经济和通信建设工程的实际需要取消综合工。凡是由技工操作的工序内容均按技工计取工日,凡是由非技工操作的工序内容均按普工计取工日。

通信设备安装工程均按技工计取工日(即普工为零)。通信线路和通信管道工程分别计取技工工日、普工工日。

3. 预算定额子目编号规则

定额子目编号由三部分组成:第一部分为册名代号,表示通信建设工程的各个专业,由汉语拼音(首字母)缩写组成;第二部分为定额子目所在的章号,由一位阿拉伯数字表示;第三部分为定额子目所在章内的序号,由三位阿拉伯数字表示,具体表示方法参见图3-2。

图3-2　子目编号说明图

4. 关于预算定额子目的人工工日及消耗量的确定

预算定额中人工消耗量是指完成定额规定计量单位所需要的全部工序用工量,一般应包括基本用工、辅助用工和其他用工。

(1)基本用工

由于预算定额是综合性的定额,每个分部、分项定额都综合了数个工序内容,各种工序用工工效应根据施工定额逐项计算,因此完成定额单位产品的基本用工量包括该分项工程中主体工程的用工量和附属于主体工程中各种工程的用工量。它是构成预算定额人工消耗指标的主要组成部分。

通信工程预算定额项目基本用工的确定有以下三种方法:

①对于有劳动定额依据的项目,基本用工一般应按劳动定额的时间定额乘以该工序的工程量计算确定,即:

$$L_{\text{基}} = \sum (I \times t) \tag{3-1}$$

式中,$L_{\text{基}}$为定额项目基本用工;I为工序工程量;t为时间定额。

②对于无劳动定额可依据的项目,基本用工量的确定应参照现行其他劳动定额,通过细算粗编,在广泛征求设计、施工、建设等部门的意见,必要时亲临施工现场调查研究的基础上确定。

③对于新增加的,且无劳动定额可供参考的定额项目,一般可参考相近的定额项目,结合新增施工项目的特点和技术要求,先确定施工劳动组织和基本用工过程,根据客观条件和人工实际操作水平确定日进度,然后根据该工序的工程量计算确定基本用工。

(2)辅助用工的取定

辅助用工是劳动定额未包括的用工量。包括施工现场某些材料临时加工用工和排除一般障碍、维持必要的现场安全用工等。它是施工生产不可缺少的用工,应以辅助用工的形式列入预算定额。

施工现场临时材料加工用工量计算,一般是按加工材料的数量乘以相应时间定额确定。

(3)其他用工

是指劳动定额中未包括而在正常施工条件下必然发生的零星用工量,是预算定额的必要组成部分,编制预算定额时必须计算。其内容包括:

①在正常施工条件下各工序间的交叉配合所需的停歇时间。

②施工机械在单位工程之间转移及临时水电线路在施工过程中转移所发生的不可避免的工作停歇。

③因工程质量检查与隐蔽工程验收而影响工人操作的时间。

④因场内单位工程之间操作地点的转移,影响工人操作的时间以及施工过程中工种之间交叉作业的时间。

⑤施工中细小的难以测定的不可避免的工序和零星用工所需的时间等,一般按预算定额的基本用工量和辅助用工量之和的10%计算。

5. 关于预算定额子目中的主要材料及消耗量的确定

预算定额中只反映主要材料,其辅助材料可按费用定额的规定另行处理。

主要材料指在建安工程中或产品构成中形成产品实体的各种材料,通常是根据编制预算定额时选定的有关图纸、测定的综合工程量数据、主要材料消耗定额、有关理论计算公式等逐项综合计算。先算出净用量加损耗量后,以实用量列入预算定额。计算公式为:

$$Q = W + \sum r \tag{3-2}$$

式中,Q 为完成某工程量的主要材料消耗定额(实用量);W 为完成某工程量实体所需主要材料净用量;$\sum r$ 为完成某工程量最低损耗情况下各种损耗量之和。

(1)主要材料净用量

指不包括施工现场运输和操作损耗,完成每一定额计量单位产品所需某种材料用量。

(2)主要材料损耗量

①周转性材料摊销量。施工过程中多次周转使用的材料,每次施工完成之后还可以再次使用,但在每次用完之后必然发生一定的损耗,经过若干次使用之后,此种材料报废或仅剩残值,这种材料就要以一定的摊销量分摊到分部、分项工程预算定额中,通常称为周转性材料摊销量。

例如:水底电缆敷设船只组装,顶钢管、管道沟挡土板所用木材等,一般按周转10次摊销。在预算定额编制过程中,对周转性材料应严格控制周转次数,以促进施工企业合理使用材料,充分发挥周转性材料的潜力,减少材料损耗,降低工程成本。

预算定额的一次摊销材料量的计算公式为:

$$R = \frac{Q(1 + P)}{N} \tag{3-3}$$

式中,R 为周转性材料的定额摊销量;Q 为周转性材料分项工程一次施工需要量;P 为材料损耗率;N 为规定材料在施工中所需周转次数。

②主要材料损耗率。主要材料损耗量是指材料在施工现场运输和生产操作过程中不可避免的合理消耗量,要根据材料净用量和相应的材料损耗率计算。

通信工程预算定额的主要材料损耗率的确定是按合格的原材料,在正常施工条件下,以合理的施工方法,结合现行定额水平综合取定的。材料损耗率见预算定额第四册附录二或第五册附录三。

6. 关于预算定额子目中施工机械、仪表及消耗量的确定

通信工程施工中凡是单位价值在 2 000 元以上,构成固定资产的机械、仪表,定额中均给定了台班消耗量。

预算定额中施工机械、仪表台班消耗量标准,是指以一台施工机械或仪表一天(8 小时)所完成合格产品数量作为台班产量定额,再以一定的机械幅度差来确定单位产品所需要的机械台班量。其计算公式为:

$$预算定额中施工机械台班消耗量 = \frac{1}{每台班产量} \tag{3-4}$$

例如:用一辆 5 t 汽车起重吊车,立 9 m 水泥杆,每台班产量为 25 根,则每根所需台班消耗量应为 = 1/25 = 0.04 台班。

机械幅度差,是指按上述方法技术施工机械台班消耗量时,尚有一些因素未包括在台班消耗量内,需增加一定幅度,一般以百分率表示。造成幅度差的主要因素有:

①初期施工条件限制所造成的功效差。

②工程结尾时工程量不饱满,利用率不高。

③施工作业区内移动机械所需要的时间。

④工程质量检查所需要的时间。

⑤机械配套之间相互影响的时间。

(五)现行通信建设工程预算定额的构成

1. 预算定额的册构成

现行通信建设预算定额按专业分为《通信电源设备安装工程》《有线通信设备安装工程》《无线通信设备安装工程》《通信线路工程》和《通信管道工程》共五册;由工业与信息化部在 2016 年的 451 号文件中颁发,故俗称"451 定额"。

2. 预算定额总说明

每册通信建设工程预算定额由总说明、册说明、章节说明、定额项目表和附录构成。

总说明不仅阐述定额的编制原则、指导思想、编制依据和适用范围,同时还说明编制定额时已经考虑和没有考虑的各种因素以及有关规定和使用方法等。在使用定额时应首先了解和掌握这部分内容,以便正确地使用定额。总说明具体内容为:

一、《信息通信建设工程预算定额》（以下简称"预算定额"）是完成预定计量单位工程所需要的人工、材料、施工机械和仪表的消耗量标准。

二、"预算定额"共分五册，包括：

第一册　通信电源设备安装工程（册名代号 TSD）

第二册　有线通信设备安装工程（册名代号 TSY）

第三册　无线通信设备安装工程（册名代号 TSW）

第四册　通信线路工程（册名代号 TXL）

第五册　通信管道工程（册名代号 TGD）

三、"预算定额"是编制信息通信建设项目投资估算、概算、预算和工程量清单的基础，也可作为通信建设项目招标、投标报价的基础。

四、"预算定额"适用于新建、扩建工程，改建工程可参照使用。本定额用于扩建工程时，其扩建施工降效部分的人工工日按乘以 1.1 计取，拆除工程的人工工日计取办法见各册的相关内容。

五、"预算定额"以现行通信工程建设标准、质量评定标准、安全操作规程等文件为依据，按符合质量标准的施工工艺、合理工期及劳动组织形式条件进行编制。

1. 设备、材料、成品、半成品、构件符合质量标准和设计要求。

2. 通信各专业工程之间、与土建工程之间的交叉作业正常。

3. 施工安装地点、建筑物、设备基础、预留孔洞均符合安装要求。

4. 气候条件、水电供应等应满足正常施工要求。

六、定额子目编号原则：

定额子目编号由三部分组成：第一部分为册名代号，由汉语拼音（字母）缩写而成；第二部分为定额子目所在的章号，由一位阿拉伯数字表示；第三部分为定额子目所在章内的序号，由三位阿拉伯数字表示。

七、关于人工：

1. 定额人工分为技工和普工。

2. 定额人工消耗量包括基本用工、辅助用工和其他用工。

基本用工：完成分项工程和附属工程实体单位的加工量。

辅助用工：定额中未说明的工序用工量。包括施工现场某些材料临时加工、排除故障、维持安全生产的用工量。

其他用工：定额中未说明的而在正常施工条件下必然发生的零星用工量。包括工序间搭接、工种间交叉配合、设备与器材施工现场转移、施工现场机械（仪表）转移、质量检查配合以及不可避免的零星用工量。

八、关于材料：

1. 材料分为主要材料和辅助材料。定额中仅计列构成工程实体的主要材料，辅助材料以费用的方式表现，其计算方法按《信息通信建设工程费用定额》的相关规定执行。

2. 定额中的主要材料消耗量包括直接用于安装工程中的主要材料净用量和规定的损耗量。规定的损耗量指施工运输、现场堆放和生产过程中不可避免的合理损耗量。

3. 施工措施性消耗部分和周转性材料按不同施工方法、不同材质分别列出一次使用量和一次摊销量。

4. 定额不包含施工用水、电、蒸汽消耗量,此类费用在设计概算、预算中根据工程实际情况在建筑安装工程费中按实计列。

九、关于施工机械:

1. 施工机械单位价值在 2 000 元以上,构成固定资产的列入定额的机械台班。

2. 定额的机械台班消耗量是按正常合理的机械配备综合取定的。

十、关于施工仪表:

1. 施工仪器仪表单位价值在 2 000 元以上,构成固定资产的列入定额的仪表台班。

2. 定额的施工仪表台班消耗量是按信息通信建设标准规定的测试项目及指标要求综合取定的。

十一、"预算定额"适用于海拔高程 2 000 m 以下,地震烈度为 7 度以下地区,超过上述情况时,按有关规定处理。

十二、在以下的地区施工时,定额按下列规则调整:

1. 高原地区施工时,本定额人工工日、机械台班消耗量乘以表 3-1 列出的系数。

2. 原始森林地区(室外)及沼泽地区施工时人工工日、机械台班消耗量乘以系数 1.3。

3. 非固定沙漠地带,进行室外施工时,人工工日乘以系数 1.1。

4. 其他类型的特殊地区按相关部分规定处理。

以上四类特殊地区若在施工中同时存在两种以上情况时,只能参照较高标准计取一次,不应重复计列。

表 3-1 高原地区调整系数表

海拔高程/m		2 000 以上	3 000 以上	4 000 以上
调整系数	人工	1.13	1.30	1.37
	机械	1.29	1.54	1.84

十三、"预算定额"中带有括号表示的消耗量,系供设计选用;"×"表示由设计确定其用量。

十四、凡是定额子目中未标明长度单位的均指"mm"。

十五、"预算定额"中注有"××以内"或"××以下"者均包括"××"本身;"××以外"或"××以上"者则不包括"××"本身。

十六、本说明未尽事宜,详见各专业册章节和附注说明。

任务实施

本次任务的重点在于对信息通信建设工程概预算编制的流程及内容有整体的了解,因此在"相关知识"部分介绍了定额的基础知识之后,需要重点掌握信息通信建设工程费用的构成和概预算表格的组成,并熟练掌握各项费用与各概预算表格之间的对应关系。

一、信息通信建设工程费用的构成

通信建设工程项目总费用由各单项工程总费用构成,如图 3-3 所示。

（一）初步设计概算的构成

建设项目在初步设计阶段编制设计概算。设计概算的组成，是根据建设规模的大小而确定的，一般由建设项目总概算、单项工程概算组成。

单项工程概算由工程费、工程建设其他费、预备费、建设期利息四部分组成。建设项目总概算等于各单项工程概算之和，它是一个建设项目从筹建到竣工验收的全部投资，其构成如图 3-4 所示。

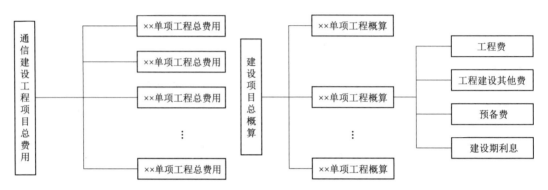

图 3-3　通信建设工程项目总费用构成　　图 3-4　建设项目总概算构成

（二）施工图设计预算的构成

建设项目在施工图设计阶段编制预算。施工图预算一般有单位工程预算、单项工程预算、建设项目总预算的结构层次。

单位工程施工图预算应包括建筑安装工程费和设备、工器具购置费。

单项工程施工图预算应包括工程费、工程建设其他费和建设期利息。单项工程预算可以是一个独立的预算也可以由该单项工程中包含的所有单位工程预算汇总而成，其构成如图 3-5 所示。

图 3-5 中"工程建设其他费"是以单项工程作为计取单位的。若因为投资或固定资产核算等原因需要分摊到各单位工程中，亦可分别摊入单位工程预算中，但工程建设其他费的各项费用计算时不能以单位工程中的费用额度作为计算基数。

建设项目总预算则是汇总所有单项工程预算而成，其构成如图 3-6 所示。

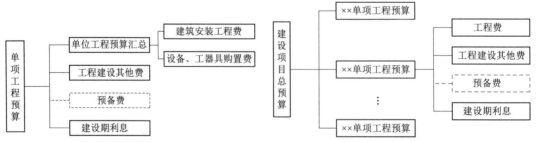

注：虚线框表示一阶段设计时编制施工图预算还应计入的费用。　　注：虚线框表示一阶段设计时编制施工图预算还应计入的费用。

图 3-5　单项工程施工图预算构成　　图 3-6　建设项目总预算构成

通信建设单项工程总费用具体内容如图 3-7 所示。

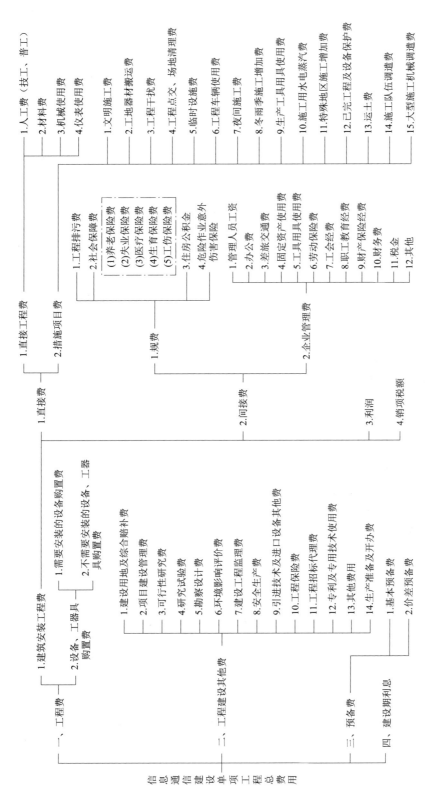

图 3-7　通信建设单项工程概算费用构成

二、概预算表格的组成

(一) 概预算表格的组成

信息通信建设工程概(预)算表,其格式按照费用的结构划分,由建筑安装工程费用系列表格、设备购置费用表格(包括需要安装和不需要安装的设备)、工程建设其他费用表格及概(预)算总表组成;全套共十类表,详情见附录5(【素材】附录5:信息通信建设工程概预算成套表格)。各表格的用途如下:

①《建设项目总＿＿＿算表(汇总表)》,供建设项目总概算(预)算使用;

②《工程＿＿＿算总表(表一)》,供编制单项(单位)工程总费用使用;

③《建筑安装工程费用＿＿＿算表(表二)》,供编制建筑安装工程费使用;

④《建筑安装工程量＿＿＿算表(表三)甲》,供编制建筑安装工程量、计算技工工日和普工工日使用;

⑤《建筑安装工程机械使用费＿＿＿算表(表三)乙》,供编制建筑安装工程机械使用费使用;

⑥《建筑安装工程仪器仪表使用费＿＿＿算表(表三)丙》,供编制建筑安装工程仪表使用费使用;

⑦《国内器材＿＿＿算表(表四)甲》,供编制国内器材(需安装设备、不需要安装设备、主要材料)的购置费使用;

⑧《进口器材＿＿＿算表(表四)乙》,供编制引进国外器材(需安装设备、不需要安装设备、主要材料)的购置费使用;

⑨《工程建设其他费＿＿＿算表(表五)甲》,供编制工程建设其他费使用;

⑩《进口设备工程建设其他费用＿＿＿算表(表五)乙》,供编制引进设备工程建设其他费使用。

(二) 表格的填写要求及编号

①本套表格供编制工程项目概算或预算使用,各类表格的标题"＿＿＿＿＿"应根据编制阶段明确填写"概"或"预"。

②本套表格的表首填写具体工程的相关内容。

③本套表格中"增值税"栏目中的数值,均为建设方应支付的进项税额。在计算乙供主材时,表四中的"增值税"及"含税价"栏可不填写。

④本套表格的编码规则如表3-2和表3-3所示。

表 3-2　概预算表格编码表

表格名称	表格编号	表格名称	表格编号
汇总表	专业代码-总	表四甲:设备表	专业代码-4甲B
表一	专业代码-1	表四甲:不需要安装的设备、工器具表	专业代码-4甲C
表二	专业代码-2	表四乙:材料表	专业代码-4乙A
表三甲	专业代码-3甲	表四乙:设备表	专业代码-4乙B
表三乙	专业代码-3乙	表四乙:不需要安装的设备、工器具表	专业代码-4乙C
表三丙	专业代码-3丙	表五甲	专业代码-5甲
表四甲:材料表	专业代码-4甲A	表五乙	专业代码-5乙

表3-3 专业代码编码表

专业名称	专业代码	专业名称	专业代码
通信电源设备安装工程	TSD	通信线路工程	TXL
有线通信设备安装工程	TSY	通信管道工程	TGD
无线通信设备安装工程	TSW	—	—

实训项目

实训项目3-1：某班级有20名学生，某课程的期末总评成绩＝平时×10%＋任务考核×60%＋期末考试×30%；任务考核共8个任务，前4个每个占比10%，后4个每个占比15%；每个任务的考核成绩由不同的考核项目和分值配比构成，详情如表3-4所示；试建立一个Excel工作簿统计出最终总成绩，要求尽量使用公式自动计算和生成。内含的工作表如图3-8所示。

图3-8 工作表

表3-4 任务考核项目设置和分值配比

序号	任务名称	任务考核项目设置和分值配比			
任务1	1-1-1：CAD基本操作	文件命名与保存（10%）	基本设置（20%）	效果图制作（50%）	职业素养（20%）
任务2	1-1-2：绘制基本图形	基本图形绘制练习（20%）	指定图形绘制（60%）		职业素养（20%）
任务3	1-1-3：图形编辑与填充	图形编辑与填充练习（20%）	指定图形绘制（60%）		职业素养（20%）
任务4	1-1-4：图形标注	图形标注练习（20%）	指定图形绘制（60%）		职业素养（20%）
任务5	1-2-1：通信线路工程勘察与制图	工程勘察（20%）	草图绘制（20%）	施工图绘制（40%）	职业素养（20%）
任务6	1-2-2：通信设备工程勘察与制图	工程勘察（20%）	草图绘制（20%）	施工图绘制（40%）	职业素养（20%）
任务7	2-3-1：通信线路工程概预算编制	概预算文件的整体规范性（20%）	概预算文件的质量（60%）		职业素养（20%）
任务8	2-3-2：通信设备安装工程概预算编制	概预算文件的整体规范性（20%）	概预算文件的质量（60%）		职业素养（20%）

实训指导：

（1）建立整个工作簿的框架，并按要求给各个工作表命名。

（2）导入相应表格的基础已知数据。

实训项目 3-1：
表格基础数据

实训项目 3-1：
Excel 公式应用

实训项目 3-1：
Excel 公式应用

（3）按题设要求建立公式，每个工作表的名单列也可以采用公式链接。

（4）表格基础数据可以自行假设，也可以（【素材】实训项目 3-1：表格基础数据）。

（5）Excel 的公式应用，详见在线视频（【视频】实训项目 3-1：Excel 公式应用）及指导书（【素材】实训项目 3-1：Excel 公式应用）。

任务 3-2　直接工程费的计算和表格填写

任务指南

一、任务工单

项目名称	3-2：直接工程费的计算和表格填写	目标要求	1. 掌握人工、材料费的计算，填写表四（甲）；2. 掌握机械和仪表使用费的计算，填写表三（甲）、（乙）、（丙）		
项目内容（工作任务）	1. 某项目主材由施工提供，需要 5 盘 8 芯光缆、5 盘 24 芯光缆；200 根 7 m、100 根 8 m、100 根 9 m 水泥电杆；各材料单价如表 3-5 和表 3-6 所示。试计算其主要材料费，并填写表四（甲）【单盘光缆长度为 2 km，各材料用量中已折入损耗用量】。				

表 3-5　光缆报价

型号	除税价/（元/m）	型号	除税价/（元/m）	型号	除税价/（元/m）
GYTS—4S	2.60	GYTS—16S	4.10	GYTS—48S	10.10
GYTS—6S	2.90	GYTS—24S	5.10	GYTS—72S	13.00
GYTS—8S	3.10	GYTS—32S	6.60	GYTS—96S	15.90
GYTS—12S	3.60	GYTS—36S	7.10	—	—

表 3-6　电杆报价

型号	除税价/（元/根）
预应力混凝土水泥电杆 150×7CY	274.30
预应力混凝土水泥电杆 150×8CY	309.32
预应力混凝土水泥电杆 150×9CY	396.87
预应力混凝土水泥电杆 150×10CY	443.56
预应力混凝土水泥电杆 190×12CY	758.71

2. 某项目施工中，光缆接续 8 芯 10 条（按 10 个接头计取，下同），12 芯 10 条，16 芯 10 条；试统计其工程量、计算其机械使用费和仪表使用费，并分别填写表三（甲）、（乙）和（丙）

工作要求	1. 个人独立完成；2. 根据提交的作品考核评分；3. 在开展下次任务之前提交作品
备注	提交作品要求：1. 所有表格放入一个 Excel 文件；2. 命名：＊＊班-＊＊号-＊＊＊

二、作业指导书

项目名称	3-2:直接工程费的计算和表格填写		建议课时	4
质量标准	计算结果的准确性;表格填写的规范性			
仪器设备	计算机,CAD 制图平台,Office 平台			
相关知识	人工、材料费的计算方法;机械和仪表使用费的计算方法			
项目实施环节(操作步骤)	1. 材料费与表四(甲) (1)计算材料费:参考教材对应篇章。 (2)填写表四(甲)。 ①只需填写表四(甲),并在标题行中填入(主要材料)表。 ②格式规范要求参考范例。 2. 工程量与表三(甲) (1)统计工程量并查找定额:参考教材对应篇章。 (2)填写表三(甲):格式规范要求参考范例。 3. 机械使用费与表三(乙) (1)计算机械使用费:参考教材对应篇章。 (2)填写表三(乙):格式规范要求参考范例。 4. 仪表使用费与表三(丙) (1)计算仪表使用费:参考教材对应篇章。 (2)填写表三(丙):格式规范要求参考范例			
参考资料	"451"定额;通信建设工程施工机械、仪表台班定额			

三、考核标准与评分表

项目名称			3-2:直接工程费的计算和表格填写		实施日期		
执行方式		个人独立完成	执行成员	班级		组别	
考核标准	类别	序号	考核分项	考核标准		分值	考核记录(分值)
	职业技能	1	材料费与表四(甲)	(1)计算方法和结果准确性 (2)表格填写的规范性		40	
		2	工程量与表三(甲)	(1)计算方法和结果准确性 (2)表格填写的规范性		15	
		3	机械使用费与表三(乙)	(1)计算方法和结果准确性 (2)表格填写的规范性		15	
		4	仪表使用费与表三(丙)	(1)计算方法和结果准确性 (2)表格填写的规范性		15	
	职业素养	5	职业素养	随堂考察:规范、严谨求实的工作作风;任务实施过程中协作互助		15	
			总　分				

相关知识

直接工程费,指施工过程中耗用的构成工程实体和有助于工程实体形成的各项费用,包括人工费、材料费、机械使用费、仪表使用费。

一、人工费

1. 人工费的含义

指直接从事建筑安装工程施工的生产人员开支的各项费用。内容如下:

①基本工资:指发放给生产人员的岗位工资和技能工资。

②工资性补贴:指规定标准的物价补贴,煤、燃气补贴,交通费补贴,住房补贴,流动施工津贴等。

③辅助工资:指在生产人员年平均有效施工天数以外非作业天数的工资,包括职工学习、培训期间的工资,调动工作、探亲、休假期间的工资,因气候影响的停工工资,女工哺乳期间的工资,病假在六个月以内的工资及产、婚、丧假期的工资。

④职工福利费:指按规定标准计提的职工福利费。

⑤劳动保护费:指规定标准的劳动保护用品的购置费及修理费、徒工服装补贴、防暑降温等保健费用。

2. 人工费的计算

人工费标准及计算规则为:

①信息通信建设工程不分专业和地区工资类别,综合取定人工费。人工费单价为:技工为114元/工日;普工为61元/工日。

②人工费 = 技工费 + 普工费。

③技工费 = 技工单价 × 概、预算技工总工日;普工费 = 普工单价 × 概、预算普工总工日。

例题 3-1:已知某通信线路工程,经统计,技工总工日为 500 工日,普工总工日为 300 工日。①若工程所在地区为普通地区,试计算其人工费;②若工程所在地区为海拔 3 500 m 的高原地区,试计算其人工费;③若工程所在地区为海拔 2 500 m 的原始森林地区,试计算其人工费。

解:

①据公式有:

人工费 = 技工费 + 普工费 = 技工单价 × 技工总工日 + 普工单价 × 普工总工日
= 114 × 500 + 61 × 300 = 75 300.00(元)

②据表 3-1,海拔 3 500 m 的高原地区为特殊地区,需要对总工日进行调整,此时调整系数为 1.3,故:

人工费 = 技工费 + 普工费 = 技工单价 × 技工总工日 + 普工单价 × 普工总工日
= 114 × 500 × 1.3 + 61 × 300 × 1.3 = 97 890.00(元)

③据表 3-1,海拔 2 500 m 的原始森林地区为特殊地区,此时两种特殊地区并发,不重复

计取系数,只取高者计算;查表得海拔 2 500 m 的高原地区调整系数为 1. 13,原始森林地区调整系数为 1. 3,所以最终调整系数仍然为 1. 3,故结果与②一致。

例题 3-2: 若例题 3-1 中的工程类型为交换设备安装工程,并且无普工工日;其余条件不变,试再次计算各情况下的人工费。

解:

①人工费 = 技工费 + 普工费 = 技工单价 × 技工总工日 + 普工单价 × 普工总工日
        $= 116 \times 500 = 58\ 000.\ 00(元)$

②人工费 = 技工费 + 普工费 = 技工单价 × 技工总工日 + 普工单价 × 普工总工日
        $= 116 \times 500 \times 1.\ 3 = 75\ 400.\ 00(元)$

③系数调整中的规定"原始森林地区(室外)及沼泽地区施工时人工工日、机械台班消耗量乘以系数 1. 3",由于交换设备安装工程属于室内项目,故不适用于该条目;因此只需要计取高原地区的调整系数,故最终调整系数为 1. 13,因此有:

人工费 = 技工费 + 普工费 = 技工单价 × 技工总工日 + 普工单价 × 普工总工日
        $= 116 \times 500 \times 1.\ 13 = 65\ 540.\ 00(元)$

二、材料费

1. 材料费的含义

指施工过程中实体消耗的原材料、辅助材料、构配件、零件、半成品的费用和周转使用材料的摊销,以及采购材料所发生的费用总和。内容如下:

①材料原价:指供应价或供货地点价。

②材料运杂费:指材料自来源地运至工地仓库(或指定堆放地点)所发生的费用。

③运输保险费:指材料(或器材)自来源地运至工地仓库(或指定堆放地点)所发生的保险费用。

④采购及保管费:指为组织材料(或器材)采购及材料保管过程中所需要的各项费用。

⑤采购代理服务费:指委托中介采购代理服务的费用。

⑥辅助材料费:指对施工生产起辅助作用的材料。

2. 材料费的计算

(1)计算规则

材料费计费标准及计算规则为:

①材料费 = 主要材料费 + 辅助材料费。

②主要材料费 = 材料原价 + 运杂费 + 运输保险费 + 采购及保管费 + 采购代理服务费。

(2)主要材料费的计算

①材料原价为供应价或供货地点价。

②运杂费:编制概算时,除水泥及水泥制品的运输距离按 500 km 计算,其他类型的材料运输距离按 1 500 km 计算。

运杂费 = 材料原价 × 器材运杂费费率,器材运杂费费率如表 3-7 所示。

表 3-7 器材运杂费费率表

费率/% 运距/km ＼ 器材名称	光缆	电缆	塑料及塑料制品	木材及木制品	水泥及水泥构件	其他
$L\leqslant 100$	1.3	1.0	4.3	8.4	18.0	3.6
$100 < L\leqslant 200$	1.5	1.1	4.8	9.4	20.0	4.0
$200 < L\leqslant 300$	1.7	1.3	5.4	10.5	23.0	4.5
$300 < L\leqslant 400$	1.8	1.3	5.8	11.5	24.5	4.8
$400 < L\leqslant 500$	2.0	1.5	6.5	12.5	27.0	5.4
$500 < L\leqslant 750$	2.1	1.6	6.7	14.7	—	6.3
$750 < L\leqslant 1\,000$	2.2	1.7	6.9	16.8	—	7.2
$1\,000 < L\leqslant 1\,250$	2.3	1.8	7.2	18.9	—	8.1
$1\,250 < L\leqslant 1\,500$	2.4	1.9	7.5	21.0	—	9.0
$1\,500 < L\leqslant 1\,750$	2.6	2.0	—	22.4	—	9.6
$1\,750 < L\leqslant 2\,000$	2.8	2.3	—	23.8	—	10.2
$L > 2\,000$ 时,每增加 250 km 增加	0.3	0.2	—	1.5	—	0.6

③运输保险费 = 材料原价 × 保险费率(0.1%)。

④采购及保管费 = 材料原价 × 采购及保管费费率,材料采购及保管费费率如表 3-8 所示。

表 3-8 材料采购及保管费费率表

工程名称	计算基础	费率/%
通信设备安装工程	材料原价	1.0
通信线路工程		1.1
通信管道工程		3.0

⑤采购代理服务费按实计列。

(3)辅助材料费的计算

辅助材料费 = 主要材料费 × 辅助材料费费率,辅助材料费费率如表 3-9 所示。

表 3-9 辅助材料费费率表

工程名称	计算基础	费率/%
有线、无线通信设备安装工程	主要材料费	3.0
电源设备安装工程		5.0
通信线路工程		0.3
通信管道工程		0.5

凡由建设单位提供的利旧材料,其材料费不计入工程成本,但作为计算辅助材料费的基础。

例题 3-3：已知某通信线路工程，材料由施工方提供，需要光缆 10 km，单价按 5 元/m 计取，运输距离为 2 100 km；需要电缆 5 km，单价按 6 元/m 计取；水泥电杆 100 根，每根 300 元，运输距离 200 km；试计算其材料费【各材料用量中已折入损耗用量】。

解：

据公式有：

材料费 = 主要材料费 + 辅助材料费。

主要材料费 = 材料原价 + 运杂费 + 运输保险费 + 采购及保管费 + 采购代理服务费。

（1）计算主要材料费

①材料原价 = $\sum$ 材料用量×材料单价

$\qquad$ = 10 km×5 元/m + 5 km×6 元/m + 100 根×300 元/根

$\qquad$ = 110 000. 00 元

②运杂费 = 材料原价×材料运杂费费率；据表 3-7，当 $L > 2\ 000$ 时，每增加 250 km 增加 0.2%，不足 250 km 按 250 km 计取，故光缆类的费率为 2.8% + 0.2% = 3.0%；电缆类未说明运输距离，按照默认距离 1 500 km 计取，故费率为 1.9%；水泥电杆运输距离为 200 km，据表 3-7 得其费率为 20.0%；因此有：

运杂费 = 10 km×（5 元/m）×3.0% + 5 km×（6 元/m）×1.9% + 100 根×（300 元/根）×20.0%

$\qquad$ = 8 070. 00 元

③运输保险费 = 材料原价×保险费率（0.1%）= 110 000. 00 元×0.1% = 110. 00 元

④采购及保管费 = 材料原价×采购及保管费费率 = 110 000. 00 元×1.1% = 1 210. 00 元

⑤采购代理服务费按实计列；即按实际发生的情况计取，未指定计算方法或实际发生量时，不计取。

所以，主要材料费 = ① + ② + ③ + ④ + ⑤ = 119 390. 00 元

（2）计算辅助材料费

辅助材料费 = 主要材料费×辅助材料费费率 = 119 960. 00 元×0.3% = 358. 17 元

（3）计算材料费

材料费 = 主要材料费 + 辅助材料费 = （1） + （2） = 119 748. 17 元

三、机械使用费

1. 机械使用费的含义

指施工机械作业所发生的机械使用费以及机械安拆费，内容包括：

①折旧费：指施工机械在规定的使用年限内，陆续收回其原价值及购置资金的时间价值。

②大修理费：指施工机械按规定的大修理间隔台班进行必要的大修理，以恢复其正常功能所需的费用。

③经常修理费:指施工机械除大修理以外的各级保养和临时故障排除所需的费用,包括为保障机械正常运转外所需替换设备与随机配备工具和附具的摊销、维护费用,机械运转中日常保养所需润滑与擦拭的材料费用及机械停滞期间的维护和保养费用等。

④安拆费:指施工机械在现场进行安装与拆卸所需的人工、材料、机械和试运转费用以及机械辅助设施的折旧、搭设、拆除等费用。

⑤人工费:指机上操作人员和其他操作人员在工作台班定额内的人工费。

⑥燃料动力费:指施工机械在运转作业中所消耗的固体燃料(煤、木材)、液体燃料(汽油、柴油)及水、电等。

⑦税费:指施工机械按照国家规定应缴纳的车船使用税、保险费及年检费等。

2. 机械使用费的计算规则

机械使用费计算标准及计算规则为:

机械使用费 = 机械台班单价 × 概算、预算机械台班量。

四、仪表使用费

1. 仪表使用费的含义

指施工作业中所发生的属于固定资产的仪表使用费,内容包括:

①折旧费:指施工仪表在规定的使用年限内,陆续收回其原价值及购置资金的时间价值。

②经常修理费:指施工仪表在各级保养和临时故障排除所需的费用,包括为保障仪表正常使用所需备件(备品)的摊销和维护费用。

③年检费:指施工仪表在使用寿命期间定期标定与年检费用。

④人工费:指施工仪表操作人员在工作台班定额内的人工费。

2. 仪表使用费的计算规则

仪表使用费计算标准及计算规则为:

仪表使用费 = 仪表台班单价 × 概算、预算仪表台班量。

例题3-4:已知某通信线路工程,需要接续96芯的光缆10条【按10个接头计取】,试分别计算其机械使用费和仪表使用费。

解:

(1)计算机械使用费

据公式有:机械使用费 = 机械台班单价 × 概算、预算机械台班量;

概算、预算机械台班量 = 机械定额台班量 × 工程量。

①计算概算、预算机械台班量。据附表A-1可知,接续96芯的光缆适用于定额编号为"TXL6-015"的条目,此时需要的机械包括汽油发电机(10 kW)和光纤熔接机,并且每个接头需要的台班量分别为0.50和1.10;总的工程量为接续10条即10个接头;所以前述两种机械的台班总量分别为0.50×10 = 5台班和1.10×10 = 11台班。

②计算机械使用费。据附表 B-1 可知,汽油发电机(10 kW)和光纤熔接机的台班单价分别为 202 元/台班和 144 元/台班,因此有:

机械使用费 =(202 元/台班)×5 台班 +(144 元/台班)×11 台班 =2 594.00 元

(2)计算仪表使用费

①计算概算、预算仪表台班量。同(1),据附表 A-1 可知,此时需要的仪表为光时域反射仪,单接头的台班量为 1.70,所以光时域反射仪的台班总量为 1.70×10 =17 台班。

②计算仪表使用费。据附表 B-2 可知,光时域反射仪的台班单价为 153 元/台班,因此有:

仪表使用费 =(153 元/台班)×17 台班 =2 601.00 元

任务实施

本套表格供编制工程项目概算或预算使用,各类表格标题中带下画线的空格"_____"处应根据编制阶段明确填写"概"或"预",表格的表首填写具体工程的相关内容。

一、表四填写的规范要求

1.(表四)甲填表说明

①本表供编制本工程的主要材料、设备和工器具费使用。

②表格标题下面括号内根据需要,填写"主要材料"。

③第Ⅱ、Ⅲ、Ⅳ、Ⅴ、Ⅵ栏分别填写名称、规格程式、单位、数量、单价。第Ⅵ栏为不含税单价。

④第Ⅶ栏填写第Ⅵ栏与第Ⅴ栏的乘积。第Ⅷ、Ⅸ栏分别填写合计的增值税及含税价。

⑤第Ⅹ栏填写需要说明的有关问题。

⑥依次填写上述信息后,还需计取下列费用:

● 小计(材料原价)。

● 运杂费(小计×运杂费费率)。

● 运输保险费(小计×运输保险费费率)。

● 采购及保管费(小计×采购保管费费率)。

● 采购代理服务费(按实计列)。

● 合计(以上 5 项之和)。

⑦用于主要材料表时,应将主要材料分类后按上述第⑥点计取相关费用,然后进行总计。

2.(表四)乙填表说明

①本表供编制引进工程的主要材料、设备和工器具的数量和费用使用。

②表格标题下面括号内根据需要填写引进主要材料或引进需要安装的设备或引进不需要安装的设备、工器具、仪表。

③第Ⅵ、Ⅶ、Ⅷ和Ⅸ栏分别填写外币金额及折算人民币的金额,并按引进工程的有关规定填写相应费用。其他填写方法与(表四)甲基本相同。

3. 填写范例

以本任务工单中的项目背景为例,阐述表四甲的填写规范与要求,详情见表3-10。关于表3-10的几点说明和注意事项:

①表头中的页码编号原则为,当整张表格的内容只占一张 A4 纸时,统一编号为"第全页";若超过一页,则按顺序编为"第 1 页""第 2 页"等。

②列 Ⅰ 中的序号,为快速读取材料的种类和型号,只有不同材料类型或规格型号时才需要按顺序编号,即运杂费等费用计算所占用的行不纳入编号序列。

③涉及多层次相加时,采用的名称层次依次为小计、合计、总计、总合计。

④表格排版时,有数值的行和列要求居中,其余部分无固定要求;但通常要求整列统一格式,即全部居中或左对齐。

⑤表格中的数值一般要求保持 2 位小数点,如整列数据均是整数时,亦可无小数点;总的原则是同一表格中尽量统一风格。

⑥本任务中各费率的取定:

• 运杂费费率:任务工单中未指定材料运距,因此按照默认距离处理;即水泥及水泥制品的运输距离按 500 km 计取,因此其费率为 27%;光缆类按照 1 500 km 计取,因此其费率为 2.4%。

• 本表在计算各种材料的采购及保管费时,费率与工程类型有关;依据本项目中需要水泥电杆,即可确定其为通信线路工程,因此其材料采购及保管费费率为 1.1%。

二、表三甲填写的规范要求

①本表供编制工程量,并计算技工和普工总工日数量使用。

②第 Ⅱ 栏根据《信息通信建设工程预算定额》,填写所套用预算定额子目的编号。若需临时估列工作内容子目,在本栏中标注"估列"两字;两项以上"估列"条目,应编列序号。

③第Ⅲ、Ⅳ栏根据《信息通信建设预算定额》分别填写所套定额子目的名称、单位。

④第 Ⅴ 栏填写根据定额子目的工作内容所计算出的工程量数值。

⑤第Ⅵ、Ⅶ栏填写所套定额子目的工日单位定额值。

⑥第Ⅷ栏为第 Ⅴ 栏与第Ⅵ栏的乘积。

⑦第Ⅸ栏为第 Ⅴ 栏与第Ⅶ栏的乘积。

以本任务工单中的项目背景为例,阐述表三甲的填写规范与要求,详情见表3-11。

项目三 概预算编制基础

表3-10 表四甲各费用的计算与填写范例

国内器材预算表(表四)甲
(主要材料)表

工程名称：柳铁职院××单项工程　建设单位名称：柳州铁道职业技术学院　表格编号：TXL-4甲 A　第全页

序号	名称	规格程式	单位	数量	单价/元 除税价	合价/元 除税价	合价/元 增值税	合价/元 含税价	备注
I	II	III	IV	V	VI	VII	VIII	IX	X
1	光缆	GYTS-8S	m	10 000	3.10	31 000.00			
2	光缆	GYTS-24S	m	10 000	5.10	51 000.00			
	(1)小计1[光缆类材料原价]					82 000.00			
	(2)运杂费[小计1×2.4%]					1 968.00			
	(3)运输保险费[小计1×0.1%]					82.00			
	(4)采购及保管费[小计1×1.1%]					902.00			
	(5)合计1[(1)~(4)之和]					84 952.00			
3	水泥电杆	150×7 CY	根	200	274.30	54 860.00			
4	水泥电杆	150×8 CY	根	100	309.32	30 932.00			
5	水泥电杆	150×9 CY	根	100	396.87	39 687.00			
	(1)小计2[水泥及水泥构件类材料原价]					125 479.00			
	(2)运杂费[小计2×27%]					33 879.33			
	(3)运输保险费[小计2×0.1%]					125.48			
	(4)采购及保管费[小计2×1.1%]					1 380.27			
	(5)合计2[(1)~(4)之和]					160 864.08			
	总计[以上2类合计之和]					245 816.08			

设计负责人：张三　审核：李四　编制：王五　编制日期：2018 年 3 月

表 3-11 表三甲工程的统计与填写范例
建筑安装工程量预算表（表三）甲

工程名称：柳铁职院 x x 单项工程

建设单位名称：柳州铁道职业技术学院

表格编号：TXL-3 甲

第全页

序号	定额编号	项目名称	单位	数量	单位定额值工日		合计值工日	
					技工	普工	技工	普工
I	II	III	IV	V	VI	VII	VIII	IX
1	TXL6-008	光缆接续 12 芯以下	头	20	1.50		30.00	
2	TXL6-009	光缆接续 24 芯以下	头	10	2.49		24.90	
		合计					54.90	

设计负责人：张三　　审核：李四　　编制：王五　　编制日期：2018 年 3 月

三、表三乙填写的规范要求

1. 建筑安装工程机械使用费_____算表(表三)乙填写说明

①本表供编制本工程所列的机械费用使用。

②第Ⅱ、Ⅲ、Ⅳ和Ⅴ栏分别填写所套用定额子目的编号、名称、单位,以及该子目工程量数值。

③第Ⅵ、Ⅶ栏分别填写定额子目所涉及的机械名称及机械台班的单位定额值。

④第Ⅷ栏填写根据《通信建设工程施工机械、仪表台班费用定额》查找到的相应机械台班单价值。

⑤第Ⅸ栏填写第Ⅶ栏与第Ⅴ栏的乘积。

⑥第Ⅹ栏填写第Ⅷ栏与第Ⅸ栏的乘积。

2. 填写范例

以本任务工单中的项目背景为例,阐述表三乙的填写规范与要求,详情见表3-12。关于表3-12的几点说明和注意事项如下:

①列Ⅰ中的序号,按顺序编号,不能留空或跳跃。

②第Ⅱ、Ⅲ、Ⅳ的内容来自于定额,可查附表A-1获取;填表时定额中获取的内容只需要填写一次,不允许重复。

③本任务中"8芯"和"12芯"均属于定额中规定的"12芯以下","16芯"适用于定额中规定的"24芯以下"。

四、表三丙填写的规范要求

1. 建筑安装工程仪器仪表使用费_____算表(表三)丙填写说明

①本表供编制本工程所列的仪表费用使用。

②第Ⅱ、Ⅲ、Ⅳ和Ⅴ栏分别填写所套用定额子目的编号、名称、单位,以及该子目工程量数值。

③第Ⅵ、Ⅶ栏分别填写定额子目所涉及的仪表名称及仪表台班的单位定额值。

④第Ⅷ栏填写根据《通信建设工程施工机械、仪表台班费用定额》查找到的相应仪表台班单价值。

⑤第Ⅸ栏填写第Ⅶ栏与第Ⅴ栏的乘积。

⑥第Ⅹ栏填写第Ⅷ栏与第Ⅸ栏的乘积。

2. 填写范例

以本任务工单中的项目背景为例,阐述表三丙的填写规范与要求,详情见表3-13。关于表3-13的几点说明和注意事项如下:

①表格结构与表三乙完全相同,因此填写的规范要求也一致。

②在将表格输出成设计书时或提交审核时,一般保持原表格的篇幅;即如表3-13所示,此时表格内容较少,但是一般不允许删除多余的空白行。

表 3-12 表三乙各费用的计算与填写范例

工程名称:柳铁职院 × × 单项工程

建设单位名称:柳州铁道职业技术学院

建筑安装工程机械使用费预算表(表三)乙

表格编号:TXL-3 乙

第全页

序号	定额编号	项目名称	单位	数量	机械名称	单位定额值		合计值	
						消耗量/台班	单价/元	消耗量/台班	合价/元
I	II	III	IV	V	VI	VII	VIII	IX	X
1	TXL6-008	光缆接续 12 芯以下	头	20	汽油发电机(10 kW)	0.10	202.00	2.00	404.00
2				20	光纤熔接机	0.20	144.00	4.00	576.00
3	TXL6-009	光缆接续 24 芯以下	头	10	汽油发电机(10 kW)	0.15	202.00	1.50	303.00
4				10	光纤熔接机	0.30	144.00	3.00	432.00
		合计							1 715.00

设计负责人:张三　　　　　　　审核:李四　　　　　　　编制:王五　　　　　　　编制日期:2018 年 3 月

表 3-13　表三丙各费用的计算与填写范例

工程名称:柳铁职院××单项工程

建设单位名称:柳州铁道职业技术学院

建筑安装工程机械使用费预算表(表三)丙

表格编号:TXL-3 丙

第全页

序号	定额编号	项目名称	单位	数量	仪表名称	单位定额值		合计值	
						消耗量/台班	单价/元	消耗量/台班	合价/元
I	II	III	IV	V	VI	VII	VIII	IX	X
1	TXl6-008	光缆接续 12 芯以下	头	20	光时域反射仪	0.70	153.00	14.00	2 142.00
2	TXl6-009	光缆接续 24 芯以下	头	10	光时域反射仪	0.80	153.00	8.00	1 224.00
		合计							3 366.00

设计负责人:张三　　　　审核:李四　　　　编制:王五　　　　编制日期:2018 年 3 月

实训项目

实训项目 3-2:云南省某长途架空光缆线路工程,材料由施工方提供;全程 100 km,采用 96 芯光缆;新立电杆为 11 m 水泥杆,平均杆距 50 m,施工地区为平原地区并多为普通土;全程光缆接头 20 个。暂时只考虑立电杆、挂钩法架设光缆以及光缆接续这三项内容,试统计工程量、计算此时的主要材料费、机械使用费和仪表使用费,并填写相应表格。【各材料的单价如表 3-14 所示。】

表 3-14　材料单价表

材料名称	单位	除税价/元	材料名称	单位	除税价/元
架空光缆(96 芯)	m	10.00	水泥 C32.5	t	350.00
电缆挂钩	只	0.10	光缆接续器材	套	100.00
保护软管	m	10.00	水泥电杆(11 m)	根	350.00
镀锌铁线 $\phi1.5$	kg	7.50	光缆标志牌	个	0.50

实训指导:

①据题意,此时各种材料的用量属于净用量,表四甲中需要购买的材料用量 = 净用量 + 损耗量,需要查定额才能确定。

②查阅定额不难发现,还有一些配套材料和耗材在题设条件中是看不出来的,也需要查定额才能确定。

因此,本次实训的重点在于定额的查找和使用。

1. 立水泥杆

据题意,需要立设的水泥电杆数量 $= \dfrac{100 \text{ km}}{50 \text{ m/根}} = 2\,000$(根);该项目套用附表 A-2 中的 TXL3-004 条目,因此有:

(1)工程量

①技工总工日 $= 2\,000 \times 0.77 = 1\,540.00$(工日)

②普工总工日 $= 2\,000 \times 0.85 = 1\,700.00$(工日)

(2)材料用量

①水泥电杆(梢径 13~17 cm) $= 2\,000 \times 1.01 = 2\,020$(根)

②水泥(C32.5) $= 2\,000 \times 0.20 = 400$(kg) $= 0.4$(t)

(3)机械台班量

汽车式起重机(5 t) $= 2\,000 \times 0.04 = 80$(台班)

(4)仪表台班量

无仪表使用量。

2. 敷设架空光缆

据题意,需要敷设架空光缆100 km,该项目套用附表 A-3 中的 TXL3-189 条目,其单位为千米条,100 km 的光缆为100 千米条,因此有:

(1)工程量

①技工总工日 = 100 × 8.25 = 825.00(工日)

②普工总工日 = 100 × 6.52 = 652.00(工日)

(2)材料用量

①架空光缆 = 100 × 1 007 = 100 700(m);【从定额中可知,每千米光缆需要 1 007 m,多出的 7 m 即为损耗量,下同】

②电缆挂钩 = 100 × 2 060 = 206 000(只)

③保护软管 = 100 × 25 = 2 500(m)

④镀锌铁线(φ1.5) = 100 × 1.02 = 102(kg)

(3)机械台班量

无机械使用量。

(4)仪表台班量

无仪表使用量。

3. 光缆接续

据题意,光缆接续接头20 个,该项目套用附表 A-1 中的 TXL6-015 条目,因此有:

(1)工程量

技工总工日 = 20 × 7.17 = 143.40(工日);无普工。

(2)材料用量

光缆接续器材 = 20 × 1.01 = 20.20(套)

(3)机械台班量

①汽油发电机(10 kW) = 20 × 0.50 = 10.00(台班)

②光纤熔接机 = 20 × 1.10 = 22.00(台班)

(4)仪表台班量

光时域反射仪 20 × 1.70 = 34.00(台班)

参考答案:

①表三甲:技工总工日 = 2 508.40(工日);普工总工日 = 2 352.00(工日)。

②表三乙:机械使用费 = 46 468.00(元)。

③表三丙:仪表使用费 = 5 202.00(元)。

④表四甲:光缆接续器材和保护软管归入塑料类,主要材料费 = 2 002 720.45(元)。

任务 3-3　建筑安装工程费的计算和表格填写

任务指南

一、任务工单

项目名称	3-3:建筑安装工程费的计算和表格填写	目标要求	1. 掌握措施费的计算,填写表二中的相关内容; 2. 掌握间接费、利润和税金的计算,填写表二中的相关内容
项目内容 (工作任务)			1. 海拔 3 000 m 四川省某城区线路工程,统计出技工工日 3 000,普工工日 1 000;施工现场与企业距离为 450 km;需要微控钻孔敷管设备(25 t 以上)、光(电)缆拖车和气流辐射吹缆设备等机械;试计算其措施项目费填入表二。 2. 辽宁省某农村基站工程,统计出技工工日 160,其中室外部分 110 工日;施工企业驻地距工程所在地 30 km,主要材料运距为 500 km;本工程采用包工包料方式,主要材料中电缆类 20 000 元(原价),其他类 6 000 元(原价);仪表使用费 2 000 元,无机械使用费;试计算其建安费,并填写表二
工作要求			1. 个人独立完成;2. 根据提交的作品考核评分;3. 在开展下次任务之前提交作品
备注			提交作品要求:1. 所有表格放入一个 Excel 文件;2. 命名:＊＊班＊＊号＊＊＊

二、作业指导书

项目名称	3-3:建筑安装工程费的计算和表格填写	建议课时	4
质量标准	计算结果的准确性;表格填写的规范性		
仪器设备	计算机,Office 平台		
相关知识	措施费的计算方法;建筑安装工程费的计算方法		
项目实施环节 (操作步骤)	1. 措施费与表二 (1)计算方法:基本上都是人工费×相应费率【详情参见教材】 (2)填表:填写表二中的对应部分,其余空白 2. 建筑安装工程费与表二 (1)计算方法:详情参见教材; (2)填表:参见范例		
参考资料	"451"定额;通信建设工程施工机械、仪表台班定额		

三、考核标准与评分表

项目名称		3-3:建筑安装工程费的计算和表格填写		实施日期	
执行方式	个人独立完成	执行成员	班级	组别	
考核标准	类别	序号	考核分项	考核标准	分值	考核记录(分值)
	职业技能	1	措施费与表二	(1)计算方法和结果的准确性 (2)表格填写的规范性	40	
		2	建筑安装工程费与表二	(1)计算方法和结果的准确性 (2)表格填写的规范性	50	
	职业素养	3	职业素养	随堂考察:规范、严谨求实的工作作风;任务实施中协作互助	10	
总　分						

相关知识

建筑安装工程费由直接费、间接费、利润和销项税额组成,其中直接费又由直接工程费和措施项目费构成,详情如图 3-9 所示。

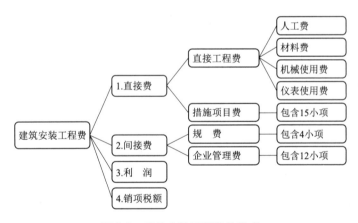

图 3-9　建筑安装工程费的构成

一、措施项目费

指为完成工程项目施工,发生于该工程前和施工过程中非工程实体项目的费用,内容包括以下项目。

1. 文明施工费

文明施工费是指,施工现场为达到环保要求及文明施工所需要的各项费用。

计费标准和计算规则为:文明施工费 = 人工费 × 费率。文明施工费费率如表 3-15 所示。

表3-15　文明施工费率表

工程专业	计算基础	费率/%
无线通信设备安装工程	人工费	1.1
通信线路工程、通信管道工程		1.5
有线通信设备安装工程、电源设备安装工程		0.8

解读与解析：

由原"75"定额中的"环境保护费"和"文明施工费"合并而成。

项目文明施工是指保持施工场地整洁、卫生，施工组织科学，施工程序合理的一种施工活动。其基本要求包括如下方面：

①施工现场要建立文明施工责任制，划分区域，明确管理负责人，实行挂牌制，做到现场清洁整齐。

②施工现场场地平整，道路坚实畅通，有排水措施，基础、地下管道施工完后要及时回填平整，清除积土。

③现场施工临时水电要由专人管理，不得有长流水、长明灯。

④施工现场的临时设施，包括生产、办公、生活用房、仓库、料场、临时上下水管道以及照明、动力线路，要严格按施工组织设计确定的施工平面图布置、搭设或埋设整齐。

⑤工人操作地点和周围必须清洁整齐，做到活完脚下清，工完场地清，丢洒在楼梯、楼板上的杂物和垃圾要及时清除。

⑥要有严格的成品保护措施，严禁损坏污染成品，堵塞管道。

⑦建筑物内清除的垃圾渣土，要通过临时搭设的竖井或利用电梯井或采取其他措施稳妥下卸，严禁从门窗口向外抛掷。

⑧施工现场不准乱堆垃圾及余物。应在适当地点设置临时堆放点，并定期外运。清运垃圾及流体物品，要采取遮盖防漏措施，运送途中不得遗撒。

⑨根据工程性质和所在地区的不同情况，采取必要的围护和遮挡措施，并保持外观整洁。

⑩施工现场应建立不扰民措施，针对施工特点设置防尘和防噪声设施，夜间施工必须有当地主管部门的批准。

2. 工地器材搬运费

工地器材搬运费是指，由工地仓库至施工现场转运器材而发生的费用。

计费标准和计算规则为：工地器材搬运费 = 人工费 × 工地器材搬运费费率，工地器材搬运费费率如表3-16所示。

表3-16　工地器材搬运费费率表

工程名称	计算基础	费率/%
通信设备安装工程	人工费	1.1
通信线路工程		3.4
通信管道工程		1.2

注：因施工现场条件限制，造成一次运输不能达到工地仓库时，可在此费用中按实计列二次搬运费用。

解读与解析：

①注意与器材运杂费的区分：运杂费指的是将器材从厂家（器材生产地）运输至工地仓库（或指定地点）所发生的运转费用；而工地器材搬运费指的是将器材从工地仓库（或指定地点）运转至施工现场，故又称二次搬运费。

②费率表中，通信设备安装工程，包括有线通信设备安装工程和无线通信设备安装工程，下同。

③由费率表可知，相比较而言，通信线路工程的费率独高，主要缘于通信线路工程"线长面广"的特点，即通信线路工程中其施工地点通常比较分散，导致器材搬运成本较高。

3. 工程干扰费

工程干扰费是指，通信工程由于受市政管理、交通管制、人流密集、输配电设施等影响工效的补偿费用。

计费标准和计算规则为：工程干扰费 = 人工费 × 工程干扰费费率，工程干扰费费率如表 3-17 所示。

表 3-17　工程干扰费费率表

工程名称	计算基础	费率/%
通信线路工程（干扰地区）、通信管道工程（干扰地区）	人工费	6.0
无线通信设备安装工程（干扰地区）		4.0

注：干扰地区指城区、高速公路隔离带、铁路路基边缘等施工地带；城区的界定以当地规划部门规划文件为准。

解读与解析：

①该项费用的内涵指的是，施工单位在施工过程中受到外界各因素的干扰，导致其施工效率降低，进而对其进行补偿所计取的费用；不是指施工单位的施工对周围居民的生活造成了干扰。

②有线通信设备安装工程的施工均发生在室内，故无须计取该项费用。

4. 工程点交、场地清理费

工程点交、场地清理费是指，按规定编制竣工图及资料、工程点交、施工现场清理等发生的费用。

计费标准和计算规则为：工程点交、场地清理费 = 人工费 × 工程点交、场地清理费费率，工程点交、场地清理费费率如表 3-18 所示。

表 3-18　工程点交、场地清理费费率表

工程名称	计算基础	费率/%
通信设备安装工程	人工费	2.5
通信线路工程		3.3
通信管道工程		1.4

5. 临时设施费

临时设施费是指，施工企业为进行工程施工所必须设置的生活和生产用的临时建筑

物、构筑物和其他临时设施费用等,内容包括临时设施的租用或搭建、维修、拆除费或摊销费。

计费标准和计算规则为:临时设施费按施工现场与企业的距离划分为 35 km 以内和 35 km 以外两档。

临时设施费 = 人工费 × 临时设施费费率,临时设施费费率如表3-19所示。

表3-19 临时设施费费率表

工程名称	计算基础	费率/%	
		距离≤35 km	距离>35 km
通信设备安装工程	人工费	3.8	7.6
通信线路工程		2.6	5.0
通信管道工程		6.1	7.6

6. 工程车辆使用费

工程车辆使用费是指,工程施工中接送施工人员、生活用车等(含过路、过桥)费用。

计费标准和计算规则为:工程车辆使用费 = 人工费 × 工程车辆使用费费率,工程车辆使用费费率如表3-20所示。

表3-20 工程车辆使用费费率表

工程名称	计算基础	费率/%
无线通信设备安装工程、通信线路工程	人工费	5.0
有线通信设备安装工程、通信电源设备安装工程、通信管道工程		2.2

解读与解析:

此项费用特指非生产用车。如购买的器材从厂家运输至工地仓库(或指定地点),属于运杂费;器材搬至各施工地点属于工地器材搬运费;施工过程中需要车辆配合如光缆拖车等,属于机械使用费;管道工程中需要将土石运走属于运土费;只有如用车辆接送施工人员至施工地点等生活用车,才属于该项工程车辆使用费。

7. 夜间施工增加费

夜间施工增加费是指,因夜间施工所发生的夜间补助费、夜间施工降效、夜间施工照明设备摊销及照明用电等费用。

计费标准和计算规则为:夜间施工增加费 = 人工费 × 夜间施工增加费费率,夜间施工增加费费率如表3-21所示。

表3-21 夜间施工增加费费率表

工程名称	计算基础	费率/%
通信设备安装工程	人工费	2.1
通信线路工程(城区部分)、通信管道工程		2.5

注:此项费用不考虑施工时段均按相应费率计取。

解读与解析：

①"此项费用不考虑施工时段均按相应费率计取"的缘由在于，在通信工程建设程序中，编制概预算属于设计阶段，处于施工之前；即编制概预算时，是无法确定项目的具体施工时段的，故不分时段均计取。

②对通信线路工程而言，该项费用只有城区部分才计取，主要是郊区和农村地区的线路工程通常是野外作业，夜间不具备施工条件。

③相对应的通信管道工程，没有城区部分的限制，主要是缘于就国内目前的情况而言，郊区和农村地区通信管道覆盖极少，前述地区目前主要采用直埋和架空的方式敷设通信线路。

8. 冬雨季施工增加费

冬雨季施工增加费是指，在冬雨季施工时所采取的防冻、保温、防雨等安全措施及工效降低所增加的费用。

计费标准和计算规则为：冬雨季施工增加费 = 人工费 × 冬雨季施工增加费费率，冬雨季施工增加费费率如表 3-22 所示。冬雨季施工地区分类表如表 3-23 所示。

表 3-22　冬雨季施工增加费费率表

工程名称	计算基础	费率/%		
		I	II	III
通信设备安装工程（室外部分） 通信线路工程、通信管道工程	人工费	3.6	2.5	1.8

注：此费用在编制预算时，不考虑施工所处季节均按相应费率计取；如工程跨越多个地区分类档，按高档计取该项费用；综合布线工程不计取该项费用。

表 3-23　冬雨季施工地区分类表

地区分类	省、自治区、直辖市名称
I	黑龙江、青海、新疆、西藏、辽宁、内蒙古、吉林、甘肃
II	陕西、广东、广西、海南、浙江、福建、四川、宁夏、云南
III	其他地区

解读与解析：

①"此项费用不考虑施工时段均按相应费率计取"的缘由与"夜间施工增加费"类似。

②通信设备安装工程只计取室外天线、馈线部分，该条件是在工作实际中编制概预算时最容易忽略的地方；同时也是一般在统计通信设备安装工程工程量时（表三甲，见项目三），需要把室外工程总量单列一行统计出来的原因。

9. 生产工具用具使用费

生产工具用具使用费是指，施工所需的不属于固定资产的工具用具等的购置、摊销、维修费。

计费标准和计算规则为：生产工具用具使用费 = 人工费 × 生产工具用具使用费费率，生产工具用具使用费费率如表 3-24 所示。

表 3-24　生产工具用具使用费费率表

工程名称	计算基础	费率/%
通信设备安装工程	人工费	0.8
通信线路工程、通信管道工程		1.5

解读与解析：

国家税务总局在《企业所得税法实施条例释义》中对生产工具用具的界定是，与生产经营活动有关的器具、工具、家具等，最低折旧年限为 5 年。是除机械、机器和其他生产设备之外，但与生产经营活动有关，即不是直接的生产工具，而是在生产经营过程中起到辅助作用的器具、工具、家具等，它们的使用寿命相对较短，其最低折旧年限为 5 年。

10. 施工用水电蒸汽费

施工用水电蒸汽费是指，施工生产过程中使用水、电、蒸汽所发生的费用。

计费标准和计算规则为：

信息通信建设工程依照施工工艺要求按实计列施工用水电蒸汽费。

解读与解析：

仅指生产过程中水、电、蒸汽，生活中水、电、蒸汽费用属临时设施费。

11. 特殊地区施工增加费

特殊地区施工增加费是指，在原始森林地区、海拔 2 000 m 以上的高原地区、沙漠地区、山区无人值守站、化工区、核工业区等特殊地区施工所需增加的费用。特殊地区分类及补贴表如表 3-25 所示。

计费标准和计算规则为：

特殊地区施工增加费 = 特殊地区补贴金额 × 总工日。

表 3-25　特殊地区分类及补贴表

地区分类	高海拔地区		原始森林、沙漠、化工、核工业、山区无人值守站地区
	4 000 m 以下	4 000 m 以上	
补贴金额/（元/工日）	8	25	17

注：如工程所在地同时存在上述多种情况，按高档计取该费用。

解读与解析：

①注意与表 3-1 中工日系数调整的区别，表 3-1 中是对工日进行调整，此处是直接补偿成费用；但是又不能当作技工、普工工日单价的增加。

②与表 3-1 中的工日调整并发，如某工程项目位于海拔 3 500 m 的高原地区，其技工总工日和普工总工日分别为 500 和 300，则此时的特殊地区施工增加费 = 特殊地区补贴金额 × 总工日 =（500 + 300）× 1.3 × 8.0 元 = 8 320.00 元。

12. 已完工程及设备保护费

已完工程及设备保护费是指,竣工验收前,对已完工程及设备进行保护所需的费用。

计费标准和计算规则为:已完工程及设备保护费=人工费×已完工程及设备保护费费率,已完工程及设备保护费费率如表 3-26 所示。

表 3-26 已完工程及设备保护费费率表

工程专业	计算基础	费率/%
通信线路工程	人工费	2.0
通信管道工程		1.8
无线通信设备安装工程		1.5
有线通信及电源设备安装工程(室外部分)		1.8

13. 运土费

运土费是指,工程施工中,需要从远离施工地点取土及必须向外倒运出土方所发生的费用。

计费标准和计算规则为:

①运土费=工程量(t·km)×运费单价[元/(t·km)];

②工程量由设计单位按实际发生计列,运费单价按工程所在地运价计取。

14. 施工队伍调遣费

施工队伍调遣费是指,因建设工程的需要,应支付施工队伍的调遣费用,内容包括调遣人员的差旅费、调遣期间的工资、施工工具与用具等的运费。

计费标准和计算规则为:

①施工队伍调遣费按调遣费定额计算。

②施工现场与企业的距离在 35 km 以内时,不计取此项费用。

③施工队伍调遣费=单程调遣费定额×调遣人数×2,单程调遣费定额如表 3-27 所示,调遣人数如表 3-28 所示。

表 3-27 单程调遣费定额表

调遣里程 L/km	调遣费/元	调遣里程 L/km	调遣费/元	调遣里程 L/km	调遣费/元
$35 < L \leqslant 100$	141	$1\ 000 < L \leqslant 1\ 200$	417	$2\ 400 < L \leqslant 2\ 800$	918
$100 < L \leqslant 200$	174	$1\ 200 < L \leqslant 1\ 400$	565	$2\ 800 < L \leqslant 3\ 200$	979
$200 < L \leqslant 400$	240	$1\ 400 < L \leqslant 1\ 600$	598	$3\ 200 < L \leqslant 3\ 600$	1\ 040
$400 < L \leqslant 600$	295	$1\ 600 < L \leqslant 1\ 800$	634	$3\ 600 < L \leqslant 4\ 000$	1\ 203
$600 < L \leqslant 800$	356	$1\ 800 < L \leqslant 2\ 000$	675	$4\ 000 < L \leqslant 4\ 400$	1\ 271
$800 < L \leqslant 1\ 000$	372	$2\ 000 < L \leqslant 2\ 400$	746	$L > 4\ 400$ km 时,每增加 200 km 增加	48

表3-28 施工队伍调遣人数定额表

通信设备安装工程			
概(预)算技工总工日	调遣人数/人	概(预)算技工总工日	调遣人数/人
500 工日以下	5	4 000 工日以下	30
1 000 工日以下	10	5 000 工日以下	35
2 000 工日以下	17	5 000 工日以上,每增加 1 000 工日增加调遣人数	3
3 000 工日以下	24		
通信线路、通信管道工程			
概(预)算技工总工日	调遣人数/人	概(预)算技工总工日	调遣人数/人
500 工日以下	5	9 000 工日以下	55
10 00 工日以下	10	10 000 工日以下	60
2 000 工日以下	17	15 000 工日以下	80
3 000 工日以下	24	20 000 工日以下	95
4 000 工日以下	30	25 000 工日以下	105
5000 工日以下	35	30 000 工日以下	120
6 000 工日以下	40	30 000 工日以上,每增加 5 000 工日增加调遣人数	3
7 000 工日以下	45		
8 000 工日以下	50		

解读与解析：

①表3-27中,调遣里程 L 的定义是指施工企业所在地至施工现场的距离,35 km 以内不计取;"$L > 4\ 400$ km 时,每增加 200 km,增加 48 元",当增加距离不足 200 km 时,按 200 km 计取。

②表3-28中,调遣人数判别的依据是技工总工日,而不是技工与普工的总工日之和,主要是因为普工相对技术含量偏低,应该遵循本地化原则,聘用本地人员。

③技工总工日适用加权表3-1中的调整系数,如某通信线路工程项目位于海拔3 500 m 的高原地区,其技工总工日和普工总工日分别为 50 000 和 30 000,则调整后的技工总工日 $= 50\ 000 \times 1.3 = 65\ 000$,则所需调遣人数为：

$$调遣人数 = 120 + \left(\frac{65\ 000 - 30\ 000}{5\ 000} \right) \times 3 = 141(人)$$

15. 大型施工机械调遣费

大型施工机械调遣费是指,大型施工机械调遣所发生的运输费用。

计费标准和计算规则为：

大型施工机械调遣费 = 调遣用车运价 × 调遣运距 × 2。

①大型施工机械调遣吨位如表3-29所示。

②调遣用车吨位及运价如表3-30所示。

表 3-29　大型施工机械调遣吨位表

机械名称	吨位	机械名称	吨位
混凝土搅拌机	2	水下光(电)缆沟冲挖机	6
电缆拖车	5	液压顶管机	5
微管微缆气吹设备	6	微控钻孔敷管设备(25 t 以下)	8
气流敷设吹缆设备	8	微控钻孔敷管设备(25 t 以上)	12
回旋钻机	11	液压钻机	15
型钢剪断机	4.2	磨钻机	0.5

表 3-30　调遣用车吨位及运价表

名称	吨位	运价/(元/km)	
		单程距离≤100 km	单程距离>100 km
工程机械运输车	5	10.8	7.2
工程机械运输车	8	13.7	9.1
工程机械运输车	15	17.8	12.5

解读与解析:

①此项调遣费不受调遣距离 35 km 的门槛限制,即不管施工企业距离施工现场的距离是多少,均需要按实际距离计取。

②某工程需要电缆拖车、微管微缆气吹设备、气流敷设吹缆设备等大型施工机械,调遣距离为 200 km,则此时的大型施工机械调遣费的计算过程为:

查表 3-29 可知,此时所需调遣施工机械的吨位分别为 5 t、6 t 和 8 t,因此最佳配置为 5 t 的工程机械运输车运输电缆拖车(5 t),15 t 的工程机械运输车运输微管微缆气吹设备和气流敷设吹缆设备(6 t + 8 t = 14 t)。

因此:

大型施工机械调遣费 = 调遣用车运价 × 调遣运距 × 2
    = (7.2 元/km) × 200 km × 2 + (12.5 元/km) × 200 km × 2
    = 7 880.00 元

二、间接费

间接费由规费、企业管理费构成,各项费用均不包括增值税可抵扣进项税额的税前造价。

1. 规费

规费是指,政府和有关部门规定必须缴纳的费用(简称规费),内容如下:

①工程排污费:指施工现场按规定缴纳的工程排污费。

②社会保险费,包括:

● 养老保险费:指企业按规定标准为职工缴纳的基本养老保险费;

● 失业保险费:指企业按照国家规定标准为职工缴纳的失业保险费;

● 医疗保险费:指企业按照规定标准为职工缴纳的基本医疗保险费;

● 生育保险费:是指企业按照规定标准为职工缴纳的生育保险费;

● 工伤保险费:是指企业按照规定标准为职工缴纳的工伤保险费。

③住房公积金:指企业按照规定标准为职工缴纳的住房公积金。

④危险作业意外伤害保险:指企业为从事危险作业的建筑安装施工人员支付的意外伤害保险费。

计费标准和计算规则为:规费 = 工程排污费 + 社会保障费 + 住房公积金 + 危险作业意外伤害保险费。

上式中:

● 工程排污费:根据施工所在地政府部门相关规定;

● 社会保障费 = 人工费 × 社会保障费费率(28.50%);

● 住房公积金 = 人工费 × 住房公积金费率(4.19%);

● 危险作业意外伤害保险费 = 人工费 × 危险作业意外伤害保险费费率(1.00%)。

解读与解析:

"工程排污费,一般管道工程计取,其他工程不计",此处的管道工程,是指管道建设项目,在现有管道中敷设光电缆,属于通信线路工程,下同。

2. 企业管理费

企业管理费,是指施工企业组织施工生产和经营管理所需费用,内容如下:

①管理人员工资:指管理人员的基本工资、工资性补贴、职工福利费、劳动保护费等。

②办公费:指企业管理办公用的文具、纸张、账表、印刷、邮电、书报、会议、水电、烧水和集体取暖(包括现场临时宿舍取暖)用煤等费用。

③差旅交通费:指职工因公出差、调动工作的差旅费,住勤补助费,市内交通费和误餐补助费,职工探亲路费,劳动力招募费,职工离退休、退职一次性路费,工伤人员就医路费,工地转移费以及管理部门使用的交通工具的油料、燃料等费用。

④固定资产使用费:指管理和试验部门及附属生产单位使用的属于固定资产的房屋、设备仪器等的折旧、大修、维修或租赁费。

⑤工具用具使用费:指管理使用的不属于固定资产的生产工具、器具、家具、交通工具和检验、测绘、消防用具等的购置、维修和摊销费。

⑥劳动保险费:指由企业支付离退休职工的异地安家补助费、职工退休金,6 个月以上的病假人员工资,按规定支付给离退休干部的各项经费。

⑦工会经费:指企业按职工工资总额计提的工会经费。

⑧职工教育经费:是指按职工工资总额计提,企业为职工进行专业技术和职业技能培训,专业技术人员继续教育、职工职业技能鉴定、职业资格认定以及根据需要对职工进行各类文化教育所发生的费用。

⑨财产保险费:指施工管理用财产、车辆保险费用。

⑩财务费:是指企业为施工生产筹集资金或提供预付款担保、履约担保、职工工资支付担保等所发生的各种费用。

⑪税金:指企业按规定缴纳的城市维护建设税、教育费附加税、地方教育费附加税、房产税、车船使用税、土地使用税、印花税等。

⑫其他:包括技术转让费、技术开发费、业务招待费、绿化费、广告费、公证费、法律顾问费、审计费、咨询费等。

计费标准和计算规则为:企业管理费 = 人工费 × 企业管理费费率(27.4%)。

三、利润

利润是指,施工企业完成所承包工程获得的盈利。

计费标准和计算规则为:利润 = 人工费 × 利润率(20%)。

四、销项税额

销项税额,指按国家税法规定应计入建筑安装工程造价的增值税销项税额。

计费标准和计算规则为:

销项税额 = (人工费 + 乙供主材费 + 辅材费 + 机械使用费 + 仪表使用费 + 措施费 + 规费 + 企业管理费 + 利润) × 11% + 甲供主材费 × 适用税率。

注:甲供主材适用税率为材料采购税率;乙供主材指建筑服务方提供的材料。

解读与解析:

营改增的背景下,由"75"定额中的税金演变而成。增值税是以商品(含应税劳务)在流转过程中产生的增值额作为计税依据而征收的一种流转税。从计税原理上说,增值税是对商品生产、流通、劳务服务中多个环节的新增价值或商品的附加值征收的一种流转税。实行价外税,也就是由消费者负担,有增值才征税没增值不征税。增值税的一般计税方法如表 3-31 所示。

表 3-31　增值税一般计税方法

类别	征税对象	税率/%
一 销售或 进口货物	(一)销售或进口(二)以外的货物	17
	(二)销售或进口下列货物: 1. 粮食、食用植物油; 2. 自来水、暖气、冷气、热水、煤气、石油液化气、天然气、沼气、居民用煤炭制品; 3. 图书、报纸、杂志; 4. 饲料、化肥、农药、农机、农膜。	13
二	出口货物,国务院另有规定的除外	0
三	加工、修理修配、部分租赁	17
四 营改增	提供交通运输业、邮政业服务、基础电信服务、建筑服务	11
	提供有形动产租赁服务	17
	研发技术、信息技术、文化创意、物流辅助、鉴证咨询、广播影视以及增值电信、商务辅助、生活服务、销售无形资产	6

对信息通信工程建设项目而言,通常税率的选取包括:

①材料、设备及工器具购置和预备费以及项目建设管理费的增值税税率为17%;

②构成建筑安装工程费的"销项税额"、构成工程建设其他费的"安全生产费"和"生产准备及开办费(运营费)",分别属于建筑服务和基础电信服务,取税率11%;

③工程建设其他费中的"勘察设计费""建设工程监理费"等专业服务项目,隶属鉴证咨询,取税率6%。

任务实施

一、表二填写的规范要求

本套表格供编制工程项目概算或预算使用,各类表格标题中带下画线的空格"_____"处应根据编制阶段明确填写"概"或"预",表格的表首填写具体工程的相关内容。建筑安装工程费用_____算表(表二)的填写要求如下:

(1)本表供编制建筑安装工程费使用。

(2)第Ⅲ栏根据《信息通信建设工程费用定额》相关规定,填写第Ⅱ栏各项费用的计算依据和方法。

(3)第Ⅳ栏填写第Ⅱ栏各项费用的计算结果。

二、填写范例

1. 措施费的计算与表格填写

以本任务工单中的项目内容1为例,阐述表二中措施费的填写规范与要求,详情见表3-32。关于表3-32的几点说明和注意事项如下:

(1)施工队伍调遣费

据题设条件可知,"海拔3 000 m某城区的线路工程,技工工日3000",依据表3-1中的系数调整后,技工总工日=3 000×1.13=3 390;所以查表3-28时,调遣人数的判断依据"概(预)算技工总工日"适用于"4 000工日以下"的档位,即调遣人数为30人;

(2)大型施工机械调遣费

①由题设可知,需要调遣的机械为微控钻孔敷管设备(25 t以上)、光(电)缆拖车和气流辐射吹缆设备;查表3-29可知,此时所需调遣施工机械的吨位分别为12 t、5 t和8 t,因此最佳配置为15 t的工程机械运输车2台,其中一台运输微控钻孔敷管设备(25 t以上),另一台运输光(电)缆拖车和气流敷设吹缆设备(5 t+8 t=13 t)。

②因此:

$$大型施工机械调遣费 = 调遣用车运价 \times 调遣运距 \times 2 = 2 \times (12.5 \; 元/km) \times 450 \; km \times 2$$
$$= 22 \; 500.00 \; 元$$

2. 建筑安装工程费的计算与表二的填写

以本任务工单中的项目内容2为例,阐述建筑安装工程费的计算和表二的填写规范与要求,详情见表3-33。关于表3-33的几点说明和注意事项如下:

表3-32 措施费的计算与填写范例

建筑安装工程费用 预 算 表(表二)

工程名称:四川省某城区线路工程　　建设单位名称:柳州铁道职业技术学院　　表格编号:TXL-2　　第全页

序号	费用名称	依据和计算方法	合计/元
I	II	III	IV
一	建安工程费(含税价)		
	建安工程费(除税价)		
一	直接费		
(一)	直接工程费		
1	人工费	(1)+(2)	455 390.00
(1)	技工费	技工总工日×114	386 460.00
(2)	普工费	普工总工日×61	68 930.00
2	材料费		225 272.53
(1)	主要材料费		
(2)	辅助材料费		
3	机械使用费		
4	仪表使用费		
(二)	措施项目费	1~15之和	225 272.53
1	文明施工费	人工费×1.50%	6 830.85
2	工地器材搬运费	人工费×3.40%	15 483.26
3	工程干扰费	人工费×6.00%	27 323.40
4	工程点交、场地清理费	人工费×3.30%	15 027.87
5	临时设施费	人工费×5.00%	22 769.50
6	工程车辆使用费	人工费×5.00%	22 769.50
7	夜间施工增加费	人工费×2.50%	11 384.75
8	冬雨季施工增加费	人工费×2.50%	11 384.75
9	生产工具用具使用费	人工费×1.50%	6 830.85
10	施工用水电蒸汽费	按实计列	
11	特殊地区施工增加费	技工和普工总工日×8.00	36 160.00
12	已完工程及设备保护费	人工费×2.00%	9 107.80
13	运土费	工程量×运费单价	
14	施工队伍调遣费	单程调遣费295×人数30×2	17 700.00
15	大型施工机械调遣费	调遣用车运价×调遣运距×2	22 500.00
三	间接费		
(一)	规费		
1	工程排污费		
2	社会保障费		
3	住房公积金		
4	危险作业意外伤害保险费		
(二)	企业管理费		
三	利润		
四	销项税额		

设计负责人:　　　　编制:　　　　审核:

设计负责人:　　　　编制日期:　　　　年　　月

表3-33 表二 各费用的计算与填写范例

建筑安装工程费用 预 算表（表二）

工程名称：辽宁省某农村基站工程

建设单位名称：柳州铁道职业技术学院 表格编号：TSW-2

第全页

序号	费用名称	依据和计算方法	合计/元	序号	费用名称	依据和计算方法	合计/元
I	II	III	IV	I	II	III	IV
一	建安工程费（含税价）	一+二+三+四	73 981.41	7	夜间施工增加费	人工费×2.10%	383.04
	建安工程费（除税价）	一+二+三	66 649.92	8	冬雨季施工增加费	相关人工费×3.60%	451.44
一	直接费	（一）+（二）	51 859.10	9	生产工具用具使用费	人工费×0.80%	145.92
（一）	直接工程费	1+2+3+4	48 142.70	10	施工用水电蒸汽费		
1	人工费	(1)+(2)	18 240.00	11	特殊地区施工增加费		
(1)	技工费	技工总工日×114	18 240.00	12	已完工程及设备保护费	人工费×1.50%	273.60
(2)	普工费			13	运土费		
2	材料费	(1)+(2)	27 902.70	14	施工队伍调遣费		
(1)	主要材料费	由表四甲	27 090.00	15	大型施工机械调遣费		
(2)	辅助材料费	主要材料费×3.00%	812.70	二	间接费	（一）+（二）	11 142.82
3	机械使用费	由表三乙		（一）	规费	1+2+3+4	6 145.06
4	仪表使用费	由表三丙	2 000.00	1	工程排污费		
（二）	措施项目费	1~15之和	3 716.40	2	社会保障费	人工费×28.50%	5 198.40
1	文明施工费	人工费×1.10%	200.64	3	住房公积金	人工费×4.19%	764.26
2	工地器材搬运费	人工费×1.10%	200.64	4	危险作业意外伤害保险费	人工费×1.00%	182.40
3	工程干扰费			（二）	企业管理费	人工费×27.40%	4 997.76
4	工程点交、场地清理费	人工费×2.50%	456.00	三	利润	人工费×20.00%	3 648.00
5	临时设施费	人工费×3.80%	693.12	四	销项税额	建安工程费（除税价）×11.00%	7 331.49
6	工程车辆使用费	人工费×5.00%	912.00				

设计负责人： 审核： 编制： 编制日期： 年 月

①主要材料费按表四甲的要求和规范计算。

②冬雨季施工增加费只计算室外部分,因此表二中对应的"依据和计算方法"为"相关人工费×3.60%"。

③工程采用包工包料方式,即主要材料为乙供材料,表二中的销项税额=(人工费+乙供主材费+辅材费+机械使用费+仪表使用费+措施费+规费+企业管理费+利润)×11%=建安工程费(除税价)×11%。

📖 实训项目

实训项目3-3:结合实训项目3-2,并进一步假设工程所在地区为海拔3 500 m的高原地区,施工企业驻地距工程所在地50 km;试计算此时的建筑安装工程费并填写表二。

实训指导:

①人工费计算:据题意,工程所在地为特殊地区,人工费需要进行系数调整,据表3-1可知调整系数为1.3。

②机械使用费:据题意,工程所在地为特殊地区,机械使用费需要进行系数调整,据表3-1可知调整系数为1.54。

③大型施工机械调遣:施工企业驻地距工程所在地50 km,施工队伍需要调遣。

参考答案:

光缆接续器材和保护软管归入塑料类时,表二中:建安工程费(除税价)=3 278 883.36(元),建安工程费(含税价)=3 639 560.54(元)。

任务 3-4　工程总费用的计算和表格填写

📖 任务指南

一、任务工单

项目名称	3-4:工程总费用的计算和表格填写	目标要求	1. 掌握设备、工器具购置费计算,填写表四(甲); 2. 掌握工程建设其他费的计算,填写表五。 3. 掌握总费用的构成,填写表一
项目内容 (工作任务)			1. 某程控交换机房交换设备安装单项工程主要设备表3-34所示,计算其设备、工器具购置费并填写表四(甲)。【需要安装的设备运距1 000 km,不需要安装的设备运距100 km】

续表

表 3-34　交换设备安装单项工程设备表

<table>
<tr><td rowspan="15">项目内容（工作任务）</td></tr>
<tr><th>序号</th><th>名　称</th><th>规格（高×宽×厚）</th><th>单位</th><th>除税价/元</th><th>数量</th></tr>
<tr><td>1</td><td>交换设备硬件</td><td>2 200×600×600</td><td>套</td><td>400 000.00</td><td>2</td></tr>
<tr><td>2</td><td>交换设备软件</td><td></td><td>套</td><td>300 000.00</td><td>1</td></tr>
<tr><td>3</td><td>数字分配架</td><td>2 200×300×600</td><td>架</td><td>15 000.00</td><td>1</td></tr>
<tr><td>4</td><td>光纤分配架</td><td>2 200×300×600</td><td>架</td><td>18 000.00</td><td>1</td></tr>
<tr><td>5</td><td>总配线架</td><td>JP×234 型 6 000 回线</td><td>架</td><td>60 000.00</td><td>1</td></tr>
<tr><td>6</td><td>维护终端</td><td></td><td>台</td><td>8 000.00</td><td>1</td></tr>
<tr><td>7</td><td>打印机</td><td></td><td>台</td><td>2 000.00</td><td>1</td></tr>
<tr><td>8</td><td>告警设备</td><td></td><td>盘</td><td>1 000.00</td><td>1</td></tr>
<tr><td>9</td><td>终端工作台椅</td><td>（不需要安装的设备）</td><td>套</td><td>2 500.00</td><td>1</td></tr>
<tr><td>10</td><td>维护、测试用工具</td><td>（不需要安装的设备）</td><td>套</td><td>3 000.00</td><td>10</td></tr>
<tr><td>11</td><td>实训控制服务器</td><td>（不需要安装的设备）</td><td>套</td><td>60 000</td><td>1</td></tr>
<tr><td>12</td><td>实训工作台</td><td>（不需要安装的设备）</td><td>套</td><td>1 500</td><td>12</td></tr>
<tr><td>13</td><td>实训操作终端</td><td>（不需要安装的设备）</td><td>套</td><td>5 000</td><td>60</td></tr>
</table>

2. 某项目的背景如下,计算其工程建设其他费并填写表五。

(1)本工程为交换机房 6 000 门用户程控交换设备安装工程,投资估算 500 万元,项目建设管理费按最高限额计取;建安工程费(除税价)为 66 649.92 元。

(2)施工企业距施工现场 40 km。

(3)施工用水电蒸汽费 1 000 元。

(4)勘察设计费按合同计算为 30 000.00 元。

(5)建设工程监理费按 40 000 元计取。

(6)本工程设计新增定员 2 人,生产准备费指标为 1 200 元/人。

3. 以任务 3-2 中的背景作为表四甲(主要材料)、表三乙和表三丙的数据,以任务 3-3 项目 1 中的背景作为表二的数据,以任务 3-4 项目 1 和 2 的背景作为表四(需要安装的设备、不需要安装的设备)和表五的数据,填写工程概预算总表(表一)【预备费计算时按通信设备安装工程处理】

工作要求	1. 个人独立完成;2. 根据提交的作品考核评分;3. 在开展下次任务之前提交作品
备注	提交作品要求:1. 所有表格放入一个 Excel 文件;2. 命名:＊＊班＊＊号＊＊＊

二、作业指导书

项目名称	3-4:工程总费用的计算和表格填写	建议课时	4
质量标准	计算结果的准确性;表格填写的规范性		
仪器设备	计算机,Office 平台		
相关知识	设备、工器具购置费计算方法;工程建设其他费计算方法		
项目实施环节(操作步骤)	1. 设备、工器具购置费与表四(甲) (1)计算方法:详情参见教材 (2)填表:详情参见表格填写范例 2. 工程建设其他费与表五 (1)计算方法:详情参见教材 (2)填表:详情参见表格填写范例 3. 工程概预算总表(表一) (1)计算方法:详情参见教材 (2)填表:详情参见表格填写范例		
参考资料	"451"定额;通信建设工程施工机械、仪表台班定额		

三、考核标准与评分表

项目名称			3-4：工程总费用的计算和表格填写		实施日期	
执行方式	个人独立完成	执行成员	班级		组别	
考核标准	类别	序号	考核分项	考核标准	分值	考核记录（分值）
	职业技能	1	设备、工器具购置费与表四（甲）	（1）计算方法和结果的准确性（2）表格填写的规范性	50	
		2	工程建设其他费与表五	（1）计算方法和结果的准确性（2）表格填写的规范性	20	
		3	总费用与表一	（1）计算方法和结果的准确性（2）表格填写的规范性	20	
	职业素养	4	职业素养	随堂考察：规范、严谨求实的工作作风；任务实施过程中协作互助	10	
总　　分						

相关知识

通信建设单项工程总费用由工程费、工程建设其他费、预备费和建设期利息等四部分构成，如图 3-10 所示。

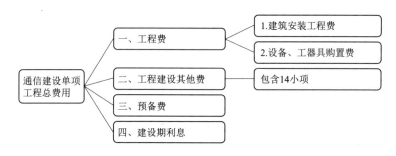

图 3-10　通信建设单项工程总费用缩略图

一、设备、工器具购置费费用内容、相关定额及计算规则

1. 设备、工器具购置费的含义

设备、工器具购置费指根据设计提出的设备（包括必需的备品备件）、仪表、工器具清单，按设备原价、运杂费、采购及保管费、运输保险费和采购代理服务费计算的费用。

设备、工器具购置费用是由需要安装设备购置费和不需要安装设备、工器具、维护用工具仪表购置费组成。

2. 设备、工器具购置费的计算

计费标准和计算规则为：

设备、工器具购置费 = 设备原价 + 运杂费 + 运输保险费 + 采购及保管费 + 采购代理服务费

上式中：

①设备原价指供应价或供货地点价【设备、工器具原价指国产设备制造厂的供货地点价,进口设备的到岸价(包括货价、国际运费、运输保险费)】。

②运杂费 = 设备原价 × 设备运杂费费率,设备运杂费费率如表3-35所示。

表3-35 设备运杂费费率表

运输里程 L/km	取费基础	费率/%	运输里程 L/km	取费基础	费率/%
$L \leq 100$	设备原价	0.8	$1\,000 < L \leq 1\,250$	设备原价	2.0
$100 < L \leq 200$		0.9	$1\,250 < L \leq 1\,500$		2.2
$200 < L \leq 300$		1.0	$1\,500 < L \leq 1\,750$		2.4
$300 < L \leq 400$		1.1	$1\,750 < L \leq 2\,000$		2.6
$400 < L \leq 500$		1.2	$L > 2\,000$ km 时,每增加 250 km 增加		0.1
$500 < L \leq 750$		1.5			
$750 < L \leq 1\,000$		1.7			

③运输保险费 = 设备原价 × 保险费费率(0.4%)。

④采购及保管费 = 设备原价 × 采购及保管费费率,设备采购及保管费费率如表3-36所示。

表3-36 设备采购及保管费费率表

工程名称	计算基础	费率/%
需要安装的设备	设备原价	0.82
不需要安装的设备(仪表、工器具)		0.41

⑤采购代理服务费按实计列。

进口设备(材料)的国外运输费、国外运输保险费、关税、增值税、外贸手续费、银行财务费、国内运杂费、国内运输保险费、进口设备(材料)国内检验费、海关监管手续费等按进口货币计算后进入相应的设备材料费中。单独引进软件不计关税,只计增值税。

解读与解析：

①注意设备、工器具与材料的区分,材料通常包括各种线缆、机房用的走线架、地线排等,而设备、工器具主要包括各种通信设备、配套仪表和工具用具、机房桌椅等。

②同等距离下,设备、工器具运杂费的费率低于材料运杂费的费率,主要缘于设备、工器具相对贵重并且体积小、质量轻、易于运输;也正因为其贵重,所以其运输保险费的费率也高于材料的运输保险费费率。

③采购及保管费区分为需要安装和不需要安装两种类型,通常不需要安装的主要是指测试用的仪表、维护用的工器具、摆设设备用的桌椅等。

例题3-5：已知某设备安装工程需要购买SDH设备2架,每架50万元;配套仪表1套,

2 万元;运输距离 1 200 km,试计算其设备、工器具购置费。

解:

据题意,采购及保管费的费率需要区分需要安装和不需要安装两种类型,因此:

(1)需要安装的设备购置费

据题意有:

①除税价 = 设备原价 + 运杂费 + 运输保险费 + 采购及保管费 + 采购代理服务费 = $50 \times 2 + 50 \times 2 \times 2.0\% + 50 \times 2 \times 0.4\% + 50 \times 2 \times 0.82\% = 103.22$(万元)。

②增值税 = 除税价 $\times 17\% = 17.5474$(万元)。

③含税价 = 除税价 + 增值税 = 120.7674(万元)。

(2)不需要安装的设备购置费

据题意有:

①除税价 = 设备原价 + 运杂费 + 运输保险费 + 采购及保管费 + 采购代理服务费 = $2 + 2 \times 2.0\% + 2 \times 0.4\% + 2 \times 0.41\% = 2.0562$(万元)。

②增值税 = 除税价 $\times 17\% = 0.349554$(万元)。

③含税价 = 除税价 + 增值税 = 2.405754(万元)。

(3)总的设备、工器具购置费

①除税价 = 需要安装的设备购置费(除税价) + 不需要安装的设备购置费(除税价) = 105.2762(万元)。

②增值税 = 除税价 $\times 17\% = 17.896954$(万元)。

③含税价 = 除税价 + 增值税 = 123.173154(万元)。

二、工程建设其他费费用内容、相关定额及计算规则

工程建设其他费,指应在建设项目的建设投资中开支的固定资产其他费用、无形资产费用和其他资产费用,内容如下。

(一)建设用地及综合赔补费

指按照《中华人民共和国土地管理法》等规定,建设项目征用土地或租用土地应支付的费用,包括:

①土地征用及迁移补偿费:经营性建设项目通过出让土地方式购置的土地使用权(或建设项目通过划拨方式取得的无限期的土地使用权)而支付的土地补偿费、安置补偿费、地上附着物和青苗补偿费、余物迁建补偿费、土地登记管理费等;行政事业单位的建设项目通过出让方式取得土地使用权而支付的出让金;建设单位在建设过程中发生的土地复垦费用和土地损失补偿费用;建设期间临时占地补偿费。

②征用耕地按规定一次性缴纳的耕地占用税;征用城镇土地在建设期间按规定每年缴纳的城镇土地使用税;征用城市郊区菜地按规定缴纳的新菜地开发建设基金。

③建设单位租用建设项目土地使用权而支付的租地费用。

④建设单位因建设项目期间租用建筑设施、场地费用;以及因项目施工造成所在地企事业单位或居民的生产、生活干扰而支付的补偿费用。

计费标准和计算规则为:

● 根据应征建设用地面积、临时用地面积,按建设项目所在省、市、自治区人民政府制定颁发的土地征用补偿费、安置补助费标准和耕地占用税、城镇土地使用税标准计算。

● 建设用地上的建(构)筑物如需迁建,其迁建补偿费应按迁建补偿协议计列或按新建同类工程造价计算。

解读与解析:

主要用于用地的赔补,所以又称为"青苗费"。

(二)项目建设管理费

项目建设管理费是指项目建设单位从项目筹建之日起至办理竣工财务决算之日止发生的管理性质的支出。包括:不在原单位发工资的工作人员工资及相关费用、办公费、办公场地租用费、差旅交通费、劳动保护费、工具用具使用费、固定资产使用费、招募生产工人费、技术图书资料费(含软件)、业务招待费、施工现场津贴、竣工验收费和其他管理性质开支。

实行代建制管理的项目,代建管理费按照不高于项目建设管理费标准核定。一般不得同时列支代建管理费和项目建设管理费,确需同时发生的,两项费用之和不得高于项目建设管理费限额,限额计算方法如表表3-37所示。

计费标准和计算规则为:

建设单位可根据《关于印发〈基本建设项目建设成本管理规定〉的通知》(财建〔2016〕504号),结合自身实际情况制定项目建设管理费取费规则。

如建设项目采用工程总承包方式,其总承包管理费由建设单位和总包单位根据总包工作范围在合同中商定,从项目建设管理费中列支。

表3-37 项目建设管理费总额控制数费率表

工程总概算	费率/%	算例(单位:万元)	
		工程总概算	项目建设管理费
1 000 以下	2	1 000	1 000×2% = 20
1 001~5 000	1.5	5 000	20 + (5 000 - 1 000)×1.5% = 80
5 001~10 000	1.2	10 000	80 + (10 000 - 5 000)×1.2% = 140
10 001~50 000	1	50 000	140 + (50 000 - 10 000)×1% = 540
50 001~100 000	0.8	100 000	540 + (100 000 - 50 000)×0.8% = 940
100 000 以上	0.4	200 000	940 + (200 000 - 100 000)×0.4% = 1 340

解读与解析:

①表3-37中的工程总概算,也可以用"投资估算"代替。

②该项费用的计算方法类似于国内现行所得税的计算,采用分段式计取方式。如某项目的工程总概算为1.5亿元,则:

项目建设管理费总额控制数 = 1 000×2.0% + (5 000 - 1 000)×1.5% + (10 000 - 5 000)×1.2% + (15 000 - 10 000)×1.0% = 140 + (15 000 - 10 000)×1.0% = 190(万元)

（三）可行性研究费

指在建设项目前期工作中，编制和评估项目建议书（或预可行性研究报告）、可行性研究报告所需的费用。

计费标准和计算规则为：

根据《国家发展改革委关于进一步放开建设项目专业服务价格的通知》（发改价格〔2015〕299 号）文件的要求，可行性研究服务收费实行市场调节价。

（四）研究试验费

指为本建设项目提供或验证设计数据、资料等进行必要的研究试验及按照设计规定在建设过程中必须进行试验、验证所需的费用。

计费标准和计算规则为：

①根据建设项目研究试验内容和要求进行编制。

②研究试验费不应包括以下项目：

● 应由科技三项费用（即新产品试制费、中间试验费和重要科学研究补助费）开支的项目；

● 应由建筑安装费用中列支的施工企业对材料、构件进行一般鉴定、检查所发生的费用及技术革新的研究试验费；

● 应由勘察设计费或工程费中开支的项目。

（五）勘察设计费

指委托勘察设计单位进行工程勘察、工程设计所发生的各项费用。

根据《国家发展改革委关于进一步放开建设项目专业服务价格的通知》（发改价格〔2015〕299 号）文件的要求，勘察设计服务收费实行市场调节价。

（六）环境影响评价费

指按照《中华人民共和国环境保护费》《中华人民共和国环境影响评价法》等规定，为全面、详细评价本建设项目对环境可能产生的污染或造成的重大影响所需的费用，包括编制环境影响报告书（含大纲）、环境影响报告表和评估环境影响报告书（含大纲）、评估环境影响报告表等所需的费用。

计费标准和计算规则为：

根据《国家发展改革委关于进一步放开建设项目专业服务价格的通知》（发改价格〔2015〕299 号）文件的要求，环境影响咨询服务收费实行市场调节价。

（七）建设工程监理费

指建设单位委托工程监理单位实施工程监理的费用。

计费标准和计算规则为：

根据《国家发展改革委关于进一步放开建设项目专业服务价格的通知》（发改价格〔2015〕299 号）文件的要求，建设工程监理服务收费实行市场调节价，可参照相关标准作为计价基础。

（八）安全生产费

指施工企业按照国家有关规定和建筑施工安全标准，购置施工防护用具、落实安全施工措施以及改善安全生产条件所需要的各项费用。

计费标准和计算规则为：

参照《关于印发〈企业安全生产费用提取和使用管理办法〉的通知》（财企〔2012〕16号）文件规定执行。

解读与解析：

《企业安全生产费用提取和使用管理办法》第七条　建设工程施工企业以建筑安装工程造价为计提依据。各建设工程类别安全费用提取标准如下：

①矿山工程为2.5%；

②房屋建筑工程、水利水电工程、电力工程、铁路工程、城市轨道交通工程为2.0%；

③市政公用工程、冶炼工程、机电安装工程、化工石油工程、港口与航道工程、公路工程、通信工程为1.5%。

建设工程施工企业提取的安全费用列入工程造价，在竞标时，不得删减，列入标外管理。国家对基本建设投资概算另有规定的，从其规定。

总包单位应当将安全费用按比例直接支付分包单位并监督使用，分包单位不再重复提取。

（九）引进技术和引进设备其他费

引进技术和引进设备其他费的内容包括：

①引进项目图纸资料翻译复制费、备品备件测绘费。

②出国人员费用：包括买方人员出国设计联络、出国考察、联合设计、监造、培训等所发生的差旅费、生活费、制装费等。

③来华人员费用：包括卖方来华工程技术人员的现场办公费用、往返现场交通费用、工资、食宿费用、接待费用等。

④银行担保及承诺费：指引进项目由国内外金融机构出面承担风险和责任担保所发生的费用，以及支付贷款机构的承诺费用。

计费标准和计算规则为：

①引进项目图纸资料翻译复制费：根据引进项目的具体情况计列或按引进设备到岸价的比例估列。

②出国人员费用：依据合同规定的出国人次、期限和费用标准计算。生活费及制装费按财政部、外交部规定的现行标准计算，旅费按中国民航公布的国际航线票价计算。

③来华人员费用：应依据引进合同有关条款规定计算。引进合同价款中已包括的费用内容不得重复计算。来华人员接待费用可按每人次费用指标计算。

④银行担保及承诺费：应按担保或承诺协议计取。

（十）工程保险费

指建设项目在建设期间根据需要对建筑工程、安装工程及机器设备进行投保而发生的保险费用。包括建筑安装工程一切险、引进设备财产和人身意外伤害险等。

计费标准和计算规则为：

①不投保的工程不计取此项费用。

②不同的建设项目可根据工程特点选择投保险种，根据投保合同计列保险费用。

（十一）工程招标代理费

指招标人委托代理机构编制招标文件、编制标底、审查投标人资格、组织投标人踏勘现场并答疑,组织开标、评标、定标,以及提供招标前期咨询、协调合同的签订等业务所收取的费用。

计费标准和计算规则为:

根据《国家发展改革委关于进一步放开建设项目专业服务价格的通知》(发改价格〔2015〕299号)文件的要求,工程招标代理服务收费实行市场调节价。

（十二）专利及专用技术使用费

专利及专用技术使用费的内容包括:

①国外设计及技术资料费、引进有效专利、专有技术使用费和技术保密费。

②国内有效专利、专有技术使用费等。

③商标使用费、特许经营权费等。

计费标准和计算规则为:

①按专利使用许可协议和专有技术使用合同的规定计列。

②专有技术的界定应以省、部级鉴定机构的批准为依据。

③项目投资中只计取需要在建设期支付的专利及专有技术使用费。协议或合同规定在生产期支付的使用费应在成本中核算。

（十三）其他费用

根据建设任务的需要,必须在建设项目中列支的其他费用,如中介机构审查费等。

计费标准和计算规则为:根据工程实际计列。

（十四）生产准备及开办费

生产准备及开办费,是指建设项目为保证正常生产(或营业、使用)而发生的人员培训费、提前进厂费以及投产使用初期必备的生产生活用具、工器具等购置费用。包括:

①人员培训费及提前进厂费:包括自行组织培训或委托其他单位培训的人员工资、工资性补贴、职工福利费、差旅交通费、劳动保护费、学习资料费等。

②为保证初期正常生产、生活(或营业、使用)所必需的生产办公、生活家具用具购置费。

③为保证初期正常生产(或营业、使用)必需的第一套不够固定资产标准的生产工具、器具、用具购置费(不包括备品备件费)。

计费标准和计算规则为:

①新建项目按设计定员为基数计算,改扩建项目按新增设计定员为基数计算。

②生产准备及开办费＝设计定员×生产准备费指标(元/人)。

③生产准备及开办费指标由投资企业自行测算,此项费用列入运营费。

解读与解析:

此项费用又叫"运营费",在表五中单列,无须汇总至工程建设其他费总额中。

三、预备费费用内容、相关定额及计算规则

预备费是指在初步设计阶段编制概算时难以预料的工程费用,包括基本预备费和价差预备费。

1. 基本预备费

①进行技术设计、施工图设计和施工过程中,在批准的初步设计和概算范围内所增加的工程费用。

②由一般自然灾害所造成的损失和预防自然灾害所采取的措施费用。

③竣工验收为鉴定工程质量,必须开挖和修复隐蔽工程的费用。

2. 价差预备费

价差预备费指设备、材料的价差。

计费标准和计算规则为:预备费=(工程费+工程建设其他费)×预备费费率,预备费费率如表3-38所示。

表3-38 预备费费率表

工程名称	计算基础	费率/%
通信设备安装工程	工程费+工程建设其他费	3.0
通信线路工程		4.0
通信管道工程		5.0

四、建设期利息

指建设项目贷款在建设期内发生并应计入固定资产的贷款利息等财务费用。

计费标准和计算规则为:按银行当期利息率计算。

任务实施

本套表格供编制工程项目概算或预算使用,各类表格标题中带下画线的空格"_____"处应根据编制阶段明确填写"概"或"预",表格的表首填写具体工程的相关内容。

一、表四填写的规范要求

1. 国内器材_____算表(表四)甲填表说明

其表格结构、规范要求与3.2.3中一致,不同之处在于,表格标题下面括号内根据需要,填写"需要安装的设备"或"不需要安装的设备"。

2. 填写范例

以本任务工单中的项目背景为例,阐述表四甲的填写规范与要求,详情见表3-39和表3-40所示。

二、表五填写的规范要求

1. 工程建设其他费_____算表(表五)甲填表说明

①本表供编制工程建设其他费使用。

②第Ⅲ栏根据《信息通信建设工程费用定额》相关费用的计算规则填写。

③第Ⅷ栏根据需要填写补充说明的内容事项。

表3-39　表四甲的填写规范与要求（需要安装的设备）

国内器材　预　算表（表四）甲

（需要安装设备）表

工程名称：××程控机房交换设备安装单项工程　　建设单位名称：××通信公司　　表格编号：TSY-4甲B　　第　全　页

序号	名称	规格程式	单位	数量	单价/元	合价/元			备注
					除税价	除税价	增值税	含税价	
I	II	III	IV	V	VI	VII	VIII	IX	X
1	交换设备硬件	2 200×600×600	套	2	400 000	800 000	136 000	936 000	
2	交换设备软件		套	1	300 000	300 000	51 000	351 000	
3	数字分配架	2 200×300×600	架	1	15 000	15 000	2 550	17 550	
4	光纤分配架	2 200×300×600	架	1	18 000	18 000	3 060	21 060	
5	总配线架	JP×234 型 6000 回线	架	1	60 000	60 000	10 200	70 200	
6	维护终端		台	1	8 000	8 000	1 360	9 360	
7	打印机		台	1	2 000	2 000	340	2 340	
8	告警设备		盘	1	1 000	1 000	170	1 170	
	（1）小计［1~8 之和］					1 204 000	204 680	1 408 680	
	（2）运杂费［（1）×1.7%］					20 468.00	3 479.56	23 947.56	
	（3）运输保险费［（1）×0.4%］					4 816.00	818.72	5 634.72	
	（4）采购及保管费［（1）×0.82%］					9 872.80	1 678.38	11 551.18	
	合计［（1）~（4）之和］					1 239 156.80	210 656.66	1 449 813.46	

设计负责人：×××　　审核：×××　　编制：×××　　编制日期：××年××月

表 3-40 表四甲的填写规范与要求（不需要安装的设备）

国内器材 预 算表（表四）甲

（不需要安装设备）表

工程名称：××程控交换机房交换设备安装单项工程

建设单位名称：××通信公司

表格编号：TSY-4 甲 C

第 全 页

序号	名称	规格程式	单位	数量	单价/元		合价/元			备注
					除税价	除税价	增值税	含税价	
I	II	III	IV	V	VI	VII	VIII	IX	X
1	终端工作台台椅		套	1	2 500	2 500	425	2 925	
2	维护、测试用工具		套	10	3 000	30 000	5 100	35 100	
3	实训控制服务器		套	1	60 000	60 000	10 200	70 200	
4	实训工作台		套	12	1 500	18 000	3 060	21 060	
5	实训操作终端		套	60	5 000	300 000	51 000	351 000	
	(1)小计1[1～5之和]					410 500	69 785	480 285	
	(2)运杂费[(1)×0.8%]					3 284.00	558.28	3 842.28	
	(3)运输保险费[(1)×0.4%]					1 642.00	279.14	1 921.14	
	(4)采购及保管费[(1)×0.41%]					1 683.05	286.12	1 969.17	
	合计[(1)～(4)之和]					417 109.05	70 908.54	488 017.59	

设计负责人：×××   审核：××××   编制：   编制日期：×× 年 ×× 月

2. 工程建设其他费_____算表(表五)乙填表说明

①本表供编制引进设备工程的工程建设其他费。

②第Ⅲ栏根据国家及主管部门的相关规定填写。

③第Ⅳ～Ⅶ栏分别填写各项费用所计列的外币与人民币数值。

④第Ⅷ栏根据需要填写补充说明的内容事项。

3. 填写范例

以本任务工单中的项目背景为例,阐述表五甲的填写规范与要求,详情见表3-41。

三、表一填写的规范要求

1. 工程费_____算总表(表五)甲填表说明

①本表供编制单项(单位)工程概算(预算)总费用使用。

②表首"建设项目名称"填写立项工程项目全称。

③第Ⅱ栏填写本工程各类概算(预算)表格编号。

④第Ⅲ栏填写本工程各类概算(预算)费用名称。

⑤第Ⅳ～Ⅸ栏填写各类费用合计,费用均为除税价。

⑥第Ⅹ栏为第Ⅳ～Ⅸ栏之和。

⑦第Ⅺ栏填写第Ⅳ～Ⅸ栏各项费用建设方应支付的进项税额之和。

⑧第Ⅻ栏填写Ⅹ、Ⅺ栏之和。

⑨第ⅩⅢ栏填写本工程引进技术和设备所支付的外币总额。

⑩当工程有回收金额时,应在费用项目总计下列出"其中回收费用",其金额填入第Ⅷ栏,此费用不冲减总费用。

2. 填写范例

以本任务工单中的项目背景为例,阐述表一的填写规范与要求,详情见表3-42。

实训项目

实训项目3-4:结合实训项目3-2和实训项目3-3,试根据以下补充条件,计算项目的总费用,并填写表五和表一。

①本工程为施工图设计阶段,投资估算500万元,项目建设管理费按最高限额计取。

②施工用水电蒸汽费10 000元。

③工程设计费按合同计算为30 000.00元,工程勘察费77 659.20元。

④建设工程监理费按40 000元计取。

⑤本工程设计新增定员10人,生产准备费指标为1 200元/人。

参考答案:

(1)表五甲工程建设其他费:除税价=296 842.45(元),增值税=31 269.71(元),含税价=328 112.16(元),生产准备及开办费(运营费)=12 000(元)。

(2)表一总计:除税价=3 718 754.85(元),增值税=416 261.82(元),含税价=4 135 016.66(元),生产准备及开办费(运营费)=12 000(元)。

表 3-41 表五甲的填写规范与要求

工程建设其他费 预 算表（表五）甲

工程名称：××程控交换机房交换设备安装单项工程

建设单位名称：××通信公司　　　表格编号：TSY-5 甲　　　第　全　页

序号	费用名称	计算依据	金额（元）			备注
			除税价	增值税	含税价	
Ⅰ	Ⅱ	Ⅲ	Ⅳ	Ⅴ	Ⅵ	Ⅶ
1	建设用地及综合赔补费					
2	项目建设管理费	按投资估算×2.0%	100 000.00	17 000.00	117 000.00	
3	可行性研究费					
4	研究试验费					
5	勘察设计费	按实计列	30 000.00	1 800.00	31 800.00	
6	环境影响评价费					
7	建设工程监理费	按实计列	40 000.00	2 400.00	42 400.00	
8	安全生产费	建安工程费（除税价）×1.5%	999.75	109.97	1 109.72	
9	引进技术及引进设备其他费					
10	工程保险费					
11	工程招标代理费					
12	专利及专利技术使用费					
13	其他费用					
	总 计		170 999.75	21 309.97	192 309.72	
14	生产准备及开办费（运营费）	设计定员×生产准备费指标（元/人）	2 400.00	264.00	2 664.00	

设计负责人：×××　　　审核：×××　　　编制：×××　　　编制日期：××年××月

表3-42　表一的填写规范与要求

建设项目名称：

工程名称：××工程控交换机房交换设备安装单项工程　　　建设单位名称：××通信公司　　　表格编号：TSY-1　　第全页

工程___预算总表（表一）

序号	表格编号	费用名称	小型建筑工程费	需要安装的设备费	不需要安装的设备、工器具费	建筑安装工程费	其他费用	预备费	总价值			其中外币（）
									除税价	增值税	含税价	
I	II	III	IV	V	VI	VII	VIII	IX	X	XI	XII	VIII
						(元)						
1	TSY-4 甲 B、C、TXL-2	工程费		1 239 156.80	417 109.05	1 301 572.81			2 957 838.66	424 738.20	3 382 576.86	
2	TSY-5 甲	工程建设其他费					170 999.75		170 999.75	21 309.97	192 309.72	
3		合计		1 239 156.80	417 109.05	1 301 572.81	170 999.75		3 128 838.41	446 048.18	3 574 886.58	
4		预备费【合计×3%】						93 865.15	93 865.15	15 957.08	109 822.23	
5		建设期利息										
6		总计		1 239 156.80	417 109.05	1 301 572.81	170 999.75	93 865.15	3 222 703.56	462 005.25	3 684 708.81	
7		其中回收费用										
		生产准备及开办费(运营费)					2 400.00		2 400.00	264.00	2 664.00	

设计负责人：×××　　　审核：×××　　　编制：××××　　　编制：××××　　　编制日期：××年××月

项目四

通信工程概预算编制

任务4-1 有线通信设备安装工程概预算编制

任务指南

一、任务工单

项目名称	任务4-1：有线通信设备安装工程概预算编制	目标要求	能完成整个项目的概预算编制，并填写整套表格
项目内容（工作任务）	某项目背景如下，编制其概预算，形成设计文件并输出。 ××市话端局交换设备安装单项工程 一、已知条件 （1）本工程为××市话端局安装2万门用户的程控交换设备。本设计为交换设备安装单项工程一阶段设计。 （2）施工企业距施工现场100 km，施工用水电蒸汽费1 000元；工程前期投资估算额为920万元，项目建设管理费按投资估算的1.5%计取。 （3）勘察设计费按合同计算为120 000元，建设工程监理费按120 000元计取；本工程设计新增定员3人，生产准备费指标为1 200元/人。 （4）采购代理服务费：设备按原价0.8%计取，主要材料按原价0.5%计取。 （5）需要安装的设备运输距离按1 700 km计取，不需要安装的设备运输距离按500 km计取，主要材料运输距离按300 km计取。设备价格见表4-1；本工程采用包工不包料方式，主要材料价格见表4-2		

表 4-1　设备购置价格表

序号	名　称	规格型号	单位	除税价/元
1	交换设备硬件	含操作维护中心设备	套	5 600 000
2	交换设备软件		套	700 000
3	数字分配架	2 200×600×600	架	15 000
4	光纤分配架	2 200×600×600	架	18 000
5	总配线架	JP×234 型 6 000 回线	架	9 000
6	告警设备	含告警电缆	盘	1 000
7	维护、测试用工具	不需要安装的设备	套	3 000

表 4-2　主要材料价格表

序号	名称	规格型号	单位	除税价/元
1	局用音频电缆	32 芯	m	10
2	局用音频电缆	128 芯	m	15
3	SYV 类射频同轴电缆	75-2-1×8	m	20
4	软光纤(25 m)	SC/PC-FC/PC	条	350
5	数据电缆(网线)	UPT-5 双绞线	m	8
6	加固角钢夹板组		组	50
7	槽钢	43×80×43×5	kg	100
8	信号灯座		套	5
9	红色信号灯		套	10
10	电缆走线架	600 mm	m	300

二、设计图纸及说明

（1）××端局交换系统配置示意图如图 4-1 所示。图 4-1 显示,本工程包括交换设备、设备间缆线的连接、交换侧的 DDF 和 ODF、操作维护终端、打印机及告警设备等。根据系统需要,配置中继电路为 100 个 El 电口和 2 个 STM-1 光口。

（2）××端局交换机房设备平面布置图如图 4-2 所示。

①交换机房共配备交换设备 7 台机架;

②交换机房配备数字分配架(DDF)2 台、光分配架(ODF)1 台、操作维护中心设备 1 架、告警盘 1 台;

③测量室共配备 6000 回线总配线架(MDF)4 架。

（3）××端局交换机房走线架及走线路由布置图如图 4-3 所示。本工程机房为上走线方式,包括中继电缆、软光纤、用户电缆、数据电缆等,共安装走线架 28.8 m,宽度为 600 mm,距地面高度为 2.4 m。

（4）缆线布放计划表如图 4-4 所示。由图 4-4 和缆线布放计划表可知:交换机至光分配架的软光纤、交换机至数字分配架的中继电缆、交换机至总配线架的用户电缆、交换机至维护终端的网线等各路由长度均为平均布放长度,不作为下料用量,施工时应考虑实际用量和损耗量。

（5）DDF、ODF 的跳线配置由传输专业负责。

（6）交换机的电源线及接地线由设备厂家负责提供并布放

工作要求	1. 个人独立完成;2. 根据提交的作品考核评分;3. 在开展下次任务之前提交作品
备注	提交作品要求:1. 所有表格放入一个 Excel 文件;2. 命名:＊＊班＊＊号＊＊＊

二、作业指导书

项目名称	任务4-1:有线通信设备安装工程概预算编制	建议课时	4
质量标准	计算结果的准确性;表格填写的规范性		
仪器设备	计算机,CAD制图平台,Office平台		
相关知识	交换系统基础知识;有线设备工程工程量统计		
项目实施环节(操作步骤)	1. 编制顺序(表格填写顺序): (1)统计工程量并填入表三甲,同时将所需主要材料、机械和仪表统计到相应表格中; (2)计算建筑安装工程费并填入表二; (3)计算工程建设其他费并填入表五; (4)计算工程总费用并填入表一。 2. 概预算文件的组成:概预算整套表格		
参考资料	"451"定额;通信建设工程施工机械、仪表台班定额;程控交换技术和系统方面专业资料,通信线路方面专业资料		

三、考核标准与评分表

项目名称			任务4-1:有线通信设备安装工程概预算编制		实施日期		
执行方式		个人独立完成	执行成员	班级		组别	
考核标准	类别	序号	考核分项	考核标准		分值	考核记录(分值)
	职业技能	1	表一	(1)计算方法和结果的准确性 (2)表格填写的规范性		10	
		2	表二	(1)计算方法和结果的准确性 (2)表格填写的规范性		15	
		3	表三	(1)计算方法和结果的准确性 (2)表格填写的规范性		30	
		4	表四	(1)计算方法和结果的准确性 (2)表格填写的规范性		25	
		5	表五	(1)计算方法和结果的准确性 (2)表格填写的规范性		10	
	职业素养	6	职业素养	随堂考察:规范、严谨求实的工作作风;任务实施过程中协作互助		10	
			总 分				

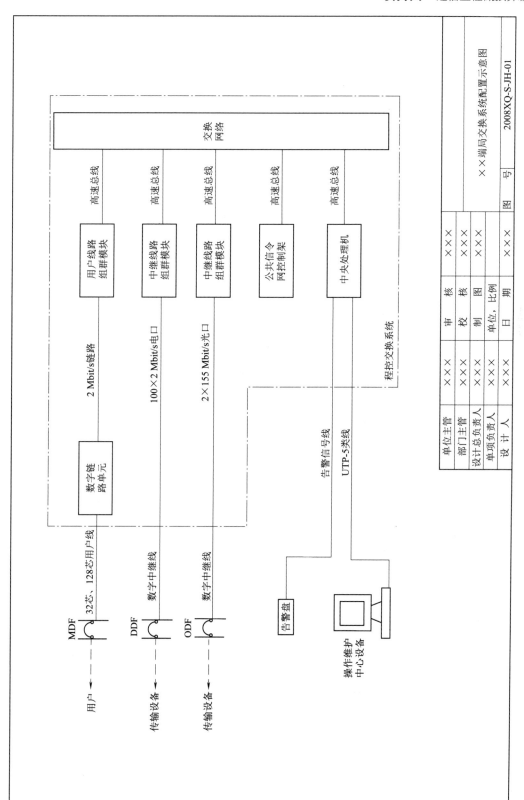

图 4-1 ××端局交换系统配置示意图

单位主管	×××	审 核	×××	×××	×××	×××	××端局交换系统配置示意图
部门主管	×××	校 核	×××	×××	×××		
设计总负责人	×××	制 图	×××	×××	×××		
单项负责人	×××	单位，比例	×××				图 号 2008XQ-S-JH-01
设 计 人	×××	日 期	×××				

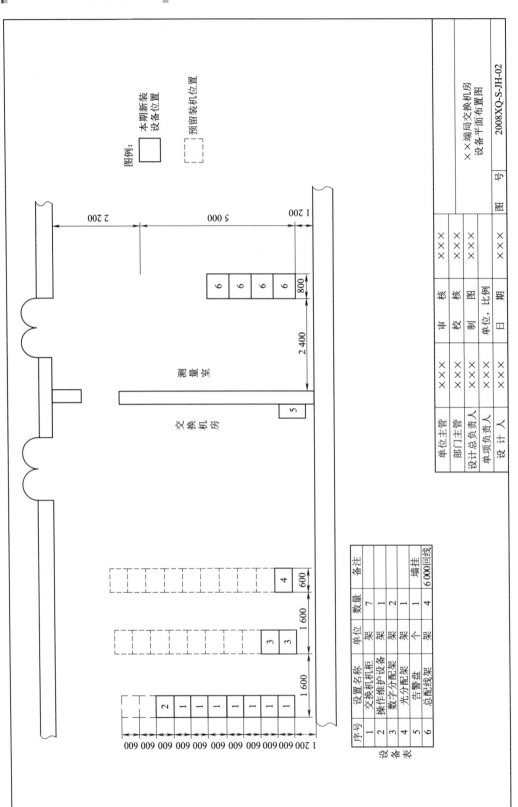

图 4-2　××端局交换机房设备平面布置图

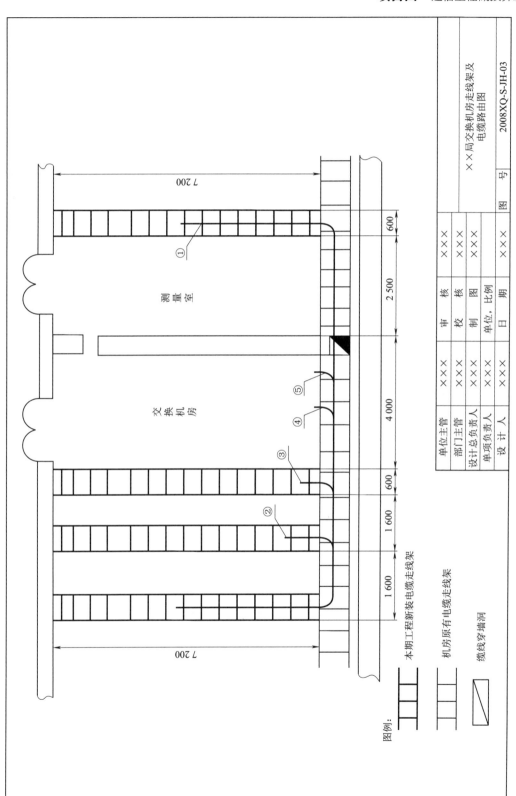

图 4-3 ××端局交换机房走线架及走线路由布置图

××局交换设备安装工程缆线布放计划表

缆线编号	缆线路由 由	到	缆线名称	规格型号	敷设方式	布放条数/条	平均长度/m	总长度/m	备注
①	交换设备用户模块	总配线架MDF	局用音频电缆	32芯	走线架	250	35	8 750	
②	交换中继模块	数字分配架DDF	局用音频电缆	128芯	走线架	250	35	8 750	
③	交换设备中继模块	光分配架ODF	射频同轴电缆	SYV-75-2-1×8	走线架	25	20	500	8芯/条
④	交换设备	维护终端	双头尾纤	SC/PC-FC/PC	走线架	4	22	88	
⑤	交换设备	告警盘	数据电缆	UPT-5类线	走线架	1	26	26	
			告警信号电缆	12芯	走线架	1	26	26	厂家提供成端产品

单位主管	×××	审核	×××		×× 端局交换机房 线缆布放计划表
部门主管	×××	校核	×××		
设计总负责人	×××	制图	×××		
单项负责人	×××	单位，比例			2008XQ-S-JH-04
设计人	×××	日期	×××	图号	

图 4-4 缆线布放计划表

相关知识

一、工程量统计

有线通信设备安装工程工程量的统计顺序如图 4-5 所示。

(一)设备机柜、机箱安装的工程量

① 安装程控电话交换设备:7 架。

② 安装数字分配架:2 台。

③ 安装光分配架:1 台。

④ 安装告警设备:1 台。

⑤ 安装操作维护中心设备:1 架。

⑥ 安装落地式总配线架(6 000 回线以下):4 架。

图 4-5 有线设备安装工程工程量统计顺序

(二)安装附属设施的工程量

安装电缆走线架:28.8 m。

解读与解析:

当图纸说明中没有统计出走线架工程量时,也可根据图纸自行统计;本项目中,由图 4-2 可知,需要新建 4 列走线架,每列长 7 200 mm,因此总长度 = 4 × 7 200 mm = 28.8 m。

(三)设备线路布放的工程量

1. 放绑设备电缆

① 放绑局用音频电缆:87.5 + 87.5 = 175(百米条)。其中:32 芯音频电缆 35 m × 250 条 ÷ 100 = 87.5(百米条);128 芯音频电缆 35 m × 250 条 ÷ 100 = 87.5(百米条)。

② 放绑 SYV 类同轴电缆:20 m × 25 条 ÷ 100 = 5(百米条)。

③ 放绑数据电缆(10 芯以下):26 m × 1 条 ÷ 100 = 0.26(百米条)。用于交换设备至维护终端,UTP5 类线,即网线。

④ 布放告警信号电缆:26 m × 1 条 ÷ 100 = 0.26(百米条)。由于告警电缆由厂家配送并制作成端,因此仅需计算放绑的工程量;套用定额时,当作数据电缆(10 芯以上)。

2. 编扎、焊(绕、卡)接设备电缆

① 编扎、焊接局用音频电缆(32 芯):250(条)。

② 编扎、焊接局用音频电缆(128 芯):250(条)。

③ 编扎、焊接 SYV 类同轴电缆:8 芯 × 25 条 = 200(芯条)。

④ 编扎、焊接数据电缆(10 芯以下):1(条)。

3. 放绑软光纤(15 m 以上)

共需 4(条)。

解读与解析:

布放设备电缆划分成两个环节:放绑设备电缆和编扎、焊(绕、卡)接设备电缆。

①查询定额不难发现,放绑设备电缆按"百米条"计量,不是单纯的条数;并且芯数的区分较粗略,主要是因为该环节的工作内容定义为,取料、搬运、测试、量裁、布放、编绑、整理等;因此该环节当芯数差别较小时,工程量几乎没有差别。

②在编扎、焊(绕、卡)接设备电缆环节,直接采用"条"甚至"芯条"做计量单位,主要是因为该环节的工作内容定义为,刮头、做头、分线、编扎、对线、焊(绕、卡)线、二次对线、整理等;也就是接头制作,所以工程量区分更加细腻。

③与设备配套的线缆(厂家提供)和软光纤或尾纤,出厂时已经做好接头,只需要放绑,因此只需要计算第一个环节的工作量。

(四)系统调测的工程量

1. 市话交换设备硬件调测

①用户线(千门):20 000 门÷1 000 = 20(千门)。

②2 Mbit/s 中继线(端口):100(端口)。

③155 Mbit/s 中继线(端口):2(端口)。

2. 市话交换设备软件调测

①用户线(千门):20 000 门÷1 000 = 20(千门)。

②2 Mbit/s 中继线(端口):100(端口)。

③155 Mbit/s 中继线(端口):2(端口)。

3. 调测操作维护中心设备(套)

1(套)。

4. 调测告警设备(台)

1(台)。

二、主材用量统计

主材用量如表 4-3 所示。

表 4-3　主材用量表

序号	项目名称	主材规格型号	单位	数量
1	安装数字分配架、光分配架	加固角钢夹板组	组	$(2+1) \times 2.02 = 6.06$
2	安装总配线架(6000 回线)	槽钢 $43 \times 80 \times 43 \times 5$	kg	$4 \times 32.64 = 130.56$
3		信号灯座	套	$4 \times 10 = 40$
4		红色信号灯	套	$4 \times 10 = 40$
5	安装电缆走线架	走线架宽 600 mm	m	$1.01 \times 28.8 = 29.09$
6	放绑局用音频电缆	用户电缆 32 芯	m	$87.5 \times 102 = 8\ 925$
7		用户电缆 128 芯	m	$87.5 \times 102 = 8\ 925$
8	放绑 SYV 类射频同轴电缆	SYV-75-2-l × 8	m	$5 \times 102 = 510$
9	放绑软光纤	软光纤 SC/PC-FC/PC	条	$4 \times 1 = 4$
10	放绑数据电缆	UPT-5 双绞线	m	$0.26 \times 102 = 26.52$

任务实施

根据任务工单中给定的项目背景编制其概预算：

①本工程采用包工不包料方式，即主要材料为甲供材料，表二中的销项税额＝（人工费＋机械使用费＋仪表使用费＋措施费＋规费＋企业管理费＋利润）×11％＋甲供主材费×17％。

②项目总费用：除税价 7 829 081.35（元），增值税 1 286 506.43（元），含税价 9 115 587.78（元）；整套表格的填写，详见在线文档（【素材】任务4-1：交换设备安装工程）。

●素材

任务4-1：交换设备安装工程

实训项目

实训项目4-1：根据给定的已知条件，完成柳铁职院程控交换机房交换设备安装单项工程一阶段设计的概预算编制任务。

①系统组织结构如图4-6所示，机房设备布局如图4-7所示，线缆布放计划如表4-4所示。设备价格见表4-5，工程采用包工包料方式，主要材料价格见表4-6。

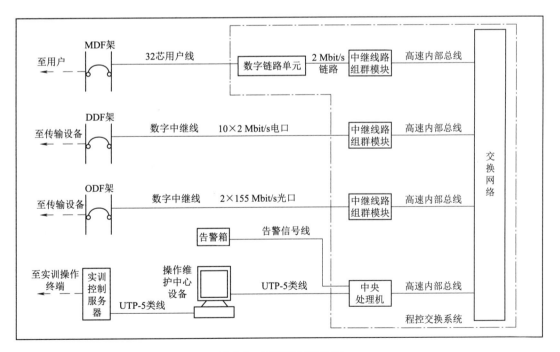

图4-6　系统组织结构图

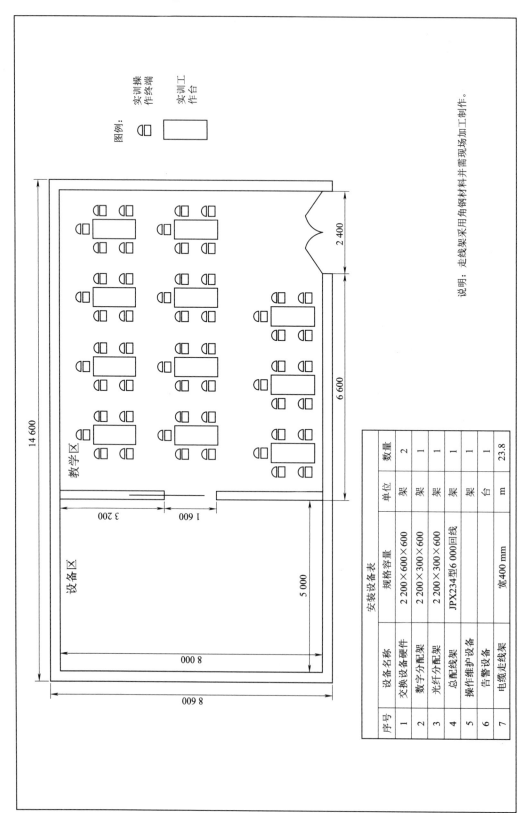

图例：
实训操作终端
实训工作台

14 600

8 600

8 000

5 000

3 200

1 600

6 600

2 400

教学区

设备区

说明：走线架采用角钢材料并需现场加工制作。

安装设备表

序号	设备名称	规格容量	单位	数量
1	交换设备硬件	2 200×600×600	架	2
2	数字分配架	2 200×300×600	架	1
3	光纤分配架	2 200×300×600	架	1
4	总配线架	JPX234型6 000回线	架	1
5	操作维护设备		架	1
6	告警设备		台	1
7	电缆走线架	宽400 mm	m	23.8

图 4-7 机房设备布局简图

表 4-4 线缆布放计划表

线路路由		线缆名称	规格型号	敷设方式	每条平均长度/m
由	到				
交换设备	MDF	局用音频电缆	32 芯	走线架	25
	DDF	射频同轴电缆	SYV-75-2-1×8	走线架	20
	ODF	双头尾纤	SC/PC-FC/PC	走线架	20
	维护终端	数据电缆	UTP-5 类线	走线架	30
	告警盘	告警信号电缆	12 芯	走线架	35

表 4-5 主要设备表

序号	名称	规格(高×宽×厚)	单位	除税价/元	数量
1	交换设备硬件	含操作维护中心设备	套	400 000	1
2	交换设备软件		套	300 000	1
3	数字分配架	2 200×300×600	架	15 000	1
4	光纤分配架	2 200×300×600	架	18 000	1
5	总配线架	JP×234 型 6 000 回线	架	60 000	1
6	告警设备		盘	1 000	1
7	维护、测试用工具	(不需要安装的设备)	套	3 000	10
8	实训控制服务器	(不需要安装的设备)	套	60 000	1
9	实训工作台	(不需要安装的设备)	套	1 500	11
10	实训操作终端	(不需要安装的设备)	套	5 000	55

表 4-6 主要材料表

序号	名称	规格型号	单位	除税价/元
1	局用音频电缆	32 芯	m	10.00
2	SYV 类射频同轴电缆	75-2-1×8	m	20.00
3	软光纤	SC/PC-FC/PC(25 m)	条	350.00
4	数据电缆(网线)	UPT-5 双绞线	m	8.00
5	数据电缆(告警信号电缆)	12 芯	m	10.00
6	加固角钢夹板组		组	50.00
7	槽钢	43×80×43×5	kg	100.00
8	信号灯座		套	5.00
9	红色信号灯		套	10.00
10	电缆走线架	400 mm	m	200.00

②本工程为柳铁职院交换机房 6 000 门用户的程控交换设备。

③施工企业距施工现场 40 km,施工用水电蒸汽费 1 000 元;勘察设计费按合同计算为 30 000.00 元;建设工程监理费按 40 000 元计取;本工程设计新增定员 1 人,生产准备费指标为 1 200 元/人。

④采购代理服务费:设备按原价的 0.8% 计取,主要材料按原价的 0.5% 计取。需要安装的设备运输距离按 1 500 km 计取,不需要安装的设备运输距离按 20 km 计取,主要材料运输距离按 300 km 计取。

⑤教学区实训操作终端的布线及调试不在本项目概预算之列,交换设备的电源线及接地线由设备厂家负责提供并布放。

实训指导:

本项目首先需要确定各种信号线缆的条数,才能统计线缆布放的工程量以及后续表格中数据的计算与填写。

（1）局用音频电缆

据题设已知条件可知，程控交换机的容量为 6 000 门，即能终接 6 000 个普通电话用户，因此需要局用音频电缆的总芯数为 12 000 芯；同时由表 4-4 可知，项目采用 32 芯的电缆，因此需要局用音频电缆条数 = 12 000/32 = 375 条。

（2）射频同轴电缆

射频同轴电缆用于传输 2 Mbit/s 的中继电信号，由图 4-6 可知，10 个 2 Mbit/s 中继需要 20 芯；同时由表 4-4 可知，项目采用 8 芯每条的射频同轴电缆，因此其条数 = 20/8 = 2.5，取整后需要 3 条。

（3）双头尾纤

双头尾纤用于 2 个 155 Mbit/s 的光口，双头尾纤通常都是单芯的，因此需要 4 条。

（4）数据电缆

由表 4-4 可知，维护终端 1 台，因此用于连接维护终端的数据电缆只需 1 条。

（5）告警信号电缆

由表 4-4 可知，告警设备 1 台，因此用于连接告警设备的告警信号电缆只需 1 条。

工程量统计：

（一）设备机柜、机箱安装的工程量

①安装程控电话交换设备：2 架。

②安装数字分配架：1 台。

③安装光分配架：1 台。

④安装告警设备：1 台。

⑤安装操作维护中心设备：1 台。

⑥安装落地式总配线架（6 000 回线以下）：1 架。

（二）安装附属设施的工程量

安装电缆走线架：23.8 m。

解读与解析：

定额中规定"安装电缆走线架定额按成套供应、单层结构考虑，如为双层，按本定额人工工日乘以 2.0 计算；若为非成套供应，施工时需要现场加工制作，则按本定额人工乘以 3.0 计算。"本项目中走线架需要现场加工制作，因此表三甲中安装电缆走线架的单位定额值 = 0.12 × 3.0 = 0.36 技工工日/m【套用 TSY1-046】。

（三）设备线路布放的工程量

1. 放绑设备电缆

①放绑局用音频电缆（32 芯）：25 m × 375 条 ÷ 100 = 93.75（百米条）。

②放绑 SYV 类同轴电缆：20 m × 3 条 ÷ 100 = 0.6（百米条）。

③放绑数据电缆（10 芯以下）：30 m × 1 条 ÷ 100 = 0.3（百米条）。

④布放告警信号电缆（12 芯）：35 m × 1 条 ÷ 100 = 0.35（百米条）。

2. 编扎、焊（绕、卡）接设备电缆

①编扎、焊接局用音频电缆（32 芯）：375（条）。

②编扎、焊接 SYV 类同轴电缆：8 芯 × 3 条 = 24（芯条）。

③编扎、焊接数据电缆(10 芯以下,网线):1(条)。

④编扎、焊接数据电缆(10 芯以上,告警信号电缆):1(条)。

3. 放绑软光纤(15 m 以上)

4(条)。

(四)系统调测的工程量

1. 市话交换设备硬件调测

①用户线(千门):6 000 门÷1 000 =6(千门)。

②2 Mbit/s 中继线(端口):10(端口)。

③155 Mbit/s 中继线(端口):2(端口)。

2. 市话交换设备软件调测

①用户线(千门):6 000 门÷1 000 =6(千门)。

②2 Mbit/s 中继线(端口):10(端口)。

③155 Mbit/s 中继线(端口):2(端口)。

3. 调测操作维护中心设备(套)

1(套)

4. 调测告警设备(台)

1(台)。

主材用量统计:

工程采用包工包料方式,即主要材料为乙供材料,表二中的销项税额 = 人工费 + 乙供主材费 + 辅材费 + 机械使用费 + 仪表使用费 + 措施费 + 规费 + 企业管理费 + 利润)×11% =建安工程费(除税价)×11% ;主材用量如表4-7 所示。

表 4-7 主材用量表

序号	项目名称	主材规格型号	单位	数量
1	安装数字分配架、光分配架	加固角钢夹板组	组	(1 +1) ×2.02 =4.04
2	安装总配线架(6 000 回线)	槽钢 43 ×80 ×43 ×5	kg	1 ×32.64 =32.64
3		信号灯座	套	1 ×10 =10
4		红色信号灯	套	1 ×10 =10
5	安装电缆走线架	走线架宽 400 mm	m	1.01 ×23.8 =24.038
6	放绑局用音频电缆	用户电缆 32 芯	m	93.75 ×102 =9 562.5
7	放绑 SYV 类射频同轴电缆	SYV-75-2-1 ×8	m	0.6 ×102 =61.2
8	放绑软光纤	软光纤 SC/PC-FC/PC	条	4 ×1 =4
9	放绑数据电缆	UPT-5 双绞线	m	0.3 ×102 =30.6
10	布放告警信号电缆	12 芯	m	0.35 ×102 =35.7

任务拓展

●素材

拓展任务:传输设备安装工程

鉴于篇幅,本书仅以交换设备安装工程为例阐述了有线通信设备安装工程概预算的编制;读者可自行下载《传输设备安装工程概预算编制》的相关资源(【素材】拓展任务:传输设备安装工程),进行任务拓展。

任务 4-2 无线通信设备安装工程概预算编制

 **任务指南**

一、任务工单

项目名称	任务 4-2：无线通信设备安装工程概预算编制	目标要求	能完成整个项目的概预算编制，并填写整套表格

<table>
<tr><td rowspan="1">项目内容（工作任务）</td><td colspan="3">

某项目背景如下，编制其概预算，形成设计文件并输出。

××移动通信基站设备安装工程施工图预算

一、已知条件

(1)本工程为 GSM 1 800 MHz 系统的新建 3/3/2(CDU-C)广西某城区××基站单位工程。

(2)施工企业驻地距工程所在地 15 km，勘察设计费按站分摊为 12 000 元/站，建设工程监理费按站分摊为 10 000 元/站。

(3)设备运距为 1 250 km；主要材料运距为 500 km。设备价格见表4-8；本工程采用包工包料方式，主要材料价格见表4-9。

表 4-8 设备价格表

序号	设备名称	规格容量	单位	除税价/元
1	定向天线	18dBi	副	10 000.00
2	无线基站设备	2/2/2(CDU-C)	架	500 000.00
3	数字分配架	壁挂式	架	2 000.00
4	馈线密封窗	6孔	个	400.00

表 4-9 主要材料价格表

序号	名称	规格型号	单位	除税价/元	备注
1	馈线(射频同轴电缆)	7/8 英寸	m	120.00	含连接头
2	馈线(射频同轴电缆)	1/2 英寸	m	80.00	含连接头
3	馈线卡子	7/8 英寸	个	10.00	
4	馈线卡子	1/2 英寸	个	5.00	
5	螺栓	M10×40	套	10.00	
6	膨胀螺栓	M10×80	套	15.00	
7	膨胀螺栓	M12×80	套	20.00	
8	室内走线架	400 mm	m	150.00	包含连接、加固件
9	室外馈线走道	400 mm	m	120.00	成品的价格
10	支撑杆成套材料		套	500.00	
11	SYV 类射频同轴电缆	75-2-1×8	m	20.00	
12	加固角钢夹板组		组	50.00	

</td></tr>
</table>

项目 内容 （工作 任务）	二、设计图纸及说明 （一）设计范围及分工 （1）本工程设计范围主要包括移动通信基站的天馈线系统、室内外走线架、收发信机架、数字分配架等设备的安装。基站系统联网调测由厂家负责。新建铁塔、中继传输电路、供电系统等部分内容由其他专业负责。 （2）基站设备与电源设备安装在同一机房，设备平面布置及走线架位置由本专业统一安装；机房装修（包括墙洞）、空调等工程的设计与施工由建设单位另行安排。 （二）图纸说明 （1）基站机房设备平面布置如图4-8所示。 ①基站机房内无线设备尺寸为600 mm×400 mm×1 775 mm，安装时设备底部应采用膨胀螺栓与地面加固。配线架DDF为壁挂式，安装在距无线设备较近的位置，下沿距地1 100 mm。 ②从基站设备下20个E1至DDF架，采用SYV类射频同轴电缆（75-2-1×8），平均每条长度15 m。 （2）基站机房内走线架平面布置如图4-9所示。基站室内走线架采用400 mm宽的标准定型产品。走线架安装在机架上方，其高度与已开馈线穿墙洞下沿齐平，安装加固方式按图纸标明的方式施工。 （3）基站天馈线系统安装如图4-10所示。 ①在楼顶铁塔上共安装了3副定向天线。小区方向分别为70°、190°、310°，其挂高均为27 m，铁塔平台已有天线横担，但需要安装天线支撑杆，支撑杆长度为3 m。 ②基站馈线采用7/8英寸射频同轴电缆，射频同轴电缆与基站设备以及天线的连接处采用1/2英寸软馈线连接以满足同轴电缆曲率半径的要求，1/2英寸软馈线长度为2 m/条；布放1/2英寸软馈线所需材料参照布放7/8英寸软馈线计算。 ③室外馈线走道采用角钢材料并需现场加工制作，包括水平走道和垂直走道；馈线洞需安装馈线密封窗，为防雨水渗入机房，馈线窗应用防水材料密封。 ④塔顶安装的避雷针和铁塔自身的防雷接地处理，均由铁塔单项工程预算统一考虑。 （4）未说明的设备均不考虑
工作要求	1. 个人独立完成；2. 根据提交的作品考核评分；3. 在开展下次任务之前提交作品
备注	提交作品要求：1. 所有表格放入一个Excel文件；2. 命名：××班××号×××

二、作业指导书

项目名称	任务4-2：无线通信设备安装工程概预算编制	建议课时	4
质量标准	计算结果的准确性；表格填写的规范性		
仪器设备	计算机，CAD制图平台，Office平台		
相关知识	移动通信系统基础知识；无线设备安装工程工程量统计		
项目实施 环节 （操作步骤）	1. 资料收集和准备阶段 （1）在教师的指导下，熟悉任务书中的项目背景和任务要求。 （2）自行查阅相关专业书籍和资料，重点是无线基站天馈系统方面的专业资料，包括无线基站系统的组成和结构、天馈系统施工的程序流程、天馈系统的调测、馈线的结构和类型等。 （3）熟悉相应定额的查找和套用，特别注意相应章节说明。 （4）分类统计工程量，并同时记录机械、仪表使用量和主材消耗量。 2. 概预算文件的组成 概预算整套表格。依据各已知条件，按三四二五一的顺序填写各概预算表格		
参考资料	"451"定额；通信建设工程施工机械、仪表台班定额；无线基站系统结构、天馈系统结构、天馈系统施工的程序流程		

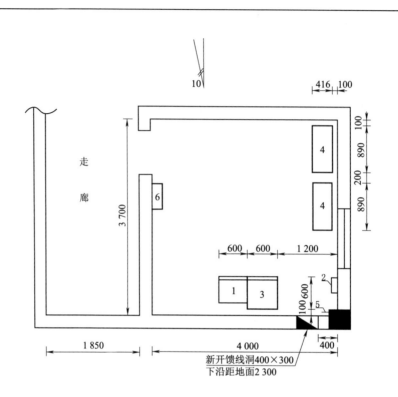

图例：□ 本专业新装设备　■ 其他相关专业负责

设备表

序号	设备名称	单位	数量	备注
1	无线机架RB2202	架	1	落地式
2	配线架DDF	个	1	壁挂式，下沿距地1 100
3	组合电源架	架	1	
4	阀控式蓄电池	组	2	单层卧式
5	接地排	块	1	
6	市电和油机自动转换和配电箱	个	1	壁挂式，下沿距地1 200

总 经 理		单项负责人						
设计主管		审　计						
总工程师		校　对						
设计总负责人		设　计						
所 主 管		单位，比例	mm，1∶50	日　期	2018.10	图　号	01	

图 4-8　基站机房设备平面布置图

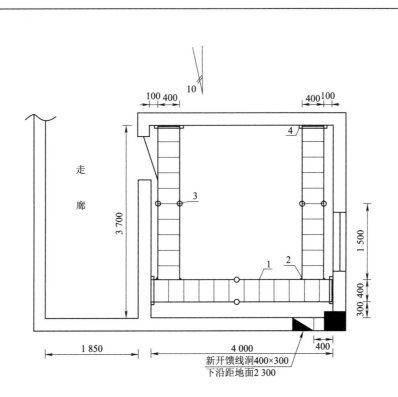

材料表

序号	名称及规格	单位	数量	备注
1	400 mm宽走线架	m	10	
2	走线架垂直连接件	套	2	与走线架配套提供
3	走线架吊挂加固件	套	2	与走线架配套提供
4	走线架终端与墙加固件	套	4	与走线架配套提供

注：1.新装水平走线架沿距机房地面2 300 mm。
   2.水平走线架每隔2.5 m用水平连接件连接。

总 经 理		单项负责人						
设计主管		审　　计						
总工程师		校　　对						
设计总负责人		设　　计						
所 主 管		单位，比例	mm，1：50	日　期	2018.10	图　号	02	

图4-9　基站机房内走线架平面布置图

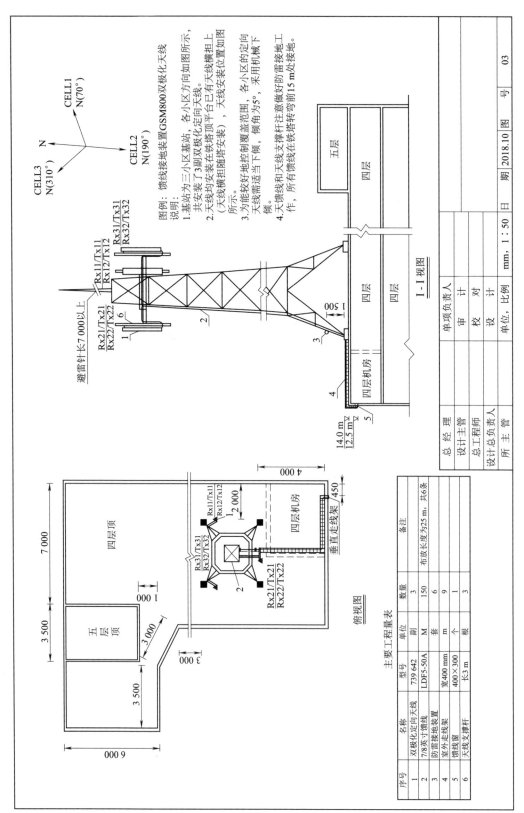

图 4-10 基站天馈线系统安装示意图

三、考核标准与评分表

项目名称		任务 4-2：无线通信设备安装工程概预算编制		实施日期	
执行方式	个人独立完成	执行成员	班级		组别	

	类别	序号	考核分项	考核标准	分值	考核记录(分值)
考核标准	职业技能	1	表一	(1)计算方法和结果的准确性 (2)表格填写的规范性	10	
		2	表二	(1)计算方法和结果的准确性 (2)表格填写的规范性	15	
		3	表三	(1)计算方法和结果的准确性 (2)表格填写的规范性	30	
		4	表四	(1)计算方法和结果的准确性 (2)表格填写的规范性	25	
		5	表五	(1)计算方法和结果的准确性 (2)表格填写的规范性	10	
	职业素养	6	职业素养	随堂考察：规范、严谨求实的工作作风；任务实施过程中协作互助	10	
	总　分					

相关知识

一、工程量统计

移动通信基站设备安装主要分为室外和室内两部分,统计工程量时可分别统计。

（一）基站天馈线部分（室外部分）

①楼顶铁塔上（铁塔高 13 m 处）安装定向天线：3 副。

解读与解析：

①天线安装的定额与天线架设的方式有关,如定向天线的安装就划分成了楼顶铁塔上、地面铁塔上、拉线塔上、支撑杆上、楼外墙壁等方式。铁塔比较常见,此处主要简单解释天线安装在拉线塔上、支撑杆上、楼外墙壁这三种方式。"支撑杆上"是指当建筑物或地势较高时,架设高度低于 6 m 的支撑物件支撑天线,通常依靠楼顶女儿墙架设并固定在女儿墙上,因此俗称"抱杆";而当高度超过 6 m 时、需要用拉线进行加固,此时称为拉线塔;更有直接将天线固定在楼外墙壁上,主要用于直放站补盲、微微小区覆盖以及室内分布系统中。

②楼顶铁塔上、地面铁塔上安装天线还区分高度,此处"高度"的定义指天线安装位置至楼顶或地面的高度,特别是安装在楼顶时,高度不包括楼顶本身的高度;所以本项目中,由图 4-10 可知,天线高度为天线据地面高度－楼面高度 = 27 m－14 m = 13 m。

③定额中高度的进一步区分：定额条目 TSW2-009 中规定 20 m 以下安装一副天线技工

5.7工日,条目 TSW2-010进一步补充,20 m以上每增加1 m增加0.08个技工工日。如本项目中天线安装高度为13 m,因此只需套用 TSW2-009条目即可;若某天线安装的高度为35 m,则前述两条定额需要同时套用,即 TSW2-009条目按5.7个技工计算,还要再次套用TSW2-010条目,增加15 ×0.08 =1.2个技工每副天线;此时采用了"增加高度不足1 m按1 m计"的惯用处理方式。

②安装馈线:
- 安装馈线(7/8英寸射频同轴电缆)10 m以下:6条。
- 安装馈线(7/8英寸射频同轴电缆)每增加1 m:(25 -10)m×6条 =90(米条)。
- 安装与7/8英寸馈线相连的1/2英寸软馈线4 m以下:12条。

解读与解析:

①安装移动通信馈线的工作内容定义为:搬运、量裁布放、安装加固、制装电缆头、防雷接地处理、连接固定、做标记、清理现场等。由此可见,包含了接头的制作,因此无须像设备电缆的布放一样,划分成放绑和编扎两个步骤。

②长度计量与处理和天线安装高度的处理类似但又有不同。类似之处在于划分成了"10 m以下"和"每增加1 m"两条子目,不同之处在于增加长度不足1 m时,按实际量计算。同时,长度"10 m"指单条馈线的长度,而非所有馈线总的长度。本项目中主馈线(7/8英寸射频同轴电缆)共6条,每条长度25 m,由于每条长度均超过了10 m,因此需要分别套用定额条目 TSW2-029和 TSW2-030;条目 TSW2-029布放10 m以下,工程量是6条;条目TSW2-030每增加1 m,工程量 =(每条实际长度 – TSW2-029已经布放的10 m)×条数 =(25 -10)米×6条 =90米条。也可以理解成6条每25 m共150 m,条目 TSW2-029已经布放了6条10 m共60 m,还剩余90 m需要套用条目 TSW2-030,因此换算成了90个米条。若某项目中共6条馈线每条长度为8 m,则此时只需套用定额条目 TSW2-029,工程量 =6条。

③如无特殊说明,通常天线数量、主馈线条数和软馈线条数满足1:2:4的关系。因为主馈线通常是收发分开,即一副天线需要两条主馈线;同时,主馈线两头与基站设备和天线的连接通常都需要转换成软馈线,因此主馈线条数和软馈线条数进一步构成1:2的关系。

④定额中另有如下规定:
- 布放泄漏式射频同轴电缆定额工日,按本定额相应子目工日乘以系数1.1;
- 套管、竖井或顶棚上方布放射频同轴电缆,按本定额相应子目工日乘以系数1.3。普通隧道内布放射频同轴电缆,按布放馈线定额子目工日乘以系数1.3,高铁隧道内布放射频同轴电缆,按布放馈线定额子目工日乘以系数1.5。
- 设备出厂时如已配有成套馈线及固定件,则套用布放馈线定额时不再计列主材。规定中的泄漏式射频同轴电缆,俗称"漏缆",主要用于室内分布系统和专用移动通信系统中的弱场区补强。

③安装馈线密封窗:1个。

④制作安装天线支撑杆:3套。此项内容需估列临时定额:4工日/每套支撑杆,材料按实计列。

解读与解析:

天线支撑杆如图4-11所示,给天线在铁塔上的固定提供支撑;此类情况可根据工程实践经验进行估算,在表三甲中的定额编号中填注"估列"。

图4-11 天线支撑杆

⑤安装室外馈线走道共计9 m,注意考虑现场加工制作。

- 水平走道9 − (14 − 12.5) = 7.5(m)。
- 沿外墙垂直走道14 − 12.5 = 1.5(m)。

解读与解析:

由图4-10中主要工程量表可知,室外走线架总长9 m;再由I-I视图可知,室外走线架用于承载从馈线窗至铁塔底部的馈线走线,其垂直部分长度 = 14 − 12.5 = 1.5(m),因此水平部分长度 = 9 − 1.5 = 7.5(m)。同时注意,沿女儿墙内侧安装馈线走道套用"水平"安装定额子目。

⑥宏基站天、馈线系统调测。

- 7/8 英寸射频同轴电缆:6 条。
- 1/2 英寸射频同轴电缆:12 条。

(二)基站设备及配套(室内部分)

①安装基站主设备(无线收发信机架):1 架。

②GSM 基站系统调测:

- 2G 基站系统调测(TSW2-074,6 个载频以下,站):1(站)。
- 2G 基站系统调测(TSW2-075,6 个载频以上每增加一个载频,载频):3 + 3 + 2 − 6 = 2(载频)。

解读与解析:

据已知条件"新建3/3/2(CDU-C)基站"可知,本项目中的基站共有3 + 3 + 2 = 8 个载频,所以基站系统调测需要分别套用 TSW2-074 和 TSW2-075 这两条定额子目。

③安装壁挂式数字分配架:1 架。

④安装室内走线架:10 m。

⑤布放射频同轴电缆:

- 放绑 SYV 类同轴电缆(多芯):5 × 15 m ÷ 100 = 0.75(百米条)。
- 编扎、焊(绕、卡)接 SYV 类同轴电缆:5 × 8 = 40(芯条)。

⑥配合联网调测:1 站。

解读与解析:

①基站设备安装工程中的调测分为天馈系统调测、基站系统调测和联网调测三个环节,详情如图4-12所示。

②天馈系统调测主要测试馈线和天线的连接性能,因此以接续完成的馈线条数为计量单位。

③基站系统调测主要调测基站主设备,以基站系统容量为计量;因此 GSM 和 CDMA 系统中分别以"载频"和"扇·载"为计量。如本项目中新建基站为 GSM 1 800 MHz 系统 3/3/2 模式,因此共计 8 个载频。

④联网调测是从核心网侧测试整个基站系统。

⑤定额中"配合调测",适用于由设备供货厂家负责调测时,仅计列施工单位的配合用工。配合用工的含义在于厂家调测过程中,需要施工单位的陪同、辅助跳线等配合作业。

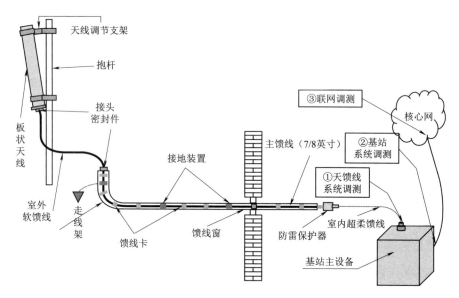

图 4-12　天馈系统结构图

二、主材用量统计

经统计,主要材料用量如表 4-10 所示。

表 4-10　主要材料用量表

序号	名称	规格型号	单位	数量
1	射频同轴电缆	7/8 英寸	m	$6 \times 10.2 + 90 \times 1.02 = 153$
2	馈线卡子	7/8 英寸	套	$6 \times 9.6 + 90 \times 0.86 = 135$
3	射频同轴电缆	1/2 英寸	m	$2.4 \times 10.2 = 24.48$
4	馈线卡子	1/2 英寸	套	$2.4 \times 9.6 = 23.04$
5	螺栓	M10×40	套	6.06(馈线窗)
6	膨胀螺栓	M12×80	套	4.04(基站设备)
7	膨胀螺栓	M10×80	套	4.04(数字分配架)
8	室内电缆走线架	宽 400 mm	m	$1.01 \times 10 = 10.10$
9	室外电缆走道	宽 400 mm	m	$1.01 \times 9 = 9.09$
10	支撑杆成套材料		套	3
11	SYV 类射频同轴电缆	75−2−1×8	m	$0.75 \times 102.00 = 76.50$

任务实施

素材

任务 4-2：无线通信设备安装工程

项目总费用：除税价 644 816.67（元），增值税 103 929.29（元），含税价 748 745.96（元）；整套表格的填写，详见在线文档（【素材】任务 4-2：无线通信设备安装工程）。关于表格填写和数据计算的几点说明：

①表一中，单位工程不计列预备费。

②表二中，措施费的第九项即冬雨季施工增加费，计费基础是相关人工费，此时的相关人工仅指室外作业部分的人工工日。

实训项目

实训项目 4-2：根据给定的已知条件，完成某新建基站设备安装单项工程一阶段设计的概预算编制任务。

①本工程为 CDMA 800 MHz 系统的青海某城区新建 3/2/2 基站单位工程。

②施工企业距施工现场 25 km。

③施工用水电蒸汽费 1 000 元，勘察设计费给定为 8 000 元，建设工程监理费按 5 000 元计取。

④设备运输距离为 1 500 km，设备采购代理服务费按设备原价的 0.5% 计算。

⑤本工程采用包工不包料方式，主要材料价格参照表 4-9；设备价格见表 4-11。

⑥基站机房设备平面布置如图 4-13 所示，基站机房走线架的安装如图 4-14 所示，基站天馈系统的安装如图 4-15 所示。射频同轴电缆与基站设备以及天线的连接处采用 1/2 英寸软馈线连接以满足同轴电缆曲率半径的要求，1/2 英寸软馈线长度为 6 m/条。布放 1/2 英寸软馈线所需材料参照布放 7/8 英寸软馈线计算。

⑦其余未说明的设备均不考虑。

表 4-11 设备价格表

序号	设备名称	规格容量	单位	除税价/元
1	定向天线	18dBi	副	10 000.00
2	无线基站设备	3/2/2	架	550 000.00
3	传输综合架	落地式	架	5 000.00
4	GPS 天线		副	500.00

工程量统计：

（一）基站天馈线部分（室外部分）

①楼顶铁塔上（支撑杆上）安装定向天线：3 副。

②安装调测卫星全球定位系统（GPS）天线：1 副。

③安装馈线：

a. 安装馈线（7/8 英寸射频同轴电缆）10 m 以下：6 条。

信工程制图与概预算编制

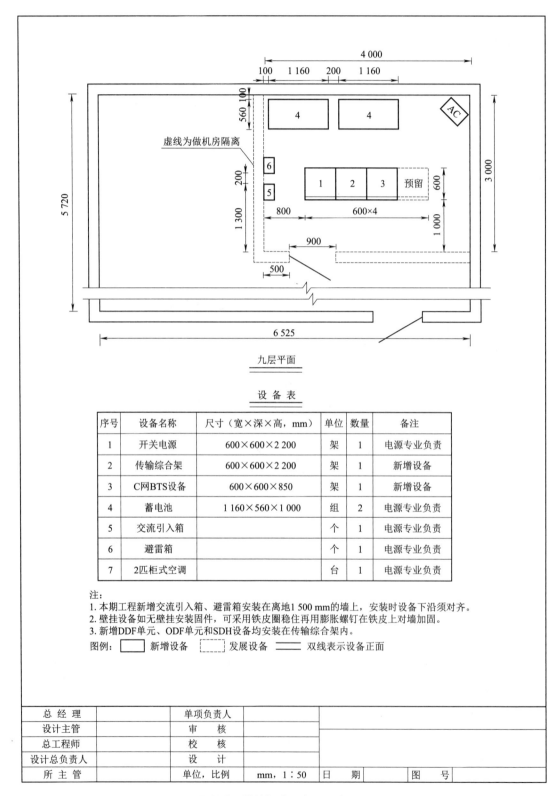

九层平面

设 备 表

序号	设备名称	尺寸（宽×深×高，mm）	单位	数量	备注
1	开关电源	600×600×2 200	架	1	电源专业负责
2	传输综合架	600×600×2 200	架	1	新增设备
3	C网BTS设备	600×600×850	架	1	新增设备
4	蓄电池	1 160×560×1 000	组	2	电源专业负责
5	交流引入箱		个	1	电源专业负责
6	避雷箱		个	1	电源专业负责
7	2匹柜式空调		台	1	电源专业负责

注：
1. 本期工程新增交流引入箱、避雷箱安装在离地1 500 mm的墙上，安装时设备下沿须对齐。
2. 壁挂设备如无壁挂安装固件，可采用铁皮圈稳住再用膨胀螺钉在铁皮上对墙加固。
3. 新增DDF单元、ODF单元和SDH设备均安装在传输综合架内。

图例： ☐ 新增设备　⬚ 发展设备　━━ 双线表示设备正面

总 经 理		单项负责人			
设计主管		审　核			
总工程师		校　核			
设计总负责人		设　计			
所 主 管		单位，比例	mm，1：50	日　期	图　号

图 4-13　基站机房设备平面布置图

 276

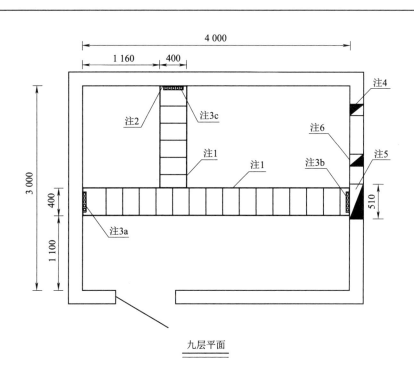

九层平面

注:
1. 新增水平走线架,高为2 300 mm,宽为400 mm,总长5.5 m。横向水平走线架在中央用1组吊挂对房顶加固。纵向水平走线架与横向水平走线架间用角钢加固,走线架接驳处使用铜线连接,走线架应良好接地。
2. 新增垂直上线爬架,宽为400 mm,总长2.3 m。
3.(a)交流防雷接地排;(b)室外接地排;(c)室内接地排;各接地排安装在离地2 350 mm处,位于走线架上方。
4. 空调外机孔洞,由空调厂商在安装空调时确定位置并开凿,本图位置仅供参考。
5. 馈线引入孔洞,规格为3×4孔馈线窗,大小为(宽)510 mm×(高)380 mm,窗底部距地面高2 300 mm,外沿向外倾斜5°。
6. 光缆引入孔,离地面高2 300 mm。此孔洞位置应由光缆接入工程确定,本图位置仅供参考。
7. 对于开设的孔洞在设备安装完成后用防火泥封堵。

总 经 理		单项负责人			
设计主管		审　核			
总工程师		校　核			
设计总负责人		设　计			
所主管		单位,比例	mm,1:50	日　期	图　号

图 4-14　基站机房走线架示意图

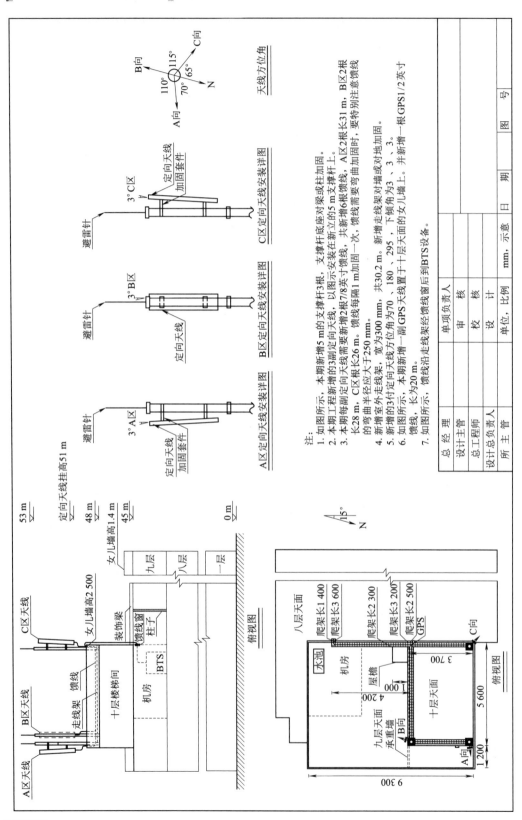

图 4-15　基站天馈系统示意图

b. 安装馈线(7/8 英寸射频同轴电缆)每增加 1 m：$(31 \times 2 + 28 \times 2 + 26 \times 2 - 10 \times 6)$ 米条 = 110 米条。

c. 安装与 GPS 天线相连的 1/2 英寸软馈线、射频同轴电缆与基站设备以及天线连接处的 1/2 英寸软馈线：

- 布放射频同轴电缆 1/2 英寸以下(4 m 以下)：13 条。
- 布放射频同轴电缆 1/2 英寸以下(每增加 1 m)：$(20 - 4) + 12 \times (6 - 4) = 40$ 米条。

解读与解析：

与 GPS 天线相连的 1/2 英寸软馈线 1 条 20 m，射频同轴电缆与基站设备以及天线连接处的 1/2 英寸软馈线共 12 条、每条 6 m。

④制作安装天线支撑杆：3 套。此项内容需估列临时定额：4 工日/每套支撑杆，材料按实计列。

⑤安装室外馈线走道共计 30.2 m。

- 水平走道 $3\,700 \times 2 + 5\,600 + 4\,200 = 17\,200$ mm $= 17.2$ m。
- 沿外墙垂直走道 $1\,400 + 3\,600 + 2\,300 + 3\,200 + 2\,500 = 13\,000$ mm $= 13$ m。

⑥宏基站天、馈线系统调测：

- 7/8 英寸射频同轴电缆：6 条。
- 1/2 英寸射频同轴电缆：12 条。

⑦安装馈线窗：1 个

(二)基站设备及配套(室内部分)

①安装落地式基站设备(无线收发信机架)：1 架。

②CDMA 基站系统调测：共计 7 扇·载。

- CDMA 基站系统调测(6 扇·载以下)：1。
- CDMA 基站系统调测(每增加 1 扇·载)：1。

③安装传输综合架：1 架。

④安装室内走线架：$5.5 + 2.3 = 7.8$ m。

⑤CDMA 基站联网调测(定向天线站)：1 站。

主材用量统计：

主材用量如表 4-12 所示。

表 4-12　主材用量表

序号	名称	规格型号	单位	数量
1	射频同轴电缆	7/8 英寸	m	$(6 \times 10.2 + 110 \times 1.02) = 173.4$
2	馈线卡子	7/8 英寸	套	$6 \times 9.6 + 110 \times 0.86 = 152.2$
3	射频同轴电缆	1/2 英寸	m	$(20 + 6 \times 12) \div 10 \times 10.2 = 93.84$
4	馈线卡子	1/2 英寸	套	$(10 + 6 \times 12) \div 10 \times 9.6 + 1 \times 8.6 = 87.32$
5	膨胀螺栓	M12×80	套	4.04(基站设备)
6	加固角钢夹板组		组	2.02(传输综合架)
7	室外电缆走道		m	$1.01 \times 30.2 = 30.502$
8	室内电缆走线架		m	$1.01 \times 7.8 = 7.878$
9	支撑杆成套材料		套	3

任务 4-3　通信电源设备安装工程概预算编制

任务指南

一、任务工单

项目名称	任务4-3：通信电源设备安装工程概预算编制	目标要求	能完成整个项目的概预算编制，并填写整套表格
项目内容（工作任务）			

某项目背景如下，编制其概预算，形成设计文件并输出。

××站电源设备安装工程初步设计概算

一、已知条件

(1) 本工程系新建××站电源设备安装工程初步设计。

(2) 施工企业距施工现场 10 km，工程投资估算总额度（除税价）为 40 万元，项目建设管理费按最高限额计取。

(3) 施工用水电蒸汽费 1 000 元，勘察设计费给定为 18 000 元，建设工程监理费按 10 000 元计取。

(4) 设备运输距离为 1 500 km，设备采购代理服务费按设备原价的 0.6% 计算，设备价格见表4-13；本工程采用包工包料方式，主要材料价格见表4-14。

表 4-13　电源设备价格表

序号	设备名称	规格容量	单位	除税价/元
1	过压保护装置	DSOP160-380	台	7 000.00
2	全组合开关电源架	PS48600-2/50-300A	架	78 000.00
3	阀控式蓄电池组	U×L1100-48 V/1 000A·h	组	106 000.00
4	墙挂式交流配电箱	380 V/100A	台	8 000.00

表 4-14　主要材料价格表

序号	名称	规格型号	单位	除税价/元
1	电力电缆	RVVZ-3×35+1×16	m	95.00
2	电力电缆	RVVZ-1×50	m	40.00
3	电力电缆	RVVZ-1×95	m	70.00
4	电力电缆	RVVZ-1×35	m	25.00
5	铜接线端子	各种规格	个	10.00
6	地线排		块	120.00
7	电缆走线架	宽 400 mm	m	200.00
8	其他材料		套	500.00

项目 内容 （工作 任务）	二、设计图纸及说明 　　电源设备平面布置及电缆路由示意图如图 4-16 所示,交直流供电系统及地线系统图如图 4-17 所示,缆线明细表如图 4-18 所示。 　　(1)交流供电系统。本站由两路市电、全组合开关电源、过电压保护装置组成。运行方式为主备用市电电源自动倒换。 　　(2)直流供电系统。由开关电源和蓄电池组组成。全浮充供电方式,开关电源架上的整流模块与两组蓄电池并联浮充供电。电池组需安装在抗震架上,按双层单列叠放。 　　(3)接地系统。采用联合接地方式,按单点接地原理设计。 　　(4)过电压保护。采用不小于 60 V·A 过电压保护装置;开关电源架交流输入端带有过压保护装置,在直流配电单元输出端带有浪涌抑制器。 　　(5)电缆布线方式。电源设备之间的电缆采用上走线方式,室内新装水平电缆走线架,安装位于距地面高度 2 350 mm 处。电缆走线架宽 400 mm,走线架相交处做水平连接、终端处与墙加固。 　　(6)机房内空调设备已列入其他专业安装项目。其余未说明设备均不考虑
工作 要求	1. 个人独立完成;2. 根据提交的作品考核评分;3. 在开展下次任务之前提交作品
备注	提交作品要求:1. 所有表格放入一个 Excel 文件;2. 命名:＊＊班＊＊号＊＊＊

二、作业指导书

项目名称	任务 4-3:通信电源设备安装工程概预算编制	建议课时	4
质量标准	计算结果的准确性;表格填写的规范性		
仪器设备	计算机,CAD 制图平台,Office 平台		
相关知识	通信电源系统基础知识;通信电源设备安装工程工程量统计		
项目实施 环节 （操作步骤）	1. 资料收集和准备阶段 (1)在教师的指导下,熟悉任务书中的项目背景和任务要求。 (2)自行查阅相关专业书籍和资料,重点是通信电源方面的专业资料,包括电源系统组成、设备结构等;各种电力电缆的结构、应用等。 (3)熟悉相应定额的查找和套用,特别注意相应章节说明。 (4)分类统计工程量,并同时记录机械、仪表使用量和主材消耗量。 2. 概预算文件的组成:概预算整套表格。 依据各已知条件,按三四二五一的顺序填写各概预算表格		
参考资料	"451"定额;施工机械、仪表台班定额;通信电源方面的专业资料		

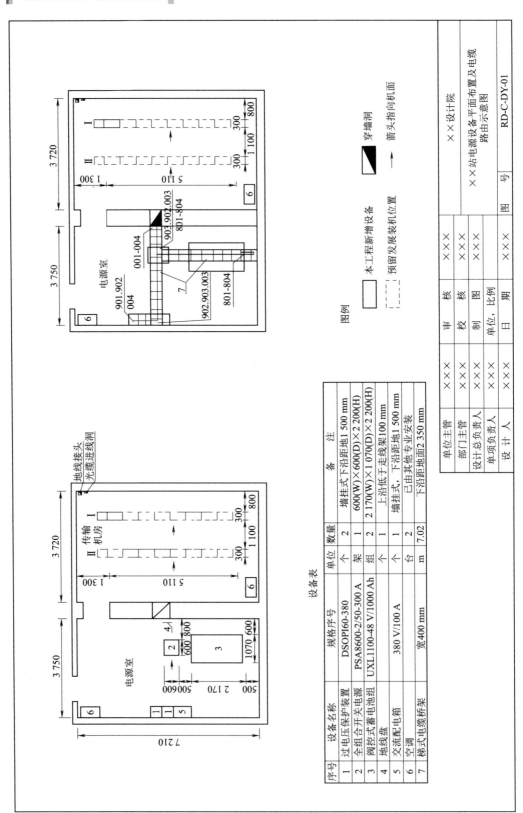

设备表

序号	设备名称	规格序号	单位	数量	备 注
1	过电压保护装置	DSOPI60-380	个	2	墙挂式下沿距地1 500 mm
2	全组合开关电源	PSA8600-2/50-300 A	架	1	600(W)×600(D)×2 200(H)
3	阀控式蓄电池组	UXL1100-48 V/1000 Ah	组	2	2 170(W)×1 070(D)×2 200(H)
4	地线盘		个	1	上沿低于走线架100 mm
5	交流配电箱	380 V/100 A	个	1	墙挂式，下沿距地1 500 mm
6	空调		台	2	已由其他专业安装
7	梯式电缆桥架	宽400 mm	m	7.02	下沿距地面2 350 mm

图 4-16 电源设备平面布置及电缆路由示意图

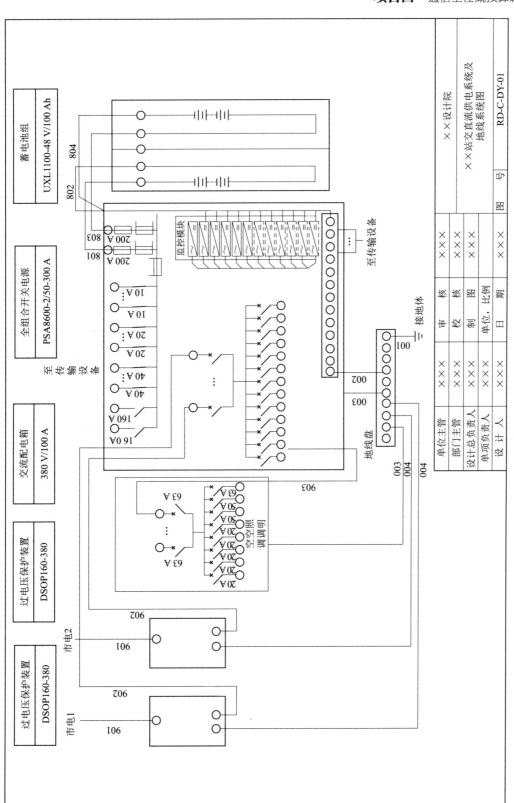

图 4-17 交直流供电系统及地线系统图

缆线明细表

缆线编号	缆线路由		设计电压/V	设计电流/A	敷设方式	选用缆线			备注
	由	到				规格型号	载流量/A	条数×长度/m	
901	市电	过电压保护装置	380	57		RVVZ-3×35+1×16	137		由建设单位负责
902	过电压保护装置	全组合开关电源	380	57	走线架	RVVZ-3×35+1×16	137	2×10	
903	全组合开关电源	交流配电箱	380	57	走线架	RVVZ-3×35+1×16	137	1×10	
801	蓄电池组 (1) "-"	全组合开关电源 "-"	48	30	走线架	RVVZ-1×50	283	1×10	
802	蓄电池组 (1) "+"	全组合开关电源 "+"	48	30	走线架	RVVZ-1×50	283	1×10	
803	蓄电池组 (2) "-"	全组合开关电源 "-"	48	30	走线架	RVVZ-1×50	283	1×10	
804	蓄电池组 (2) "+"	全组合开关电源 "+"	48	30	走线架	RVVZ-1×50	283	1×10	
001	接地体	地线盘			走线架	RVVZ-1×95		1×10	
002	地线盘	开关电源正极排			走线架	RVVZ-1×95		1×5	
003	地线盘	电源设备机壳保护地			走线架	RVVZ-1×35		2×5	
004	地线盘	过电压保护装置			走线架	RVVZ-1×35		2×8	

说明：至传输设备的所有缆线由传输专业负责，本专业仅在全组合开关电源上预留相应的出线端子。

单位主管	×××	审核	×××	××设计院	
部门主管	×××	校核	×××		
设计总负责人	×××	制图	×××	缆线明细表	
单项负责人	×××	单位，比例	×××		
设计人	×××	日期	×××	图 号	×××

图 4-18 缆线明细表

三、考核标准与评分表

项目名称		任务4-3:通信电源设备安装工程概预算编制			实施日期	
执行方式	个人独立完成	执行成员	班级		组别	

类别		序号	考核分项	考核标准	分值	考核记录(分值)
考核标准	职业技能	1	表一	(1)计算方法和结果的准确性 (2)表格填写的规范性	10	
		2	表二	(1)计算方法和结果的准确性 (2)表格填写的规范性	15	
		3	表三	(1)计算方法和结果的准确性 (2)表格填写的规范性	30	
		4	表四	(1)计算方法和结果的准确性 (2)表格填写的规范性	25	
		5	表五	(1)计算方法和结果的准确性 (2)表格填写的规范性	10	
	职业素养	6	职业素养	随堂考察:规范、严谨求实的工作作风;任务实施过程中协作互助	10	
总　分						

相关知识

一、工程量统计

(一)设备机柜、机箱安装的工程量

1. 阀控式蓄电池组

①安装蓄电池抗震架,双层单列:2.17 m(根据图纸标注尺寸)。

②安装48 V/1 000Ah 阀控式蓄电池组:2 组。

③蓄电池补充电:2 组。

④蓄电池容量试验:2 组。

2. 全组合开关电源架

①安装组合开关电源300 A 以下:1 架。

②开关电源系统调测:1 系统。

(二)设备线路布放的工程量

布放电力电缆(换算成与预算定额项目一致的计量单位):

①902 ~903 号线:电力电缆35 mm² 以下(3 +1 芯):(20 +10) ÷10 =3(十米条)。

解读与解析：

定额项目中的"mm^2"指电力电缆单芯相线截面积。

对于2芯电力电缆的布放，按单芯相应工日数乘以1.1计取；对于3芯及3+1芯电力电缆的布放，按单芯相应工日数乘以1.3计取；对于5芯电力电缆的布放，按单芯相应工日数乘以1.5计取。如定额条目TSD4-022，室内布放电力电缆35 mm^2以下，单芯时技工的单位定额值（工日）为0.2；若布放的是同尺寸的2芯电力电缆，则技工的单位定额值（工日）为0.2×1.1=0.22，3芯或3+1芯时为0.2×1.3=0.26，5芯时为0.2×1.5=0.3。填表时在表三甲的列Ⅵ中填入经系数调整后的技工工日即可。

②801~804号线：电力电缆50 mm^2以下（单芯）：4×10÷10=4（十米条）。

③001~002号线：电力电缆95 mm^2以下（单芯）：(10+5)÷10=1.5（十米条）。

④003~004号线：电力电缆35 mm^2以下（单芯）：(10+16)÷10=2.6（十米条）。

⑤制作、安装1 kV以下电力电缆端头：

• 16 mm^2以下：6个=0.6（十个）；

• 35 mm^2以下：18个+8个=2.6（十个）；

• 70 mm^2以下：8个=0.8（十个）；

• 120 mm^2以下：4个=0.4（十个）。

解读与解析：

由图4-18中的缆线明细表可知：

①RVVZ-3×35+1×16：2×10和1×10即共3条，因此16 mm^2以下的电力电缆端头为3×2=6个，35 mm^2以下的电力电缆端头为3×3×2=18个。

②RVVZ-1×35：2×5和2×8即共4条，因此35 mm^2以下的电力电缆端头为4×2=8个。

③RVVZ-1×50：4个1×10即共4条，因此70 mm^2以下的电力电缆端头为4×2=8个。

④RVVZ-1×95：1×5和1×10即共2条，因此120 mm^2以下的电力电缆端头为2×2=4个。

（三）安装附属设施的工程量

①安装过压保护装置：2套。

②安装墙挂式交流配电箱：1台。

③安装室内接地排：1个。

④安装室内梯式电缆桥架：3 750+500+2 170+500+100=7 020 mm=7.02 m。

（四）系统调测的工程量

配电系统自动性能调测：1系统。

二、主材用量统计

经统计，主要材料用量如表4-15所示。

表 4-15 主要材料用量表

序号	名称	规格型号	单位	数量
1	电力电缆	RVVZ-3×35+1×16	m	3×10.15=30.45
2	电力电缆	RVVZ-1×50	m	4×10.15=40.60
3	电力电缆	RVVZ-1×95	m	1.5×10.15=15.23
4	电力电缆	RVVZ-1×35	m	2.6×10.15=26.39
5	铜接线端子	16 mm²	个	0.6×10.1=6.06
6	铜接线端子	35 mm²	个	2.6×10.1=26.26
7	铜接线端子	50 mm²	个	0.8×10.1=8.08
8	铜接线端子	95 mm²	个	0.4×10.1=4.04
9	电缆桥架	400 mm	m	7.02×1.01=7.09
10	地线排		个	1.00
11	其他材料(含电池架用料等)		套	1.00

说明:接线端子的统计与电力电缆长度无关,即每条不论长短均需要2.02个。

任务实施

项目总费用:除税价 397 509.38(元),增值税 62 973.25(元),含税价 460 482.63(元);整套表格的填写,详见在线文档(【素材】任务 4-3:通信电源设备安装工程)。

●素材

任务 4-3:通信电源设备安装工程

实训项目

实训项目 4-3:根据给定的已知条件,完成某电源室改造工程施工图设计阶段的概预算编制任务。

①本工程系某电源室改造工程初步设计,施工企业距施工现场 25 km。

②施工用水电蒸汽费 1 000 元,勘察设计费给定为 8 000 元,建设工程监理费按 5 000 元计取。

③设备运输距离为 1 500 km,设备采购代理服务费按设备原价的 0.5% 计算。

④设备价格见表 4-16;采用包工包料方式,主要材料价格见表 4-17。

表 4-16 电源设备价格表

序号	设备名称	规格容量	单位	除税价/元
1	整流柜(含监控模块)	艾默生 Rack2000-6	套	100 000
2	艾默生直流柜	PD48/2500DF-6/×1	套	80 000

表 4-17　主要材料价格表

序号	名称	规格型号	单位	除税价/元
1	数据电缆	RS232	m	10.00
2	电力电缆	RVVZ 240 mm^2	m	150.00
3	电力电缆	RVVZ $3 \times 120 + 1 \times 70$ mm^2	m	250.00
4	电力电缆	RVVZ 35 mm^2	m	25.00
5	电力电缆	RVVZ 300 mm^2	m	200.00
6	铜接线端子	各种规格	个	10.00
7	电缆走线架	宽 400 mm	m	200.00
8	电缆走线架	宽 500 mm	m	250.00
9	走线架水平连接件		套	50.00
10	走线架终端与墙加固件		套	50.00
11	走线架支撑件		套	50.00

⑤电源室设备平面布置图(拆除前)如图 4-19 所示,电源室设备平面布置图(新装后)如图 4-20 所示,电源室新装走线架如图 4-21 所示,电源室走线路由及布线计划如图 4-22 所示。其余未说明的设备均不考虑。

实训指导:

工程量统计:

(一)拆除原有设备的工程量

套用安装定额条目,再乘以定额中相应的拆除系数:

①拆除硅整流柜(TSD3-092):2 台,【图 4-19 中的 5 和 9】。

②拆除直流电源屏(TSD1-052):1 台,【图 4-19 中的 6】。

(二)设备机柜、机箱安装的工程量

①安装硅整流柜(TSD3-092):1 台,【图 4-20 中的 17】。

②安装直流电源屏(TSD1-052):1 台,【图 4-20 中的 18】。

(三)安装附属设施的工程量

①安装梯式电缆桥架(600 mm 以下):6.4 m,【图 4-21 中的 1 和 2】。

②安装走线架水平连接件(估列),1 套,【按 0.5 技工工日/套估列】。

③安装走线架终端与墙加固件(估列),1 套,【按 0.8 技工工日/套估列】。

④安装走线架支撑杆(估列),6 套,【按 0.5 技工工日/套估列】。

(四)设备线路布放的工程量

①水平布放控制电缆:(15 m × 1 条 + 10 m × 1 条) ÷ 100 = 0.25(百米条),【图 4-22 中的①和⑦】。

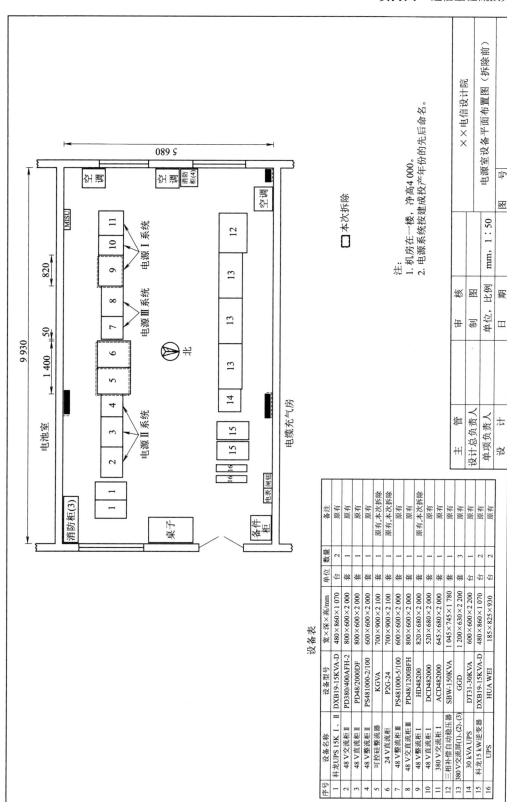

图 4-19 电源室设备平面布置图（拆除前）

注：
1. 机房在一楼，净高 4 000。
2. 电源系统按建成投产年份的先后命名。

□ 本次拆除

主　管				
设计总负责人		审　核		
单项负责人		制　图		
设　计		单位、比例		mm，1 : 50
		日　期		
		图　号		

××电信设计院
电源室设备平面布置图（拆除前）

设备表

序号	设备名称	设备型号	宽×深×高/mm	单位	数量	备注
1	科龙UPS 15K Ⅰ、Ⅱ	DXB19-15KVA-D	480×860×1 070	台	2	原有
2	48 V交流柜Ⅱ	PD380/400AFH-2	800×600×2 000	套	1	原有
3	48 V直流柜Ⅱ	PD48/2000DF	800×600×2 000	套	1	原有
4	48 V整流柜Ⅱ	PS481000-2/100	600×600×2 000	套	1	原有
5	可控硅整流器	KGVA	700×900×2 100	套	1	原有本次拆除
6	24 V直流柜	P2G-24	700×900×2 100	套	1	原有本次拆除
7	48 V整流柜Ⅲ	PS481000-5/100	600×600×2 000	套	1	原有
8	48 V交直流柜Ⅲ	PD48/1200BFH	800×600×2 000	套	1	原有
9	48 V整流柜Ⅰ	HD48200	820×680×2 000	套	1	原有本次拆除
10	48 V直流柜Ⅰ	ACD482000	520×680×2 000	套	1	原有
11	380 V交流柜Ⅰ	DCD482000	645×680×2 000	套	1	原有
12	三相补偿自动稳压器	SBW-150KVA	1 045×745×1 780	套	1	原有
13	380 V交流屏(1)、(2)、(3)	GGD	1 200×630×2 200	套	3	原有
14	30 kVA UPS	DT31-30KVA	600×600×2 200	台	1	原有
15	科龙15 kW逆变器	DXB19-15KVA-D	480×860×1 070	台	2	原有
16	UPS	HUA WEI	185×825×930	台	2	原有

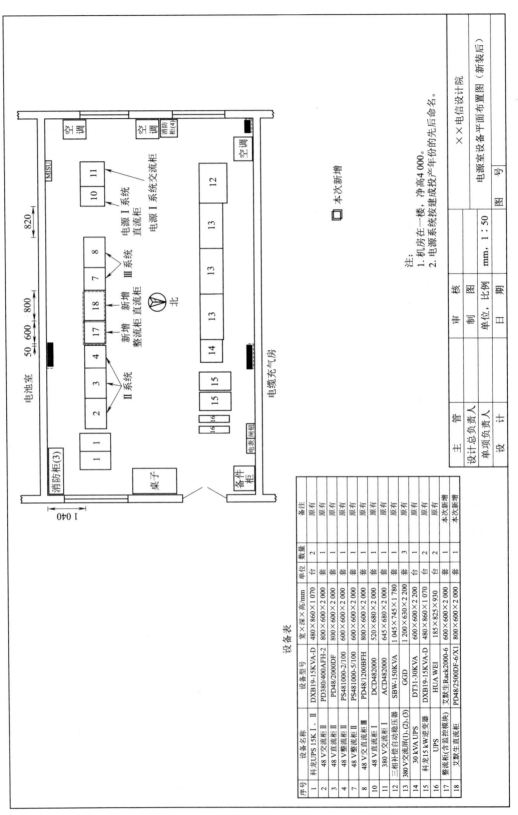

设备表

序号	设备名称	设备型号	宽×深×高/mm	单位	数量	备注
1	科龙UPS 15K Ⅰ、Ⅱ	DXB19-15KVA-D	480×860×1 070	台	2	原有
2	48 V交流柜Ⅱ	PD380/400AFH-2	800×600×2 000	套	1	原有
3	48 V直流柜Ⅱ	PD48/2000DF	800×600×2 000	套	1	原有
4	48 V整流柜Ⅱ	PS481000-2/100	600×600×2 000	套	1	原有
7	48 V整流柜Ⅲ	PS481000-5/100	600×600×2 000	套	1	原有
8	48 V直流柜Ⅲ	PD48/1200BFH	800×600×2 000	套	1	原有
10	48 V直流柜Ⅰ	DCD482000	520×680×2 000	套	1	原有
11	380 V交流柜Ⅰ	ACD482000	645×680×2 000	套	1	原有
12	三相补偿自动稳压器	SBW-150KVA	1 045×745×1 780	套	3	原有
13	380 V交流屏(1)、(2)、(3)	GGD	1 200×630×2 200	套	1	原有
14	30 kVA UPS	DT31-30KVA	600×600×2 200	台	2	原有
15	科龙15 kW逆变器	DXB19-15KVA-D	480×860×1 070	台	2	原有
16	UPS	HUA WEI	185×825×930	套	2	原有
17	整流柜(含监控模块)	艾默生Rack2000-6	600×600×2 000	套	1	本次新增
18	艾默生直流柜	PD48/2500DF-6/X1	800×600×2 000	套	1	本次新增

注:
1. 机房在一楼,净高4 000。
2. 电源系统按建成投产年份的先后命名。

☐ 本次新增

主 管			审 核		× × 电信设计院
设计总负责人			制 图		电源室设备平面布置图(新装后)
单项负责人			单位、比例	mm,1∶50	图 号
设 计			日 期		

图4-20 电源室设备平面布置图(新装后)

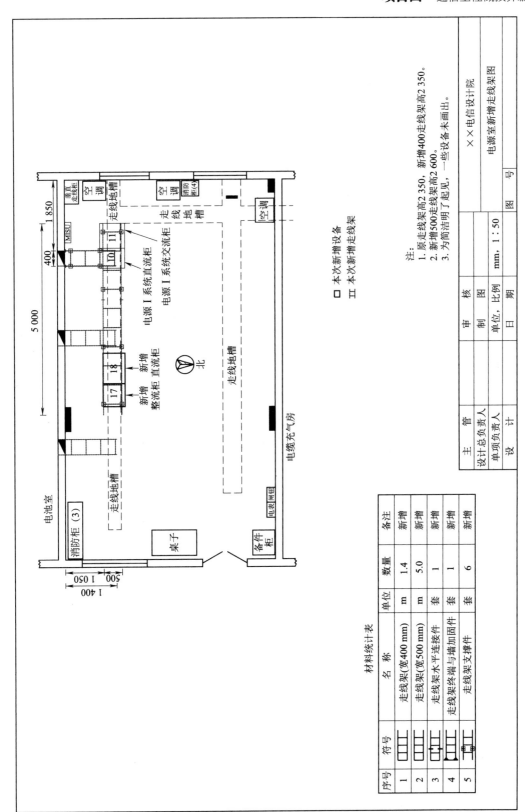

图 4-21 电源室新装走线架

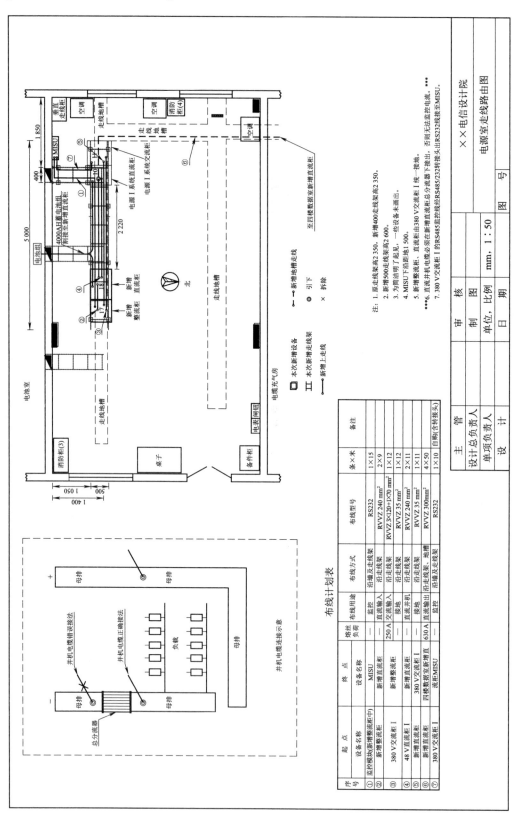

图 4-22　电源室走线路由及布线计划

②室内布放电力电缆(单芯,TSD5-026):(9 m×2 条 +11 m×2 条)÷10 =4(十米条),【图 4-22 中的②和④】。

③室内布放电力电缆(3 +1 芯,TSD5- 024):(12 m×1 条)÷10 = 1.2(十米条),【图 4-22中的③,注意单位工日定额乘以系数 1.3】。

④室内布放电力电缆(单芯,TSD5-022):(12 m×1 条 +11 m×1 条)÷10 = 2.3(十米条),【图 4-22 中的③和⑤】。

⑤室内布放电力电缆(单芯,TSD5-027):(50 m×4 条)÷10 =20(十米条),【图 4-22 中的⑥】。

⑥制作、安装 1 kV 以下电力电缆端头:

- 35 mm^2 以下:4 个 =0.4(十个);
- 70 mm^2 以下:2 个 = 0.2(十个);
- 240 mm^2 以下:8 个 = 0.8(十个);
- 300 mm^2 以下:8 个 = 0.8(十个)。

(五)系统调测的工程量

配电系统自动性能调测:1 系统。

主材用量统计:主材用量如表4-18 所示。

表 4-18　主材用量表

序号	项目名称	主材规格型号	单位	数量
1	安装梯式电缆桥架(600 mm 以下)	桥架(宽 400 mm)	m	1.4 ×1.01 = 1.414
2	安装梯式电缆桥架(600 mm 以下)	桥架(宽 500 mm)	m	5.0 ×1.01 = 5.05
3	安装走线架水平连接件(估列)	走线架水平连接件	套	1 ×1.01 = 1.01
4	安装走线架终端与墙加固件(估列)	走线架终端与墙加固件	套	1 ×1.01 = 1.01
5	安装走线架支撑杆(估列)	走线架支撑杆	套	6 ×1.01 = 6.06
6	水平布放控制电缆	RS232	m	0.25 ×101.50 =25.375
7	室内布放电力电缆(单芯,TSD5-026)	电力电缆(240 mm^2)	m	4 ×10.15 =40.6
8		接线端子(240 mm^2)	个	0.8 ×10.1 =8.08
9	室内布放电力电缆(3 +1 芯,TSD5-024)	电力电缆(3 +1 芯)	m	1.2 ×10.15 =12.18
10		接线端子(120 mm^2)	个	0.6 ×10.1 =6.06
11		接线端子(70 mm^2)	个	0.2 ×10.1 =2.02
12	室内布放电力电缆(单芯,TSD5-022)	电力电缆(35 mm^2)	m	2.3 ×10.15 =23.345
13		接线端子(35 mm^2)	个	0.4 ×10.1 =4.04
14	室内布放电力电缆(单芯,TSD5-027)	电力电缆(300 mm^2)	m	20 ×10.15 =203
15		接线端子(300 mm^2)	个	0.8 ×10.1 =8.08

任务 4-4　通信线路工程概预算编制

任务指南

一、任务工单

项目名称	任务 4-4：通信线路工程概预算编制	目标要求	能完成整个项目的概预算编制，并填写整套表格			
项目内容（工作任务）	某项目背景如下，编制其概预算，形成设计文件并输出。 **宽带接入工程概预算编制** 一、已知条件 (1)本工程设计为广西某小区宽带接入单项工程一阶段施工图设计。 (2)本工程施工企业驻地距施工现场 200 km；工程所在地为非特殊地区，并且施工不受干扰。 (3)本工程勘察设计费为 1 000 元，项目建设管理费为 500 元。 (4)本工程采用包工包料方式，主材运距：光缆、木材及木制品、塑料及塑料制品为 500 km，其他类为 800 km，其单价见表 4-19。					

表 4-19　主材单价表

序号	主材规格型号	单位	除税价/元	序号	主材规格型号	单位	除税价/元
1	U 型钢卡 ϕ6.0	副	1.50	11	光缆（8 芯）	m	2.5
2	U 型钢卡 ϕ8.0	副	2.00	12	光缆成端接头材料	套	8.00
3	电缆卡子（含钉）	套	0.50	13	光缆接续器材	套	300.00
4	镀锌钢绞线 7/2.2	kg	7.00	14	接线箱	个	500.00
5	镀锌铁线 ϕ1.5	kg	6.15	15	拉线衬环（小号）	个	1.95
6	固定材料	套	100.00	16	膨胀螺栓 M12	套	3.00
7	挂钩	只	0.30	17	软光纤（双头）	条	40.00
8	光分路器（1∶8）	台	700.00	18	三眼单槽夹板	副	8.00
9	光接线箱（48 芯）	个	600.00	19	中间支撑物	套	5.00
10	光缆（12 芯）	m	3.00	20	终端转角墙担	根	8.00

二、设计图纸及说明

(1)宽带接入工程网络组织图如图 4-23 所示。本工程需要新装 2 个 1∶8 的一级分光器，置于小区 A 4 栋 1 单元的分纤箱内；与核心网侧的上联通过在小区 B 的分纤箱、南路基站 ODF、南方电网光交、南路机房 ODF 等 4 处的跳线实现。

(2)宽带接入工程路由如图 4-24 所示。光缆吊线采用 7/2.2 镀锌钢绞线，吊线的自然弯曲忽略不计；光缆自然弯曲系数按 1.0% 取定，不需要安装光缆标志牌，光缆单盘测试按单窗口取定，不进行偏振模色散测试。

(3)宽带接入工程配线图如图 4-25 所示。设备侧光缆预留 5 m 用于熔纤。

(4)宽带接入工程纤芯配置图如图 4-26 所示。本工程所在中继段长 40 km，中继段光缆测试按双窗口取定，并进行偏振模色散测试

工作要求	1. 个人独立完成；2. 根据提交的作品考核评分；3. 在开展下次任务之前提交作品
备注	提交作品要求：1. 所有表格放入一个 Excel 文件；2. 命名：＊＊班＊＊号＊＊＊

二、作业指导书

项目名称	任务 4-4：通信线路工程概预算编制		建议课时	4
质量标准	计算结果的准确性；表格填写的规范性			
仪器设备	计算机，CAD 制图平台，Office 平台			
相关知识	宽带接入系统基础知识；通信线路工程工程量统计			
项目实施环节（操作步骤）	1. 资料收集和准备阶段 （1）在教师的指导下，熟悉任务书中的项目背景和任务要求； （2）自行查阅相关专业书籍和资料，重点是宽带接入系统和直埋光缆线路工程以及管道光缆线路工程等方面的资料；包括主流 PON 接入技术的原理和系统结构，直埋光缆线路工程的施工程序流程和规范、管道光缆线路工程施工的程序流程和规范、墙壁光缆特别是引上保护的规范要求等； （3）熟悉相应定额的查找和套用，特别注意相应章节说明； （4）分类统计工程量，并同时记录机械、仪表使用量和主材消耗量。 2. 概预算文件的组成 概预算整套表格。依据各已知条件，按三四二五一的顺序填写各概预算表格。			
参考资料	"451"定额；通信建设工程施工机械、仪表台班定额；宽带接入系统、直埋光缆线路工程、管道光缆线路工程等方面的资料			

三、考核标准与评分表

项目名称			任务 4-4：通信线路工程概预算编制		实施日期		
执行方式		个人独立完成	执行成员	班级		组别	
考核标准	类别	序号	考核分项	考核标准		分值	考核记录（分值）
	职业技能	1	表一	（1）计算方法和结果的准确性 （2）表格填写的规范性		10	
		2	表二	（1）计算方法和结果的准确性 （2）表格填写的规范性		15	
		3	表三	（1）计算方法和结果的准确性 （2）表格填写的规范性		30	
		4	表四	（1）计算方法和结果的准确性 （2）表格填写的规范性		25	
		5	表五	（1）计算方法和结果的准确性 （2）表格填写的规范性		10	
	职业素养	6	职业素养	随堂考察：规范、严谨求实的工作作风；任务实施过程中协作互助		10	
			总　分				

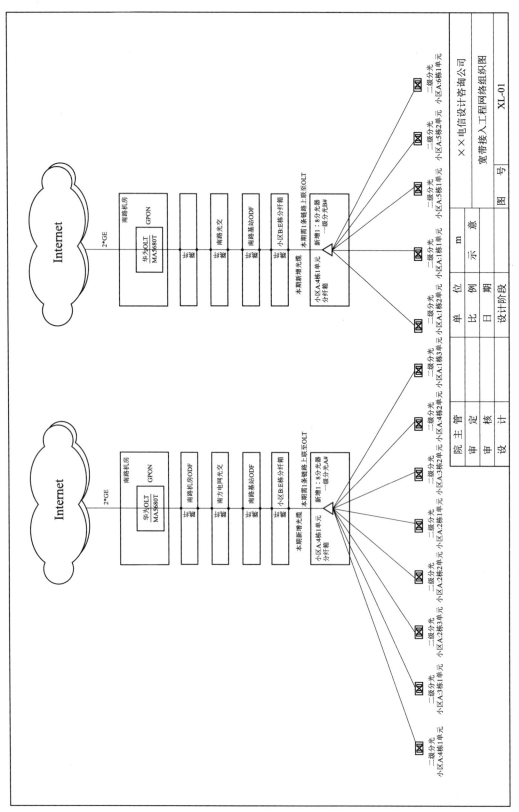

图 4-23 宽带接入工程网络组织图

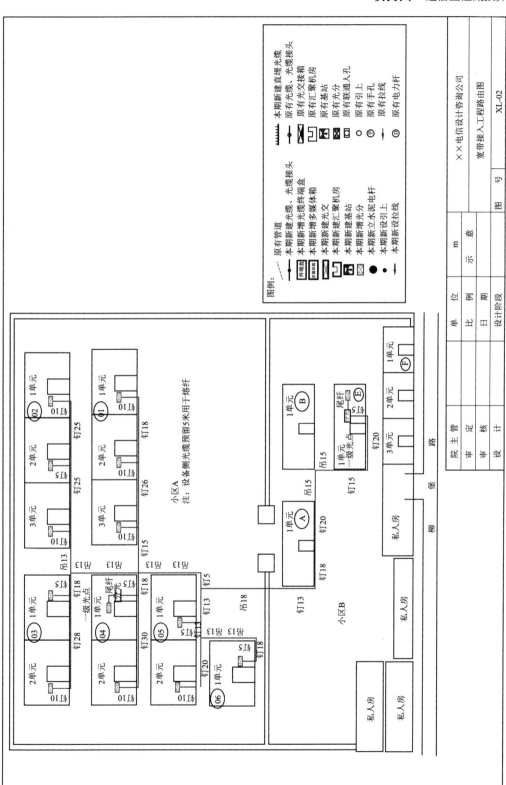

图 4-24 宽带接入工程路由图

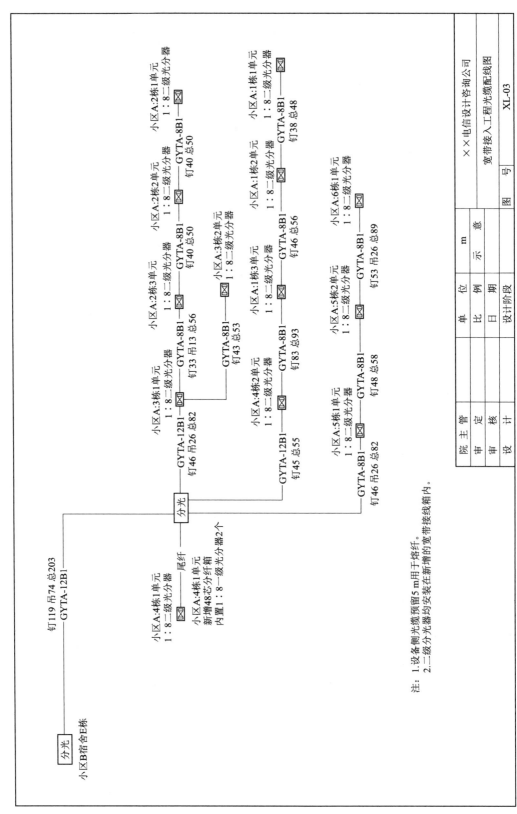

图 4-25 宽带接入工程配线图

注：1. 设备侧光缆预留 5 m 用于熔纤。
2. 二级分光器均安装在新增的宽带接线箱内。

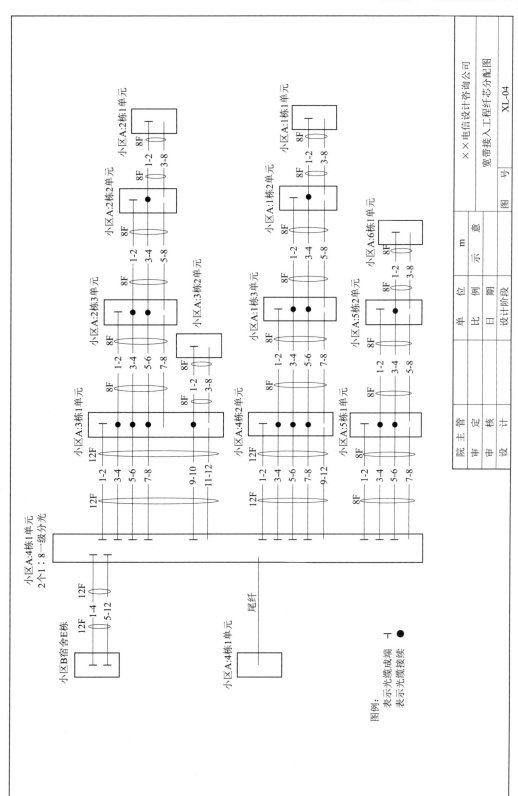

图 4-26 宽带接入工程纤芯配置图

相关知识

一、相应定额的构成与使用

使用《通信线路工程》预算定额时,注意其册说明:

①《通信线路工程》预算定额适用于通信光(电)缆的直埋、架空、管道、海底等线路的新建工程。

②通信线路工程,当工程规模较小时,人工工日以总工日为基数按下列规定系数进行调整:

* 工程总工日在 100 工日以下时,增加 15% ;
* 工程总工日在 100 ~ 250 工日时,增加 10% 。

解读与解析:

本条目是通信线路工程在统计工程量时最容易忽略的一个环节,填表时在表三甲实际工程量总计之后再单列一行进行调整。需要调整的原因主要是缘于通信线路工程具有相对"线长面广"这样的特性。

③本定额中带括号和以分数表示的消耗量,系供设计选用;" * "表示由设计确定其用量。

④本定额用于拆除工程时,不单立子目,发生时按表 4-20 规定执行。

表 4-20　拆除工程工程量折算

序号	拆除工程内容	占新建工程定额的百分比	
		人工工日	机械台班
1	光(电)缆(不需清理入库)	40%	40%
2	埋式光(电)缆(清理入库)	100%	100%
3	管道光(电)缆(清理入库)	90%	90%
4	成端电缆(清理入库)	40%	40%
5	架空、墙壁、室内、通道、槽道、引上光(电)缆(清理入库)	70%	70%
6	线路工程各种设备以及除光(电)缆外的其他材料(清理入库)	60%	60%
7	线路工程各种设备以及除光(电)缆外的其他材料(不需清理入库)	30%	30%

⑤敷设光(电)缆工程量计算时,应考虑敷设的长度和设计中规定的各种预留长度。

二、通信线路工程施工工序

熟悉通信线路工程施工工序,是进行通信线路工程概预算编制的基础和前提,因此此处简单介绍各类通信线路工程的施工工序。通信线路工程中,不同的敷设方式,施工顺序不一样。架空、直埋、管道等通信线路工程施工工序分别如图 4-27 ~ 图 4-29 所示。

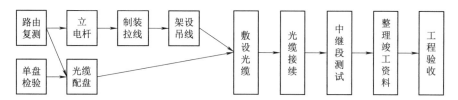

图 4-27　架空光缆线路工程施工工序

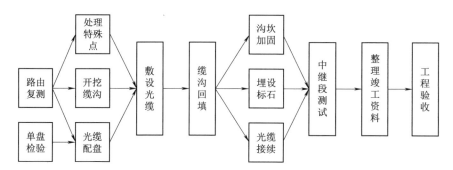

图 4-28　直埋光缆线路工程施工工序

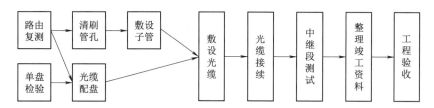

图 4-29　管道光缆线路工程施工工序

三、工程量统计

宽带接入工程工程量通常按照工程施工的程序和流程进行统计。如宽带光纤接入网工程的施工程序和流程如图 4-30 所示。

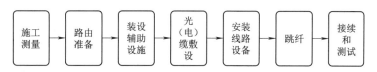

图 4-30　宽带接入工程的施工程序和流程图

图 4-30 中,路由准备主要包括管道清洗,直埋时的光缆沟开挖、回填,穿越障碍时的路面开挖、修复等;装设辅助设施主要包括吊线、光缆引上保护设施等;安装线路设备主要包括光纤分纤箱、分光器等。

下面以本任务的项目为背景,介绍宽带接入工程工程量的计算。

①光(电)缆工程施工测量(架空):6.07(百米);图 4-24 中,各段光缆均采用钉墙或沿建筑物吊挂的方式敷设,因此套用定额条目"架空光(电)缆工程施工测量";测量距离的计算方法为,将图 4-24 中所有光缆可能经过的路径长度相加即可,通常以上游节点为起点开

始统计：

- 上游节点(小区 B 的 E 栋)→5 栋：$5 + 20 + 15 + 15 + 15 + 20 + 18 + 13 + 18 = 139$
- 5 栋和 6 栋内部：$13 + 5 + 13 + 20 + 10 + 13 + 13 + 18 + 5 = 110$
- 5 栋→4 栋：$5 + 13 + 13 = 31$
- 4 栋内部：$18 + 5 + 30 + 10 = 63$
- 1 栋内部：$15 + 10 + 26 + 10 + 18 + 10 = 89$
- 4 栋→3 栋：$13 + 13 = 26$
- 3 栋内部：$18 + 5 + 28 + 10 = 61$
- 2 栋内部：$13 + 10 + 25 + 5 + 25 + 10 = 88$

因此测量距离 $= 139 + 110 + 31 + 63 + 89 + 26 + 61 + 88 = 607$ m $= 6.07$(百米)

②敷设墙壁光缆：

a. 架设吊线式墙壁光缆：165 m $\times (1 + 1.0\%) = 166.65$ m $= 1.6665$(百米条)；图 4-25 中，将所有"吊"的长度相加即为吊线式墙壁光缆敷设的实际长度，在此基础上再考虑自然弯曲系数；此时工程量与光缆芯数无关，但是统计主材用量时需要区分光缆芯数；通常采用列表法统计，如表 4-21 所示。

8 芯光缆长度 $= 65 \times (1 + 1.0\%) = 65.65$ m $= 0.6565$(百米条)

12 芯光缆长度 $= 100 \times (1 + 1.0\%) = 101$ m $= 1.01$(百米条)

b. 布放钉固式墙壁光缆：680 m $\times (1 + 1.0\%) + 130 = 816.8$ m $= 8.168$(百米条)；图 4-25 中，将所有"钉"的长度相加即为吊线式墙壁光缆敷设的实际长度，在此基础上再考虑自然弯曲系数；由于设备即分光器均安装在楼梯间，此时连接设备的光缆均为钉固式，因此"设备侧光缆预留 5 m 用于熔纤"纳入钉固式光缆长度；此时工程量与光缆芯数无关，但是统计主材用量时需要区分光缆芯数；通常采用列表法统计，如表 4-21 所示：

8 芯光缆长度 $= 470 \times (1 + 1.0\%) + 100 = 574.7$ m $= 5.747$(百米条)

12 芯光缆长度 $= 210 \times (1 + 1.0\%) + 30 = 242.1$ m $= 2.421$(百米条)

解读与解析：

墙壁光缆敷设的三种方式即吊线式、钉固式和自承式，各自工作内容的定义分别为：①架设吊线式墙壁光缆(含吊线架设)：定位、安装固定支持物、布放吊线、收紧做终端。检验测试光缆、布放、卡挂、端头处理等。②布放钉固式墙壁光缆：定位、装固定物、检验、布放光缆、端头处理等。③架挂自承式光缆：定位、装支持物及配件、检验光缆、布放紧固电缆、做吊线结等。

因此，本项目中无须单独统计架设吊线的工程量，该项内容已经包含在架设吊线式墙壁光缆中。

③安装光分纤箱、光分路箱(墙壁式)：1(套)；图 4-25 中，"小区 A：4 栋 1 单元，新增 48 芯分纤箱，内置 1∶8 一级光分器 2 个"。

④安装光缆接线箱：13(个)；图 4-25 中，"二级分光器均安装在新增的宽带接线箱内"，因此安装接线箱 13 个。

表 4-21　光缆敷设长度统计（单位：m）

光缆段落		①	②	③	④	⑤	⑥	⑦	⑧	⑨	⑩	⑪	⑫	⑬	合计
光缆段落		小区B 宿舍E栋													
光缆起点		小区A:4栋1单元	小区A:4栋1单元	小区A:3栋1单元	小区A:2栋3单元	小区A:2栋2单元	小区A:3栋2单元	小区A:4栋1单元	小区A:4栋2单元	小区A:1栋3单元	小区A:1栋1单元	小区A:4栋1单元	小区A:5栋1单元	小区A:5栋2单元	
光缆终点		小区A:4栋1单元	小区A:3栋1单元	小区A:2栋3单元	小区A:2栋2单元	小区A:2栋1单元	小区A:3栋2单元	小区A:4栋2单元	小区A:1栋3单元	小区A:1栋2单元	小区A:1栋1单元	小区A:5栋1单元	小区A:5栋2单元	小区A:6栋1单元	
光缆型号		GYTA-12B1	GYTA-12B1	GYTA-8B1	GYTA-8B1	GYTA-8B1	GYTA-8B1	GYTA-12B1	GYTA-8B1	GYTA-8B1	GYTA-8B1	GYTA-8B1	GYTA-8B1	GYTA-8B1	
钉固式	8芯			33	40	40	43		83	46	38	46	48	53	470
钉固式	12芯	119	46					45							210
吊线式	8芯			13								26		26	65
吊线式	12芯	74	26												100
预留	8芯			10	10	10	10		10	10	10	10	10	10	100
预留	12芯	10	10					10							30
小计		203	82	56	50	50	53	55	93	56	48	82	58	89	

合计（分组小计）：钉固式 680、吊线式 165、预留 130

⑤机架(箱)内安装光分路器(安装高度 1.5 m 以上):15 台;图 4-23 中,一级分光器 2 台,二级分光器 13 台,共计 15 台。

⑥光分路器与光纤线路插接:56(端口);"光分路器与光纤线路插接"适用于光分路器的上、下行端口与已有活动连接器的光纤线路的插接;13 台二级分光器每台插接 2 端口,共计 26 端口;一级分光器与二级分光器互联端口插接 26 端口,2 台一级分光器上联至核心网插接 4 端口;共计 26 + 26 + 4 = 56(端口)。

⑦光分路器本机测试(1:8):15 套。

⑧放、绑软光纤,设备机架之间放、绑(15 m 以下):2(条);图 4-25 中,一级分光器与小区 A:4 栋 1 单元的二级分光器之间采用尾纤即软光纤连接。

⑨中间站跳纤:16(条);图 4-23 中,一级分光器与核心网侧的上联通过在小区 B 的分纤箱、南路基站 ODF、南方电网光交、南路机房 ODF 等 4 处的跳线实现;两台一级分光器共 2 × 2 × 4 = 16 条跳线。

⑩光缆接续(12 芯以下):8(头);图 4-26 中,在 3 栋 1 单元、2 栋 3 单元、2 栋 2 单元、4 栋 2 单元、1 栋 3 单元、1 栋 2 单元、5 栋 1 单元和 5 栋 2 单元等位置需要光缆接续,共 8 接头。

⑪光缆成端接头(束状):72(芯);图 4-26 中,小区 B 宿舍 E 栋的一级分光器(本期工程的上游节点)处成端 12 芯;本期工程新增的分纤箱中成端 12 + 10 + 8 + 6 = 36 芯;其他 12 个二级分光器(小区 A:4 栋 1 单元除外)处共成端 = 2 × 12 = 24 芯;因此共计成端 = 12 + 36 + 24 = 72 芯。

⑫用户光缆测试(12 芯以下):13(段);图 4-25 中,共新敷设光缆 13 段,小区 A:4 栋 1 单元处的二级分光器至一级分光器采用尾纤上联,因此不计。

⑬光分配网(ODN)光纤链路全程测试(1:8):13(链路组);13 台二级分光器至核心网的光纤链路全程对测。

⑭40 km 以下中继段光缆测试(12 芯以下):1(中继段)。

解读与解析:

《通信线路工程》定额中规定:中继段光缆测试定额是按单窗口测试取定的;如需双窗口测试,其人工和仪表定额分别乘以 1.8 的系数。本项目中要求双窗口测试,因此表三甲中人工和表三丙中仪表的单位定额值均应乘以系数 1.8。

四、主材用量统计

经统计,主要材料用量如表 4-22 所示。

表 4-22　主要材料用量表

序号	项目名称	主材规格型号	单位	详细数量	合计值
1	架设吊线式墙壁光缆	挂钩	只	206.00 × 1.666 5	343.299
2	架设吊线式墙壁光缆	镀锌钢绞线 7/2.2	kg	23.00 × 1.666 5	38.329 5
3	架设吊线式墙壁光缆	U 型钢卡 φ6.0	副	14.28 × 1.666 5	23.797 62
4	架设吊线式墙壁光缆	U 型钢卡 φ8.0	副	36.72 × 1.666 5	61.193 88

序号	项目名称	主材规格型号	单位	详细数量	合计值
5	架设吊线式墙壁光缆	拉线衬环(小号)	个	4.04×1.6665	6.7326 6
6	架设吊线式墙壁光缆	膨胀螺栓 M12	套	24.24×1.6665	40.395 96
7	架设吊线式墙壁光缆	终端转角墙担	根	4.04×1.6665	6.732 66
8	架设吊线式墙壁光缆	中间支撑物	套	8.08×1.6665	13.465 32
9	架设吊线式墙壁光缆	镀锌铁线 $\varphi 1.5$	kg	0.10×1.6665	0.166 65
10	架设吊线式墙壁光缆	三眼单槽夹板	副	8.08×1.6665	13.465 32
11	架设吊线式墙壁光缆 布放钉固式墙壁光缆	光缆(12 芯)	m	$100.70 \times 1.01 + 100.70 \times 2.421$	345.501 7
12	架设吊线式墙壁光缆 布放钉固式墙壁光缆	光缆(8 芯)	m	$100.70 \times 0.6565 + 100.70 \times 5.747$	644.832 45
13	布放钉固式墙壁光缆	电缆卡子(含钉)	套	206.00×8.168	1 682.608
14	安装光分纤箱、光分路箱(墙壁式),安装光缆接线箱,机架(箱)内安装光分路器(安装高度1.5 m 以上)	固定材料	套	$1.01 + 1.01 \times 13 + 1.00 \times 15$	29.14
15	机架(箱)内安装光分路器(安装高度 1.5 m 以上)	光分路器	只	1.00×15	15
16	安装光分纤箱、光分路箱(墙壁式)	光分纤箱(光分路箱)	个	1.00×1	1
17	光缆成端接头(束状)	光缆成端接头材料	套	1.01×72	72.72
18	光缆接续	光缆接续器材	套	1.01×8	8.08
19	安装光缆接线箱	光缆接线箱(接头箱)	个	1.00×13	13
20	放、绑软光纤,设备机架之间放、绑,中间站跳纤	软光纤(双头)	条	$1.00 \times 2 + 1.00 \times 16$	18

任务实施

项目总费用:除税价 73 021.82(元),增值税 8 180.91(元),含税价 81 202.73(元);整套表格的填写,详见在线文档(【素材】任务 4-4:通信线路工程)。关于表格填写和数据计算的几点说明:

①表二中,措施费的第十五项即施工队伍调遣费,只允许调遣技工。

②表二中,措施费的第十六项即大型施工机械调遣费,是否需要计算该项费用,判断的依据是表三乙中是否有大型施工机械;若有,则需要计算该项费用,反之则不需要。

实训项目

实训项目4-4:根据给定的已知条件,完成某长途光缆线路单项工程一阶段设计的概预算编制任务。

①本工程设计为新疆某小区宽带接入单项工程一阶段施工图设计。

②本工程施工企业驻地距施工现场200 km;工程所在地为非特殊地区,并且施工不受干扰。

③本工程勘察设计费为4 000元,建设单位管理费为2 000元。

④本工程采用包工包料方式,主材运距:光缆、木材及木制品、塑料及塑料制品为500 km;其他为800 km。其单价见表4-23。

表4-23 主材单价表

序号	主材规格型号	单位	除税价/元	序号	主材规格型号	单位	除税价/元
1	镀锌铁线 φ1.5	kg	6.15	11	光缆接续器材	套	300.00
2	镀锌铁线 φ4.0	kg	4.80	12	光缆托板	块	10.00
3	钢管卡子	副	10.00	13	胶带(PVC)	盘	20.00
4	固定材料	套	100.00	14	接线箱	个	500.00
5	管材(弯)	根	10.00	15	聚乙烯波纹管	m	3.00
6	管材(直)	根	80.00	16	软光纤(双头)	条	40.00
7	光分路器	只	700.00	17	塑料管	m	4.00
8	光接线箱	个	600.00	18	跳线连接器	个	8.00
9	光缆(8芯)	m	2.50	19	托板垫	块	5.00
10	光缆成端接头材料	套	8.00	20	电缆卡子(含钉)	套	0.50

⑤宽带接入工程网络组织图如图4-31所示。

⑥宽带接入工程路由图如图4-32所示。光缆自然弯曲系数按1.0%取定,不需要安装光缆标志牌,光缆单盘测试按单窗口取定,不进行偏振模色散测试。

⑦宽带接入工程配线图如图4-33所示。设备侧光缆预留5 m用于熔纤。

⑧宽带接入工程纤芯配置图如图4-34所示。本工程不做中继段光缆测试。

实训指导:本项目的重点和难点在于工程量的统计和材料用量的统计。

工程量统计:

①施工测量:

● 直埋光(电)缆工程施工测量:0.16(百米);图4-32中,所有"埋"的均属于直埋光缆,因此测量距离 = 16 m = 0.16(百米)。

● 架空光(电)缆工程施工测量:3.79(百米);图4-32中,所有"钉"的均属于架空,"引入"也可纳入架空范畴;因此测量距离 = 4 + 10 + 14 + 10 + 18 + 18 + 18 + 18 + 14 + 12 + 18 + 18 + 14 + 12 + 18 + 18 + 18 + 18 + 12 + 35 + 18 + 18 + 18 + 18 = 389 m = 3.89(百米)。

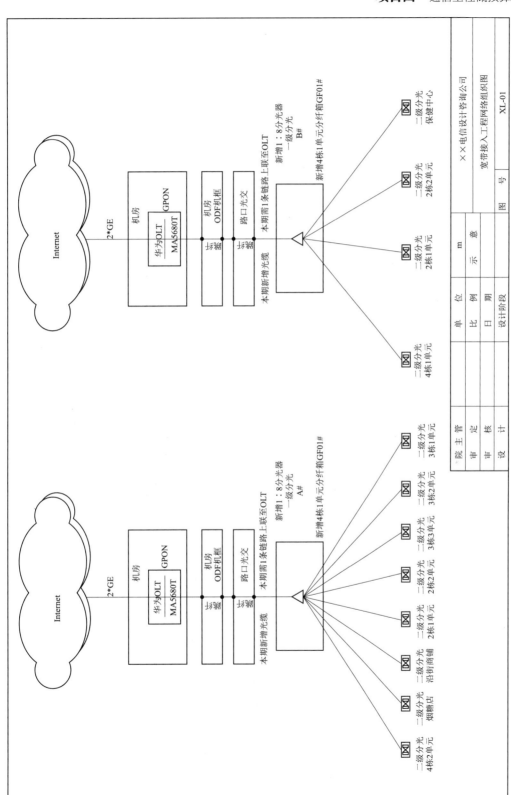

图 4-31 宽带接入工程网络组织图

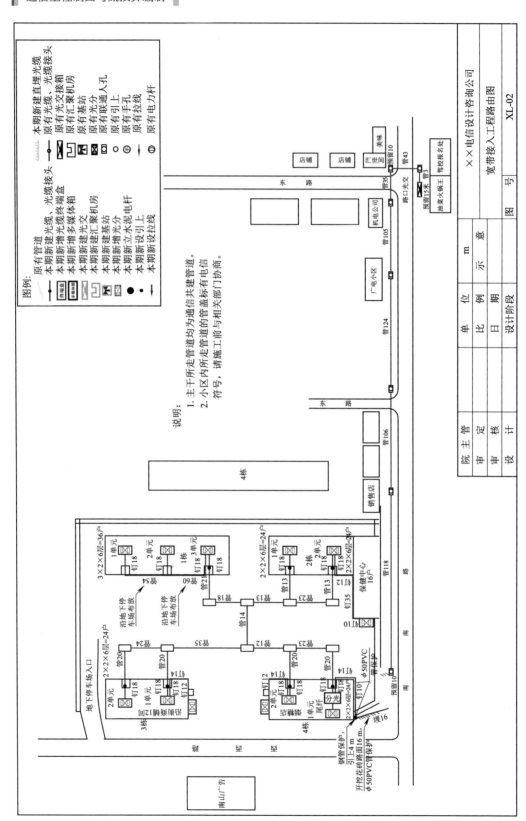

图 4-32 宽带接入工程路由图

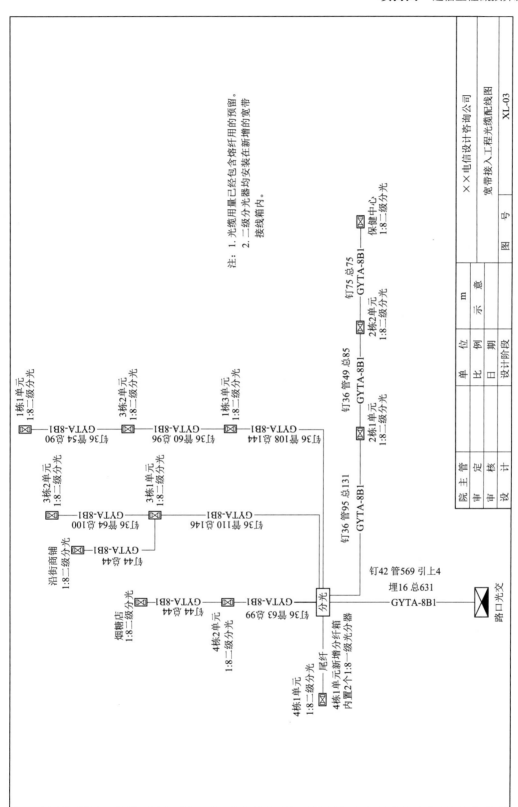

图 4-33 宽带接入工程配线图

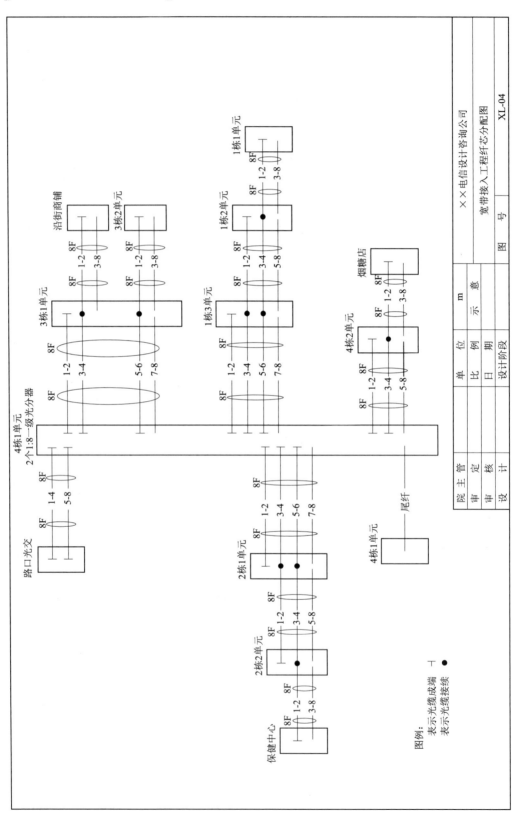

图 4-34　宽带接入工程纤芯配置图

● 管道光(电)缆工程施工测量:9.37(百米);图 4-32 中,所有"管"的均属于管道光缆,因此测量距离 = 3 + 43 + 35 + 105 + 124 + 106 + 118 + 20 + 23 + 20 + 12 + 35 + 20 + 24 + 20 + 14 + 13 + 13 + 23 + 13 + 18 + 21 + 60 + 54 = 937 m = 9.37(百米)。

②路由准备:

● 人工开挖路面:16 × 0.5 = 8 m² = 0.08(100 m²);通常开挖宽度按 0.5 m 计。

● 人工修复路面:16 × 0.5 = 8 m² = 0.08(100 m²)。

● 挖、松填光(电)缆沟、接头坑:0.08(100 m²);挖深通常按 1 m 计,因此 16 × 0.5 × 1 = 8 m² = 0.08(100 m²)。

● 人孔抽水:7(个);图 4-32 中,人孔 7 个。

● 手孔抽水:9(个);图 4-32 中,手孔 9 个。

③敷设硬质 PVC 管:30 m = 0.3(百米);图 4-32 中,直埋段用 PVC 管保护,长度 16 m;引上时钢管内套 PVC 管保护,长度 4 m;引上之后的 10 m 钉固式墙壁光缆也需要 PVC 管保护;因此总长度 = 16 + 4 + 10 = 30 m。

④安装引上钢管:1(根)。

⑤穿放引上光缆:1(条)。

⑥敷设光缆:

● 丘陵、水田、城区敷设埋式光缆:16 m × (1 + 1.0%) = 16.16 m = 0.016 16(千米条);图 4-33 中,将所有"埋"的长度相加即为埋式光缆敷设的实际长度,在此基础上再考虑自然弯曲系数,如表 4-24 所示。

● 敷设管道光缆:1 172 m × (1 + 1.0%) = 1 183.72 m = 1.183 72(千米条);图 4-33 中,将所有"管"的长度相加即为管道光缆敷设的实际长度,在此基础上再考虑自然弯曲系数,如表 4-24 所示。

● 钉固式墙壁光缆:497 m × (1 + 1.0%) = 501.97 m = 5.019 7(百米条);图 4-33 中,将所有"钉"的长度相加即为钉固式墙壁光缆敷设的实际长度,在此基础上再考虑自然弯曲系数,如表 4-24 所示。

表 4-24　光缆用量统计

光缆段落	①	②	③	④	⑤	⑥	⑦	⑧	⑨	⑩	⑪	⑫	
光缆起点	路口光交	4 栋 1 单元	2 栋 1 单元	2 栋 2 单元	4 栋 1 单元	1 栋 3 单元	3 栋 2 单元	4 栋 1 单元	3 栋 1 单元	3 栋 1 单元	4 栋 1 单元	4 栋 2 单元	
光缆终点	4 栋 1 单元	2 栋 1 单元	2 栋 2 单元	保健中心	1 栋 3 单元	3 栋 2 单元	1 栋 1 单元	3 栋 2 单元	3 栋 2 单元	沿街商铺	4 栋 2 单元	烟糖店	合计
光缆型号	GYTA-8B1	GYTA-8B1	GYTA-8B1	GYTA-8B1	GYTA-8B1	GYTA-8B1	GYTA-8B1	GYTA-8B1	GYTA-8B1	GYTA-8B1	GYTA-8B1	GYTA-8B1	
埋式	16												16
管道	569	95	49		108	60	54	110	64		63		1 172
墙壁	46	36	36	75	36	36	36	36	36	44	36	44	497
小计	631	131	85	75	144	96	90	146	100	44	99	44	

⑦安装光分纤箱、光分路箱:1(套);图4-33中,"4栋1单元新增分纤箱,内置2个1:8一级光分器"。

⑧安装接线箱:12(个);图4-33中,"二级分光器均安装在新增的宽带接线箱内",因此安装接线箱12个。

⑨安装光分路器:14台;图4-31中,一级分光器2台,二级分光器12台,共计14台。

⑩光分路器与光纤线路插接:52(端口);12台二级分光器每台插接2端口,共计24端口;一级分光器与二级分光器互连端口插接24端口,2台一级分光器上联至核心网插接4端口;共计24+24+4=52(端口)。

⑪光分路器本机测试:14套。

⑫放、绑软光纤,设备机架之间放、绑:2(条);图4-33中,一级分光器与4栋1单元的二级分光器之间采用尾纤即软光纤连接。

⑬光纤跳线:8(条);图4-31中,每台一级分光器与核心网侧的上联通过在路口光交、机房ODF机框等2处的跳线实现;两台一级分光器共2×2×2=8条跳线。

⑭光缆接续:6(头)。

⑮光缆成端接头:60(芯);图4-34中,小区B宿舍E栋的一级分光器(本期工程的上游节点)处成端8芯;本期工程新增的分纤箱中成端8+6+6+6+4=30芯;其他11个二级分光器(4栋1单元除外)处共成端=2×11=22芯;因此共计成端=8+30+22=60芯。

⑯用户光缆测试:12(段);图4-33中,共新敷设光缆12段,4栋1单元处的二级分光器至一级分光器采用尾纤上联,因此不计。

⑰光纤链路全程对测:12(链路);12台二级分光器至核心网的光纤链路全程对测。

主材用量统计:

经统计,主要材料用量如表4-25所示。

表4-25 主材用量统计表

序号	项目名称	主材规格型号	单位	详细数量	合计值
1	穿放引上光缆,敷设管道光缆	镀锌铁线 φ1.5	kg	0.10×1+3.05×1.183 72	3.710 3
2	敷设管道光缆	镀锌铁线 φ4.0	kg	20.30×1.183 72	24.029 5
3	安装引上钢管	钢管卡子	副	2.02×1	2.020 0
4	安装光分纤箱、光分路箱,安装光分路器	固定材料	套	1.01+1.00×14	15.010 0
5	安装引上钢管	管材(弯)	根	1.00×1	1.000 0
6	安装引上钢管	管材(直)	根	1.00×1	1.000 0
7	安装光分路器	光分路器	只	1.00×14	14.000 0
8	安装光分纤箱、光分路箱	光接线箱	个	1.00×1	1.000 0
9	丘陵、水田、城区敷设埋式光缆,敷设管道光缆,布放钉固式墙壁光缆	光缆(8芯)	m	1 005.00×0.016 16+1 015.00×1.183 72+100.70×5.019 7	1 723.200 4
10	光缆成端接头	光缆成端接头材料	套	1.01×60	60.600 0

续表

序号	项目名称	主材规格型号	单位	详细数量	合计值
11	光缆接续	光缆接续器材	套	1.01 × 6	6.060 0
12	敷设管道光缆	光缆托板	块	48.50 × 1.183 72	57.410 4
13	敷设管道光缆	胶带(PVC)	盘	52.00 × 1.183 72	61.553 4
14	安装接线箱	接线箱	个	1.00 × 12	12.000 0
15	敷设管道光缆	聚乙烯波纹管	m	26.70 × 1.183 72	31.605 3
16	设备机架之间放、绑软光纤	软光纤(双头)	条	1.00 × 2	2.000 0
17	敷设硬质 PVC 管	塑料管	m	105 × 0.3	31.500 0
18	光纤跳线	跳线连接器	个	2.20 × 8	17.600 0
19	敷设管道光缆	托板垫	块	48.50 × 1.183 72	57.410 4
20	布放钉固式墙壁光缆	电缆卡子(含钉)	套	206.00 × 5.019 7	1 034.058 2

附表 A

信息通信建设工程
预算定额节选

| 附表 A-1 | 光缆接续 |

工作内容：

1. 光缆掏纤：确定掏纤位置、开剥外护套、光纤剪断、直通光纤保护、盘留、固定等。

2. 光缆接续：检验器材、确定接头位置、纤芯熔接、测试衰减、盘绕固定余纤、固定加强芯、包封外护套、安装接头盒托架或保护盒等。

3. 现场组装光纤活动连接器：检验器材、光纤断面处理、安装光纤连接器、测试衰耗等。

4. 光缆成端接头：检验器材、尾纤熔接、测试衰减、固定活接头、固定光缆等。

定额编号			TXL 6-007	TXL 6-008	TXL 6-009	TXL 6-010	TXL 6-011	TXL 6-012	TXL 6-013	TXL 6-014	TXL 6-015
项　目			光缆接续[①]								
			4 芯以下	12 芯以下	24 芯以下	36 芯以下	48 芯以下	60 芯以下	72 芯以下	84 芯以下	96 芯以下
定额单位			头								
名　称		单位	数　量								
人工	技工	工日	0.50	1.50	2.49	3.42	4.29	5.10	5.90	6.54	7.17
	普工	工日	—	—	—	—	—	—	—	—	—
主要材料	光缆接续器材	套	1.01	1.01	1.01	1.01	1.01	1.01	1.01	1.01	1.01
	光缆接头托架	套	（＊）	（＊）	（＊）	（＊）	（＊）	（＊）	（＊）	（＊）	（＊）

续表

定额编号		TXL 6-007	TXL 6-008	TXL 6-009	TXL 6-010	TXL 6-011	TXL 6-012	TXL 6-013	TXL 6-014	TXL 6-015
项 目		光缆接续①								
		4 芯以下	12 芯以下	24 芯以下	36 芯以下	48 芯以下	60 芯以下	72 芯以下	84 芯以下	96 芯以下
定额单位		头								
名 称	单位	数 量								
机械	汽油发电机(10 kW)	台班	0.08	0.10	0.15	0.20	0.25	0.30	0.40	0.45	0.50
	光纤熔接机	台班	0.15	0.20	0.30	0.45	0.55	0.70	0.80	0.95	1.10
仪表	光时域反射仪	台班	0.60	0.70	0.80	0.95	1.10	1.25	1.40	1.60	1.70

注:①光缆接头托架仅限于管道光缆,数量由设计根据实际情况确定。

附表 A-2　立水泥杆

工作内容:打洞、清理、立杆、装 H 杆腰梁、回填夯实、号杆等。

定额编号		TXL 3-001	TXL 3-002	TXL 3-003	TXL 3-004	TXL 3-005	TXL 3-006	TXL 3-007	TXL 3-008	TXL 3-009
项 目		立 9 m 以下水泥杆			立 11 m 以下水泥杆			立 13 m 以下水泥杆		
		综合土	软石	坚石	综合土	软石	坚石	综合土	软石	坚石
定额单位		根								
名 称	单位	数 量								
人工	技工	工日	0.52	0.60	0.69	0.77	0.85	0.94	1.02	1.27	1.52
	普工	工日	0.56	0.65	0.81	0.85	0.98	1.27	1.23	1.48	2.06
主要材料	水泥电杆(梢径 13~17 cm)	根	1.01	1.01	1.01	1.01	1.01	1.01	1.01	1.01	1.01
	水泥32.5	kg	0.20	0.20	0.20	0.20	0.20	0.20	0.20	0.20	0.20
机械	汽车式起重机(5 t)	台班	0.04	0.04	0.04	0.04	0.04	0.04	0.06	0.06	0.06

附表 A-3　挂钩法架设架空光缆

工作内容:施工准备、架设光缆、卡挂挂钩、盘余长、安装标志牌等。

定额编号		TXL 3-187	TXL 3-188	TXL 3-189	TXL 3-190	TXL 3-191	TXL 3-192	TXL 3-193	TXL 3-194	TXL 3-195	TXL 3-196
项　目		挂钩法架设架空光缆①									
		平原					丘陵、城区、水田				
		36 芯以下	72 芯以下	144 芯以下	288 芯以下	288 芯以上	36 芯以下	72 芯以下	144 芯以下	288 芯以下	288 芯以上
定额单位		千米条									
名　称	单位	数　量									
人工	技工 工日	6.31	7.52	8.25	8.71	9.15	8.68	9.93	11.05	11.68	12.23
	普工 工日	5.13	5.81	6.25	8.12	8.56	6.86	7.79	8.75	10.86	11.39
主要材料	架空光缆 m	1 007.00	1 007.00	1 007.00	1 007.00	1 007.00	1 007.00	1 007.00	1 007.00	1 007.00	1 007.00
	电缆挂钩 只	2 060.00	2 060.00	2 060.00	2 060.00	2 060.00	2 060.00	2 060.00	2 060.00	2 060.00	2 060.00
	保护软管 m	25.00	25.00	25.00	25.00	25.00	25.00	25.00	25.00	25.00	25.00
	镀锌铁线 φ1.5 kg	1.02	1.02	1.02	1.02	1.02	1.02	1.02	1.02	1.02	1.02
	光缆标志牌 个	*	*	*	*		*	*	*	*	*

定额编号		TXL 3-197	TXL 3-198	TXL 3-199	TXL 3-200	TXL 3-201	TXL 3-202
项　目		挂钩法架设架空光缆①					挂钩法架设蝶形光缆
		山区					
		36 芯以下	72 芯以下	144 芯以下	288 芯以下	288 芯以上	36 芯以下
定额单位		千米条					百米条
名　称	单位	数　量					
人工	技工 工日	10.24	11.72	12.94	14.32	15.25	0.85
	普工 工日	7.98	9.13	11.12	13.20	14.10	0.61
主要材料	架空光缆 m	1 007.00	1 007.00	1 007.00	1 007.00	1 007.00	—
	电缆挂钩 只	2 060.00	2 060.00	2 060.00	2 060.00	2 060.00	206.00
	保护软管 m	25.00	25.00	25.00	25.00	25.00	—
	镀锌铁线 φ1.5 kg	1.02	1.02	1.02	1.02	1.02	—
	光缆标志牌 个	*	*	*	*	*	*
	蝶形光缆 m	—	—	—	—	—	103.00

注：①对于"挂钩法架设蝶形光缆"项目,若采用在同一吊线路由上一次同时布放两条及以上光缆的施工方式,则每增加一条光缆,人工工日乘以 0.5 的系数。

附表 B

信息通信建设工程施工机械、仪表台班定额

编号	名　称	规格	单价/元	编号	名　称	规格	单价/元
TXJ001	光纤熔接机		144	TXJ017	载重汽车	8 t	456
TXJ002	带状光纤熔接机		209	TXJ018	载重汽车	12 t	582
TXJ003	电缆模块接续机		125	TXJ019	载重汽车	20 t	800
TXJ004	交流弧焊机		120	TXJ020	叉式装载车	3 t	374
TXJ005	汽油发电机	10 kW	202	TXJ021	叉式装载车	5 t	450
TXJ006	柴油发电机	30 kW	333	TXJ022	汽车升降机		517
TXJ007	柴油发电机	50 kW	446	TXJ023	挖掘机	0.6 m³	743
TXJ008	电动卷扬机	3 t	120	TXJ024	破碎锤（含机身）		768
TXJ009	电动卷扬机	5 t	122	TXJ025	电缆工程车		373
TXJ010	汽车式起重机	5 t	516	TXJ026	电缆拖车		138
TXJ011	汽车式起重机	8 t	636	TXJ027	滤油机		121
TXJ012	汽车式起重机	16 t	768	TXJ028	真空滤油机		149
TXJ013	汽车式起重机	25 t	947	TXJ029	真空泵		237
TXJ014	汽车式起重机	50 t	2 051	TXJ030	台式电钻机	φ25 mm	119
TXJ015	汽车式起重机	75 t	5 279	TXJ031	立式钻床	φ25 mm	121
TXJ016	载重汽车	5 t	372	TXJ032	金属切割机		118

续表

编号	名　称	规格	单价/元	编号	名　称	规格	单价/元
TXJ033	氧炔焊接设备		144	TXJ045	水泵冲槽设备(套)		645
TXJ034	燃油式路面切割机		210	TXJ046	水下光(电)缆沟挖冲机		677
TXJ035	电动式空气压缩机	0.6 m³/min	122				
TXJ036	燃油式空气压缩机	6 m³/min	368	TXJ047	液压顶管机	5 t	444
TXJ037	燃油式空气压缩机(含风镐)	6 m³/min	372	TXJ048	缠绕机		137
				TXJ049	自动升降机		151
TXJ038	污水泵		118	TXJ050	机动绞磨		170
TXJ039	抽水机		119	TXJ051	混凝土搅拌机		215
TXJ040	夯实机		117	TXJ052	混凝土振捣机		208
TXJ041	气流敷设设备(敷设微管微缆)		814	TXJ053	型钢剪断机		320
				TXJ054	管子切断机		168
TXJ042	气流敷设设备(敷设光缆)		1 007	TXJ055	磨钻机		118
				TXJ056	液压钻机		277
TXJ043	微控钻孔敷管设备(套)	25 t 以下	1 747	TXJ057	机动钻机		343
				TXJ058	回旋钻机		582
TXJ044	微控钻孔敷管设备(套)	25 t 以上	2 594	TXJ059	钢筋调直切割机		128
				TXJ060	钢筋弯曲机		120

附表 B-2　信息通信工程仪表台班单价定额

编号	名　称	规格(型号)	台班单价/元	编号	名　称	规格(型号)	台班单价/元
TXY001	数字传输分析仪	155 M/622 M	350	TXY010	误码测试仪	10G	524
TXY002	数字传输分析仪	2.5G	647	TXY011	误码测试仪	40G	894
TXY003	数字传输分析仪	10G	1 181	TXY012	误码测试仪	100G	1 128
TXY004	数字传输分析仪	40G	1 943	TXY013	光可变衰减器		129
TXY005	数字传输分析仪	100G	2 400	TXY014	光功率计		116
TXY006	稳定光源		117	TXY015	数字频率计		160
TXY007	误码测试仪	2 M	120	TXY016	数字宽带示波器	20G	428
TXY008	误码测试仪	155 M/622 M	278	TXY017	数字宽带示波器	100G	1 288
TXY009	误码测试仪	2.5G	420	TXY018	光谱分析仪		428

编号	名　称	规格（型号）	台班单价/元	编号	名　称	规格（型号）	台班单价/元
TXY019	多波长计		307	TXY053	绘图仪		140
TXY020	信令分析仪		227	TXY054	中频信号发生器		143
TXY021	协议分析仪		127	TXY055	中频噪声发生器		138
TXY022	ATM 性能分析仪		307	TXY056	测试变频器		153
TXY023	网络测试仪		166	TXY057	移动路测系统		428
TXY024	PCM 通道测试仪		190	TXY058	网络优化测试仪		468
TXY025	用户模拟呼叫器		268	TXY059	综合布线线路分析仪		156
TXY026	数据业务测试仪	GE	192	TXY060	经纬仪		118
TXY027	数据业务测试仪	10GE	307	TXY061	GPS 定位仪		118
TXY028	数据业务测试仪	40GE	832	TXY062	地下管线探测仪		157
TXY029	数据业务测试仪	100GE	1 154	TXY063	对地绝缘探测仪		153
TXY030	漂移测试仪		381	TXY064	光回损测试仪		135
TXY031	中继模拟呼叫器		231	TXY065	pon 光功率计		116
TXY032	光时域反射仪		153	TXY066	激光测距仪		119
TXY033	偏振模色散测试仪	PMD 分析	455	TXY067	绝缘电阻测试仪		120
TXY034	操作测试终端（电脑）		125	TXY068	直流高压发生器	40/60 kV	121
TXY035	音频振动器		122	TXY069	高精度电压表		119
TXY036	音频电平表		123	TXY070	数字式阻抗测试仪（数字电桥）		117
TXY037	射频功率计		147				
TXY038	天馈线测试仪		140	TXY071	直流钳形电流表		117
TXY039	频谱分析仪		138	TXY072	手持式多功能万用表		117
TXY040	微波信号发生器		140	TXY073	红外线温度计		117
TXY041	微波/标量网络分析仪		244	TXY074	交/直流低电阻测试仪		118
TXY042	微波频率计		140	TXY075	全自动变比组别测试仪		122
TXY043	噪声测试仪		127	TXY076	接地电阻测试仪		120
TXY044	数字微波分析仪(SDH)		187	TXY077	相序表		117
TXY045	射频/微波步进衰耗器		166	TXY078	蓄电池特性容量测试仪		122
TXY046	微波传输测试仪		332	TXY079	智能放电测试仪		154
TXY047	数字示波器	350 M	130	TXY080	智能放电测试仪(高压)		227
TXY048	数字示波器	500 M	134	TXY081	相位表		117
TXY049	微波线路分析仪		332	TXY082	电缆测试仪		117
TXY050	视频、音频测试仪		180	TXY083	振动器		117
TXY051	视频信号发生器		164	TXY084	电杆电容测试仪		117
TXY052	音频信号发生器		151	TXY085	三相精密测试电源		139

续表

编号	名　称	规格（型号）	台班单价/元	编号	名　称	规格（型号）	台班单价/元
TXY086	线路参数测试仪		125	TXY093	彩色监视器		117
TXY087	调压器		117	TXY094	有毒有害气体检测仪		117
TXY088	风冷式交流负载器		117	TXY095	可燃气体检测仪		117
TXY089	风速计		119	TXY096	水准仪		116
TXY090	移动式充电机		119	TXY097	互调测试仪		310
TXY091	放电负荷		122	TXY098	杂音计		117
TXY092	电视信号发生器		118	TXY099	色度色散测试仪	CD 分析	442

参 考 文 献

[1]刘功民,卢善勇.通信工程勘察与设计[M].大连:东软电子出版社,2015.

[2]刘功民,卢善勇.通信工程概预算编制[M].大连:东软电子出版社,2015.

[3]刘功民,卢善勇.通信工程施工与管理[M].大连:东软电子出版社,2015.

[4]工业和信息化部通信工程定额质监中心.信息通信建设工程概预算管理与实务[M].北京:人民邮电出版社,2017.

[5]中华人民共和国工业和信息化部.信息通信建设工程费用定额:信息通信建设工程概预算编制规程[M].北京:人民邮电出版社,2017.

[6]中华人民共和国工业和信息化部.信息通信建设工程预算定额:第一册,通信电源设备安装工程[M].北京:人民邮电出版社,2017.

[7]中华人民共和国工业和信息化部.通信建设工程预算定额:第二册,有线通信设备安装工程[M].北京:人民邮电出版社,2017.

[8]中华人民共和国工业和信息化部.信息通信建设工程预算定额:第三册,无线通信设备安装工程[M].北京:人民邮电出版社,2017.

[9]中华人民共和国工业和信息化部.信息通信建设工程预算定额:第四册,通信线路工程[M].北京:人民邮电出版社,2017.

[10]中华人民共和国工业和信息化部.信息通信建设工程预算定额:第五册,通信管道工程[M].北京:人民邮电出版社,2017.

[11]张雷霆.通信电源[M].2版.北京:人民邮电出版社,2009.

[12]李斯伟.现代交换设备及维护[M].北京:人民邮电出版社,2010.

[13]李筱林.传输系统组建与维护[M].北京:人民邮电出版社,2012.

[14]张中荃.接入网技术[M].北京:人民邮电出版社,2009.

[15]沙学军.移动通信原理、技术与系统[M].北京:电子工业出版社,2013.

[16]管明祥.通信线路施工与维护[M].北京:人民邮电出版社,2014.